普通高等教育教材

生物化工原理

Principles of Biochemical Engineering

涂志英　龚大春　主编

化学工业出版社

·北京·

内容简介

本书详细介绍了生物产品加工过程中流体动量传递、传热、传质的特点和规律，重点介绍了八大主要单元操作，即流体输送、过滤、沉降、离心、吸收、萃取、蒸馏和干燥。每章后备有习题，其中思考题用于指导学生在预习、复习中对知识点的思考；选择题用于考查学生对知识点的掌握程度；计算题用于培养学生利用所学知识解决生物领域的复杂工程问题的能力。

本书可作为高等学校生物与医药相关专业，如生物工程、食品工程、环境工程及制药工程专业本科生、研究生的教材，也可供从事生物产品研究与开发的科研人员和技术人员参考阅读。

图书在版编目（CIP）数据

生物化工原理／涂志英，龚大春主编. -- 北京：
化学工业出版社，2025. 1. -- ISBN 978-7-122-46808-6

I. TQ072

中国国家版本馆 CIP 数据核字第 2024C2A834 号

责任编辑：王 琰 傅聪智　　　　　　　文字编辑：刘 莎 师明远
责任校对：杜杏然　　　　　　　　　　装帧设计：刘丽华

出版发行：化学工业出版社
　　　　　（北京市东城区青年湖南街 13 号　邮政编码 100011）
印　　装：北京天宇星印刷厂
787mm×1092mm　1/16　印张 18¼　字数 407 千字
2025 年 2 月北京第 1 版第 1 次印刷

购书咨询：010-64518888　　　　　　　　售后服务：010-64518899
网　　址：http://www.cip.com.cn

前言

随着我国生物经济的快速发展，对生物工程高级工程技术人才需求会愈来愈大。化工原理课程作为大学生从基础课程到工程课程的桥梁，愈来愈重要。但是由于长期以来，我国生物工程、食品工程等相关专业的大学生培养都是以传统大化工为背景学习化工原理，导致对生物产品的生物特性理解不够深入，学习化工原理后不能很好地应用在生物产品的加工中。因此，急需一本针对生物产品单元操作的教材。编写《生物化工原理》对于培养高质量的生物工程类人才具有至关重要的作用。

本书以生物加工为背景，编写了生物产品的流体流动、输送、过滤、沉降、离心、传热、吸收、萃取、蒸馏和干燥等单元操作，拓展了生物产品加工的应用特色，为学习后续课程及设计实践提供必要的工程观念和实践操作基础知识。在每章章末引入导学习题，使读者在获取知识的同时，提高分析、解决复杂工程问题的能力。

本书得到了南京工业大学赵权宇老师和化学工业出版社的大力帮助与支持，在此表示衷心的感谢。

本书特别适合生物工程专业及相关工科专业的学生作为教材使用。

三峡大学生物工程学科化工原理教研室

2025 年 2 月 1 日

目录

第 **3** 章　生物加工过程中的过滤、沉降和离心　// 070

第4章 生物加工过程中的传热 // 106

第 **7** 章　生物产品分离的蒸馏操作 // 207

生物加工过程中的 第**1**章
流体流动

  流体是气体和液体的统称。生物、制药、食品等生产涉及大量的流体物料，如酵母生产中的原料糖蜜和酵母乳，乳品生产中的牛乳，饮料生产中使用的水，锅炉产生的蒸汽及风机输送的空气等。涉及的过程大多数在流动条件下进行，尤其是连续生产过程。此外，生产过程中的传热、传质及反应过程也与流体的流动状态密切相关，例如在各种换热器、塔器、发酵罐中，流体流动参数的变化，将影响到传热和传质操作效率，最终影响产品质量和产量，因此流体流动的规律是解决流体输送，研究传热、传质过程及加工设备操作性能的重要理论基础。流体流动是本课程最基本的内容。

  本章主要讨论流体流动过程的基本原理及流体在管内流动的一般规律，并运用基本原理分析和解决流体流动过程中的基本计算问题。

1.1 概述

  根据流动和变形形式不同，流体可分为牛顿型流体和非牛顿型流体。生物加工中的流体大都是非牛顿型流体，在认识非牛顿型流体之前，要先掌握牛顿型流体的基本规律。下面介绍一下流体的相关概念。

  （1）连续介质模型

  流体是由大量彼此之间有一定间隙的单个分子构成。如果以单个分子作为考察对象，流体将是一种不连续的介质，问题将非常复杂。但是人们感兴趣的不是单个分子的热运动，而是流体的宏观运动。因此，可以把流体视为由无数个流体微团（或流体质点）所组成，这些流体微团紧密接触，彼此没有间隙，完全充满所占空间。质点在宏观上足够小，以至于可以将其看成一个几何上没有维度的点；同时微观上足够大，它里面包含着许许多多的分子，其行为已经表现出大量分子的统计学性质。这样，流体的物理性质及运动参数在空间作连续分布，从而可以用连续函数的数学工具加以描述。

  （2）流体的压缩性

  体积不随压力及温度变化而变化的流体称为不可压缩流体；流体的体积如果随压力

及温度变化，则称为可压缩流体。一般把液体当作不可压缩流体；气体应当属于可压缩流体，但是如果压力或温度变化率很小，通常也可以当作不可压缩流体处理。

（3）**流体所受到的力**

作用在流体上的力有体积力（质量力）和表面力。质量力作用于流体每个质点，与流体质量成正比，如重力和离心力。离心力是一种假想力，即惯性力。当流体做圆周运动时，向心加速度会在物体的坐标系中产生如同力一般的效果，类似于有一股力作用在离心方向，因此称为离心力。

表面力作用于流体质点表面，其大小与表面积成正比，如压力和剪力（剪切力）。流体中各点的流速不同，可以设想将流体分成许多薄层，液流中各层的流速不同，故层与层之间必然存在着相互作用，即在流速不同的各液层之间会发生内摩擦作用，这个内摩擦力也称为剪切力。单位面积上的剪切力称为剪应力。

（4）**流体的黏度**

流体不能保持一定形状，任何微小的剪切力都可以使流体产生变形。流体受到剪切力作用时，抵抗变形的特性叫作黏性。黏性使流体受力质点间作相对运动时产生阻力，这种阻力又称为流体的内摩擦力或黏性力。流体黏性越大，其流动性越差。静止流体不能表现出黏性，因而黏性是流体的流动特性。黏度是流体黏性大小的量度，是流体的重要物理性质。

（5）**牛顿黏性定律**

流体的黏性是流体产生流动阻力的根源。设有上下两块平行放置且相距很近的平板，两板间充满静止流体，如图 1-1 所示。若下板固定，对上板施平行于两板的外力 F，使上板以等速作直线运动。则板间流体也随之运动，但各液层运动速度不同。紧靠上层平板的流体，因附着于板面上，具有与上板相同的速度。而紧靠下板面的流体，因附着于板面，速度为零。两板间的流体形成上大下小的流速分布，各平行流体层间存在相对运动。运动较快的上层对相邻的运动较慢的下层，有拖动其向前运动的剪切力。或反过来说，运动较慢的下层

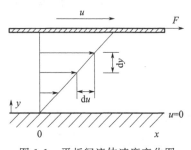

图 1-1　平板间流体速度变化图

对相邻的运动较快的上层产生摩擦力或黏滞阻力。该摩擦力与前述剪切力大小相等，方向相反。

实验证明，对大多数流体，剪应力与两流体间的法向速度梯度成正比，与法向压力无关，即：

$$\tau = \mu \frac{\mathrm{d}u}{\mathrm{d}y} \tag{1-1}$$

式中，τ 为剪应力，即单位面积上的内摩擦力；$\dfrac{\mathrm{d}u}{\mathrm{d}y}$ 为速度梯度（又称剪切速率），即在与流动方向垂直的 y 方向上流体速度的变化率；比例系数 μ 的值随流体的不同而异，流体的黏性越大，其值越大，所以称为黏滞系数或动力黏度，简称黏度，单位是

Pa·s，较早的手册也用泊（P）或厘泊（cP）表示，换算关系为：

$$1cP=0.01P=10^{-3}Pa·s$$

黏性的物理性质来自两个方面：①相邻两流体层分子间的吸引力；②分子运动时发生的相互碰撞。所以，黏性是分子运动的宏观表现。流体的黏度是流体固有的一种物理性质。温度和压力对黏度的影响如表 1-1 所示。

表 1-1　流体黏度的影响因素

流体	温度升高	压力增大
液体	黏度降低	黏度变化可以不计
气体	黏度升高	常压下可不计,极高压或极低压下不能不计

服从牛顿黏性定律的流体为牛顿型流体，所有的气体和大多数液体均属于牛顿型流体，如常用的水针注射剂和口服液等；不服从牛顿黏性定律的为非牛顿型流体，如发酵液、细胞培养液、糖浆、血液等，非牛顿型流体质点在加压下容易变形，因而属于可压缩流体。非牛顿型流体的流动要比牛顿型流体的流动复杂得多，本章主要讨论牛顿型流体，对于非牛顿型流体，在后面章节进行阐述。

（6）理想流体

黏度为零的流体称为理想流体。实际上自然界中并不存在理想流体，真实流体运动时都会表现出黏性。但引入理想流体的概念，对研究实际流体有着重要的作用。因为影响黏度的因素很多，给实际流体运动规律的数学描述及处理带来很大困难，故为简化问题，往往先将实际流体视为理想流体，找出规律后，再考虑黏度的影响，将理想流体的分析结果加以修正后应用于实际流体。另外，在某些场合下，黏性不起主导作用，可将实际流体按理想流体来处理。学习流体流动的知识，要善于分析流体的力学特点和物性参数，特别是黏度。

1.2　流体流动在典型生物工程领域的应用、常见流体的基本参数及流体类型

常用的发酵原料糖蜜、淀粉质糖或纤维素糖，在输送、加工中都需要运用流体流动规律进行分析、设备选型。

糖蜜是甘蔗或甜菜经过加工后的副产物，是一种棕黄色至黄褐色的均匀浓稠的液体，黏度很大，且黏度随温度变化很大。甘蔗糖蜜和甜菜糖蜜的含糖量一般为 48%～56%。甘蔗糖蜜中含有蔗糖 30%～40%，还原糖含量为 15%～20%，非还原糖为 2%～4%。糖蜜从储罐到发酵罐，需要利用流体流动原理进行输送，在利用前要经过预处理和稀释等过程。

淀粉质糖是经过液化酶、糖化酶水解后得到的葡萄糖，含量也较高，黏度较大，一般需要稀释才能用于输送。

与此同时，生物加工过程中要用到大量的水。比如酵母工业，生产 1t 的活性干酵母平均要消耗 70～100t 水，主要是用于工艺过程、半成品和成品的冷却用水以及各种

洗涤用水。水的高效输送是非常重要的单元操作。

生物加工中往往要用到无菌空气。高空采风，经无油压缩机压缩将其温度升高到150℃左右，经冰水和水冷却器快速降温，空气冷凝水排出。经冷却的空气需预热除湿，将相对湿度降低到60%～70%，再进入储气罐，并设置第二预热器，防止湿度过大，损坏空气过滤器，再经过孔径是 $1\mu m$ 的一级空气粗过滤器，得到无油无水的空气，压缩空气温度为150℃左右，可以作为加热介质对空气预热器进行预热，以达到热能的综合利用。这些过程都需要通过离心式鼓风机输送气体。

在干酵母成品生产中又需要经过喷雾干燥或流化床干燥，涉及热空气输送和被干燥酵母浆的喷射、活性干酵母的旋风分离收集等单元操作。

总之，流体流动是生物加工生产中动量传递、热量传递、质量传递中最基础的单元操作，应用十分广泛。对流体流动规律的认识是掌握流体动量传递、热量传递、质量传递的关键。

(1) 生物工程常见流体的基本参数

微生物培养常用的碳源有糖蜜、淀粉质水解糖、纤维素糖等，以它们作为流体时需要了解一些反映流体属性和流动状态的物理参数。常用基本参数有流体的糖度、密度、黏度、压强和流速等。糖度是糖液中固形物浓度的量度，通常用糖度计测定，称为白利糖度（brix），通过糖度可以查找相关专业数据，得到不同糖浓度下的密度，然后用黏度计测定运动黏度（ν，μ/ρ）或动力黏度（μ）；运动黏度单位为 m^2/s，动力黏度单位为 $Pa \cdot s$。压强和流速的说明见下文。

(2) 生物工程领域常见的流体类型

生物领域常见的流体有水、空气、发酵液、气-固体混合物和膏状物。水和大化工流体基本相似，这里不再赘述。空气流体常常为无菌状态，压力较低。

① 发酵液的流体组成及类型　发酵液一般包括碳源、氮源、微量元素、无机盐和水等，固体浓度为20%～30%，随着发酵过程的进行，微生物生长，使发酵液比较稠，成为非牛顿型流体。

② 药物粉剂的流动组成及类型　生物加工中的粉剂一般利用气流的能量来完成输送，称为气力输送。在适宜的气速状态下，固体粉剂处于流态化状态，具有液体的性质，密度较小，流动性较高。空气是最常见的输送介质；在输送易燃、易爆的粉料时，则会用其他惰性气体。

③ 生物加工过程中原料的流体组成及类型　对于生物加工过程中的各种原料，当用水溶解或原料为液体时，密度较小，具有较好的流动特点，但黏度较大，流体的黏度与流体的速度梯度不成正比，一般会处于非牛顿型流体状态。

1.3　牛顿型流体的流动规律

1.3.1　流体静力学方程

流体静力学是研究流体处于相对静止状态下的平衡规律。在工程实际中，这些平衡规律应用很广。本节主要研究流体在重力场中达到静止平衡的规律。

为了推导流体静力学基本方程式，在密度为 ρ 的静止、连续液体内部有一底面积为 A 的垂直液柱，如图 1-2 所示。取一高度为 dz 的微元立方体，若以容器底为基准水平面，则微元液柱的上、下底面与基准水平面的垂直距离分别为 $z+dz$ 和 z，在此两高度处液体的静压力分别为 $p+dp$ 和 p。

由于液体处于静止状态，其静压力的方向总是和作用面相垂直，并指向该作用面，故作用在此微元液柱垂直方向上的力有：

① 作用于下底面的总压力为 pA；

② 作用于上底面的总压力为 $-(p+dp)A$；

③ 作用于整个微元液柱的重力为 $-\rho gAdz$。

静止的液柱上各种受力之和为零，可得

$$dp+\rho g\,dz=0$$

对于不可压缩流体，ρ 为常数，积分得

$$\frac{p}{\rho}+gz=常数 \tag{1-2}$$

或者

$$\rho gz+p=常数 \tag{1-3}$$

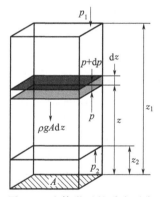

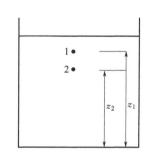

图 1-2　流体微元的受力平衡　　　　图 1-3　重力场中的静压强分布

液体可视为不可压缩流体，在静止液体中取任意两个点，如图 1-3 所示，则有

$$\frac{p_1}{\rho}+gz_1=\frac{p_2}{\rho}+gz_2 \tag{1-4}$$

或

$$p_2=p_1+\rho g(z_1-z_2) \tag{1-5}$$

式(1-2)～式(1-5) 被称为流体静力学方程。

gz 实质上是单位质量流体所具有的位能，p/ρ 是单位质量流体所具有的压强能（见 1.3.4.4），位能与压强能都是势能。静力学方程表明，在同种静止流体中不同位置的微元，其位能和压强能各不相同，但二者之和即总势能保持不变。若以符号 $\mathscr{P}/\rho$ 表示单位质量流体的总势能，则

$$\frac{\mathscr{P}}{\rho}=\frac{p}{\rho}+gz \tag{1-6}$$

$$\mathscr{P}=\rho gz+p \tag{1-7}$$

式中，$\mathscr{P}$ 具有与压强相同的量纲，可理解为一种虚拟的压强。

对不可压缩流体，式(1-7) 表示同种静止流体各点的虚拟压强处处相等。使用虚拟压强时，必须注意所指定的流体种类以及高度基准。

1.3.2　压强的表示方法

静止流体中，在某一点处单位面积上所受的压力，称为压强，或静压力，简称为压力。在法定单位制中，压强的单位是帕斯卡（Pa），但习惯上还采用其他单位，如 atm（标准大气压）、某流体柱高度、bar（巴）或 kgf/cm^2 等，它们之间的换算关系为：

$$1atm=1.033kgf/cm^2=760mmHg=10.33mH_2O=1.0133bar=1.0133\times10^5Pa$$

流体的压强除用不同的单位计量外，还可以用不同的方法表示。

以绝对零压作起点计算的压强，称为绝对压强（绝压），是系统的实际压强；当系统实际压强大于外界大气压时，采用压力表测压，压力表读数称为表压，表示被测流体的绝对压强比大气压高出的数值；当系统实际压强小于外界大气压时，采用真空表测压，真空表读数称为真空度，表示被测流体的绝对压强低于大气压的数值。即

表压＝绝压－大气压

真空度＝大气压－绝压

大气压和绝压、表压（或真空度）之间的关系，可以用图 1-4 表示。

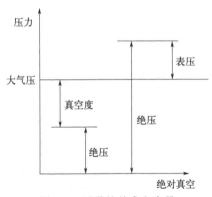

图 1-4　压强的基准和度量

1.3.3　流体静力学方程的应用

1.3.3.1　压强与压差的测量

测量压强的仪表很多，本节仅介绍应用流体静力学原理测量压强的方法。

（1）U 形测压管

在图 1-5 中，用 U 形测压管测量容器中的 A 点压强。U 形玻璃管内放有某种液体作为指示液。指示液必须与被测流体不发生化学变化且不互溶，其密度 ρ_0 大于被测流体密度 ρ，大气压为 p_a。

由静力学方程可知，在同一种静止流体内部等高面即是等压面。因此图 1-5 中 2、3 两点的压强相等，由此求得 A 点的压强为

$$p_A=p_1=p_a+\rho_0gR-\rho gh \tag{1-8}$$

（2）U 形压差计

U 形压差计的结构如图 1-6 所示，它是一根 U 形玻璃管，内装有液体作为指示液。指示液要与被测流体不互溶、不发生化学反应，且密度应大于被测流体密度。

将 U 形管压差计两臂与管道待测压力差的两截面 1 和 2 相通。

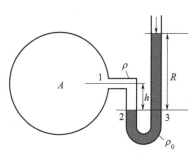

图 1-5　U 形测压管

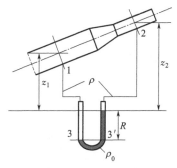

图 1-6　U 形压差计

如果两截面处的压力 p_1 和 p_2 不相等，例如 $p_1 > p_2$，则指示液在 U 形管两侧便出现液面高差 R。因 U 形管内的指示液处于静止，故位于同一水平面 3、$3'$ 两点的压强相等，故有

$$p_1 + \rho g(z_1 + R) = p_2 + \rho g z_2 + \rho_0 g R \qquad (1\text{-}9)$$

则

$$(p_1 + \rho g z_1) - (p_2 + \rho g z_2) = (\rho_0 - \rho)gR$$

或

$$\mathscr{P}_1 - \mathscr{P}_2 = (\rho_0 - \rho)gR \qquad (1\text{-}10)$$

由上式可知，当压差计两端的流体相同时，U 形压差计直接测得的读数 R 并不是真正的压差，而是 1、2 两点的虚拟压强之差 $\Delta\mathscr{P}$。只有当两测压口处于等高面上，即 $z_1 = z_2$ 时，U 形压差计才能直接测得两点的压差。

当压差一定时，用 U 形压差计测量的读数 R 与密度差 $(\rho_0 - \rho)$ 有关。有时，也可以用密度较小的流体（如空气）作指示剂，采用倒 U 形管测量压差。

1.3.3.2　液位的测量

生物加工工厂中经常需要检测贮罐里液体的贮存量，或控制其液面，以维持连续正常的生产。因此，要对液位进行测量。大多数液位计的作用原理均遵循静止液体内部变化的规律。

液面管是最简单最原始的液位计。在贮罐底部器壁和液面上方器壁处各接一支管，支管间用透明玻璃管相连，则玻璃管内液柱的高度即是贮罐内液面的高度。这种液位计在食品工厂中得到广泛应用。

如图 1-7 所示的液位计，也称面指示仪。左边是贮液容器，右边是与其连通的测定装置，其下部为指示液。若容器中液体密度为 ρ，指示液密度为 ρ_i，根据静力学基本方程，有

$$p_A = p_0 + \rho g z, \; p_B = p_0 + \rho_i g R$$

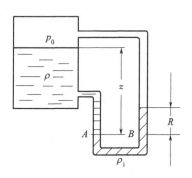

图 1-7　液位测量

因为 $p_A = p_B$

所以 $z = \dfrac{\rho_i}{\rho}R$

1.3.3.3 液封高度的确定

在生物加工工厂中常遇到设备的液封问题。由于设备操作条件不同，采用液封的目的也各不相同。一些设备内的气体需要控制其压力不超过某一限度，常常采用安全液封（又称水封）。当气体压力超过规定值时，气体就从水封管中排出，以确保设备的安全。

【**例 1-1**】 真空蒸发在牛奶、果汁的蒸发浓缩过程中应用广泛，例如牛奶浓缩制取奶粉，在发酵工业、制药工业等废水综合处理中也有广泛应用。为了维持操作的真空

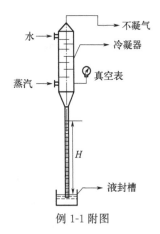

例 1-1 附图

度，真空蒸发操作中产生的水蒸气，往往送入附图所示的汽液直接接触混合式冷凝器中，与冷水直接接触而冷凝。冷凝器上方与真空泵相通，不时将器内的不凝性气体（空气）抽走。同时为了防止外界空气由气压管漏入，致使设备内真空度降低，气压管（大气腿）必须插入液封槽中，水即在管内上升一定的高度 H，这种措施称为液封。冷凝液与水沿大气腿流至液封槽排出。现已知器内真空度为82kPa，当地大气压 p_a 为 100kPa，问其绝压为多少？大气腿内的水柱高度 H 为多少？

解：冷凝器内的真空度为 82kPa，则冷凝器内的绝压为

$$p_绝 = p_a - p_真 = 100 - 82 = 18(kPa)$$

根据流体静力学方程知

$$p_a = p_绝 + \rho g H$$

于是

$$H = \frac{p_a - p_绝}{\rho g} = \frac{8.2 \times 10^4}{1000 \times 9.81} = 8.36(m)$$

1.3.4 流体流动中的守恒原理

生物加工工业中的流体多以密闭管道将流体从一个设备输送至另一个设备，因此研究管内流体流动的基本规律很有必要。研究流体流动规律就必须弄清流速、压强等运动参数在流动过程中的相互关系，也就是要能够准确利用质量守恒原理和能量守恒原理，把不同运动参数的数量关联起来，并深刻理解流体流动中动能和势能的相互转换。

反映流体流动规律的基本方程主要为：①连续性方程式，由质量守恒定律导出；②伯努利方程，由能量守恒定律导出。

流体在管内的流动是轴向流动，因而可按一维流动来分析，并规定流体流动的截面与流动方向相垂直。如果流体在大截面容器内流动，要按照三维流动来分析。

1.3.4.1　流量和流速

单位时间内流过管道某一截面的物质量称为流量。若流量用体积来计算，则称为体积流量，以符号 q_V 表示，其单位为 m^3/s；若流量用质量来计算，则称为质量流量，以符号 q_m 表示，其单位为 kg/s。体积流量和质量流量的关系为

$$q_m = q_V \rho \tag{1-11}$$

单位时间内流体在流动方向上所流过的距离称为流速，以 u 表示，单位为 m/s。管内流体流动时，因黏性的存在，流速沿管截面形成某种分布，即在管中心处最大，越靠近管壁流速越小，在管壁处流速为零。在工程计算中，流体的流速通常指整个管截面上的平均流速，其表达式为

$$u = \frac{q_V}{A} \tag{1-12}$$

式中，A 为与流动方向垂直的管道截面积。从而

$$q_m = q_V \rho = u A \rho \tag{1-13}$$

由于气体的体积流量随温度和压力而变化，气体的流速亦随之而变，因此，采用质量流速就较为方便。质量流速的定义是单位时间内流体流过管道单位截面积的质量，亦称为质量通量，以 G 表示，其表达式为

$$G = \frac{q_m}{A} = \frac{q_V \rho}{A} = \rho u \tag{1-14}$$

式中，G 的单位为 $kg/(m^2 \cdot s)$。对于气体在直管中的流动，沿程的平均速度和密度都会发生变化，而质量流速 G 是沿程不变的。

1.3.4.2　稳定流动与不稳定流动

流体在管道中流动时，任一截面处的流速、流量和压力等物理参数不随时间变化而变化的流动称为稳定流动。流体流动时，任一截面的各物理参数中，只要有一个物理参数随时间的改变而改变，则称为不稳定流动。如图 1-8 所示，水槽上部的进水管 1 不断地向水槽 2 注水，底部的排水管 3 连续排水。假如进水量大于排水量，多余的水由水槽上方溢流管 4 排出，以保持水槽中水位恒定。实验测定表明，对于排水管不同直径的截面 A-A' 和 B-B'，流体流速和压力各不相等，但各自截面上的流速和压力不随时间而变化，排水管中流体的流动属于稳定流动。

当关闭进水管 1 阀门，水槽底部排水管 3 继续排水时，水槽 2 中水位逐渐下降，排水管两截面 A-A' 和 B-B' 处的流速和压力会随时间而变化，这种流动过程属于不稳定流动。

在食品、制药生产中，多数过程属于连续稳定的单元操作，故本章着重讨论流体的稳定流动。

1.3.4.3　质量守恒方程（连续性方程）

连续性方程实际上是流动物系的物料衡算式。对于图 1-9 所示的稳定流动系统，在

截面 1-1′与 2-2′间作物料衡算。

由于稳定流动系统内任一位置处均无物料积累，则流体从截面 1-1′流入体系的质量流量 q_{m1} 应等于从截面 2-2′流出体系的质量流量 q_{m2}，即

$$\rho u_1 A_1 = \rho u_2 A_2 = 常量 \tag{1-15}$$

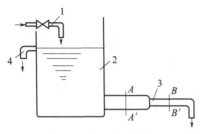

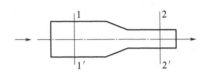

图 1-8　稳定流动系统　　　　　图 1-9　用于连续性方程推导的稳定流动系统

表明在流体稳定流动系统中，流体流经各截面的质量流量相等。

对于不可压缩流体，即 $\rho =$ 常数，则式(1-15) 可写为

$$u_1 A_1 = u_2 A_2 = 常量 \tag{1-16}$$

表明不可压缩流体稳定流动时，流体流经各截面的体积流量也相等。以上两式都称为管内稳定流动的连续性方程式。它们反映了在稳定流动系统中，流量一定时，管路各截面上流速变化的规律。此规律与管路的安排以及管路上是否装有管件、阀门或输送设备无关。

对于直径为 d 的圆形管道，不可压缩流体稳定流动的连续性方程可改写为

$$\frac{u_1}{u_2} = \frac{d_2^2}{d_1^2} \tag{1-17}$$

说明不可压缩流体稳定流动时，管内流体的流速与管道直径平方成反比。这种关系虽然简单，但对分析流体流动问题是很有用的。

1.3.4.4　能量守恒方程（伯努利方程）

如果流体在流动过程中只有机械能，则这个时候的能量守恒方程就简化为机械能守恒方程。

（1）流体流动时的机械能——位能、静压能和动能基本定义

① 位能：流体在重力作用下，因高于某一基准面所具有的能量。质量为 m 的流体具有的位能为 mgz，单位质量的流体具有的位能为 gz。

② 静压能（压强能）：流体因有一定的压强而具有的能量或流动中因克服一定的压力所做的功。质量为 m、体积为 V 的流体，通过截面 A 所需的作用力 $F = pA$，而流体通过此截面所走的距离为 $L = V/A$，则流体带入系统的静压能为

$$静压能 = FL = pA \cdot \frac{V}{A} = pV$$

单位质量流体所具有的静压能为 p/ρ。

③ 动能：是流体因以一定的流速运动而具有的能量。质量为 m 的流体的动能为 $\dfrac{1}{2}mu^2$，单位质量流体所具有的动能为 $\dfrac{1}{2}u^2$。

（2）理想流体流动的机械能守恒式

① 运动流体受力分析。先考察理想流体的机械能守恒，对高度为 $\mathrm{d}z$ 的理想流体微元进行受力分析（图 1-10），根据牛顿第二定律有

$$pA - \rho g A\,\mathrm{d}z - (p + \mathrm{d}p)A = ma = \rho A\,\mathrm{d}z\,\frac{\mathrm{d}u}{\mathrm{d}t}$$

对于单位质量流体有

$$-g - \frac{\mathrm{d}p}{\rho\,\mathrm{d}z} = \frac{\mathrm{d}u}{\mathrm{d}t}, \quad \text{即} \quad g\,\mathrm{d}z + \frac{\mathrm{d}p}{\rho} + \mathrm{d}\left(\frac{u^2}{2}\right) = 0$$

$$gz + \frac{p}{\rho} + \frac{u^2}{2} = 常数 \tag{1-18}$$

式(1-18) 称为**伯努利方程**，适用于重力场、不可压缩的理想流体作定态流动的情况。

② 理想流体管流的机械能守恒。对于理想流体，若考察的截面（截面 1 和截面 2）均处于均匀流段（图 1-11），伯努利方程可以用于管流，即截面 1 至截面 2 之间有

$$gz_1 + \frac{p_1}{\rho} + \frac{u_1^2}{2} = gz_2 + \frac{p_2}{\rho} + \frac{u_2^2}{2} \tag{1-19}$$

或

$$z_1 + \frac{p_1}{\rho g} + \frac{u_1^2}{2g} = z_2 + \frac{p_2}{\rho g} + \frac{u_2^2}{2g} \tag{1-20}$$

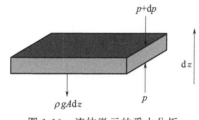

图 1-10　流体微元的受力分析

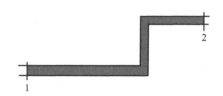

图 1-11　管流中的机械能守恒

③ 实际流体的机械能衡算方程。实际流体具有黏性，在流动中，流体与管壁以及流体内部间都因有摩擦力而消耗机械能。为达到流体输送的目的，有时需要流体输送机械（泵或风机）做功提供能量，如图 1-12 所示。因此，对于不可压缩的实际流体，伯努利方程应作如下修正：

$$gz_1 + \frac{p_1}{\rho} + \frac{u_1^2}{2} + h_e = gz_2 + \frac{p_2}{\rho} + \frac{u_2^2}{2} + \sum h_f \tag{1-21}$$

或

$$z_1 + \frac{p_1}{\rho g} + \frac{u_1^2}{2g} + H_e = z_2 + \frac{p_2}{\rho g} + \frac{u_2^2}{2g} + \sum H_f \tag{1-22}$$

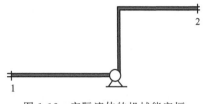

图 1-12　实际流体的机械能守恒

式中，$h_e(H_e)$ 为截面 1 至截面 2 间由输送设备对单位质量（重量）流体所做的**有效功**，单位为 J/kg(J/N)，是选择流体输送设备的重要依据；$\sum h_f(\sum H_f)$ 为单位质量（重量）流体在截面 1 至截面 2 间流动时的机械能损失，单位为 J/kg(J/N)。

单位时间流体输送设备对单位质量流体所做的功，称为**有效功率** P_e，单位为 J/s 或 W，显然有效功率为

$$P_e = h_e q_m \tag{1-23}$$

输送机械本身也有能量转换效率，则有效功率 P_e 与流体输送机械的实际功率 P_a 间的关系为

$$P_a = \frac{P_e}{\eta} \tag{1-24}$$

P_a 也称为流体输送机械的轴功率，η 为流体输送机械的效率。

【例 1-2】 确定流体输送设备的功率：某厂用泵将河水输送至洗涤塔顶，经喷嘴喷出；塔底的水经管道流至废水池中。已知管道尺寸为 $\phi 114\text{mm} \times 4\text{mm}$，流量为 $85\text{m}^3/\text{h}$，水在管路中流动时的总摩擦损失为 10J/kg（不包括出口阻力损失），喷头处压力较塔内压力高 20kPa，塔底及废水池的液面高度不变，且水从塔底流入废水池的摩擦损失可忽略不计。设泵的效率为 60%，求泵所需的功率。

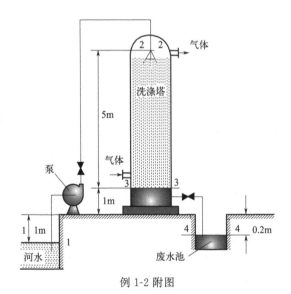

例 1-2 附图

解： 如附图所示，取河水液面为 1-1 截面，塔顶喷嘴出口处为 2-2 截面，且以 1-1 截面为基准面。在 1-1 截面和 2-2 截面间列伯努利方程

$$gz_1 + \frac{p_1}{\rho} + \frac{u_1^2}{2} + h_e = gz_2 + \frac{p_2}{\rho} + \frac{u_2^2}{2} + \sum h_f$$

其中，$z_1 = 0$，$p_1 = 0$（表压），$u_1 \approx 0$，$z_2 = 7\text{m}$。

水在管道中的流速为

$$u_2 = \frac{q_V}{A} = \frac{85}{3600 \times \frac{\pi}{4} \times 0.106^2} = 2.68(\text{m/s})$$

输送河水所需的外加能量为

$$h_e = gz_2 + \frac{u_2^2}{2} + \frac{p_2}{\rho} + \sum h_f = 7 \times 9.81 + \frac{2.68^2}{2} + \frac{p_2}{\rho} + 10 = 82.26 + \frac{p_2}{\rho} \tag{a}$$

取塔底液面为 3-3 截面，废水池液面为 4-4 截面，且以 4-4 截面为基准面。在 3-3 和 4-4 截面间列伯努利方程，由 $z_4 = 0$，$z_3 = 1.2\text{m}$，$p_4 = 0$（表压），$u_3 \approx u_4 \approx 0$ 可得

$$\frac{p_3}{\rho} = -9.81 \times 1.2 = -11.77(\text{J/kg})$$

$$\frac{p_2}{\rho} = \frac{p_3}{\rho} + \frac{20 \times 10^3}{\rho} = -11.77 + 20 = 8.23(\text{J/kg}) \tag{b}$$

将式（b）代入式（a），求得输送河水所需的外加能量

$$h_e = 82.26 + 8.23 = 90.49(\text{J/kg})$$

泵的有效功率

$$P_e = h_e q_m = 90.49 \times \frac{85}{3600} \times 1000 = 2137(\text{W}) = 2.14(\text{kW})$$

泵的效率为 60%，则泵的轴功率

$$P_a = \frac{P_e}{\eta} = \frac{2.14}{0.6} = 3.57(\text{kW})$$

1.3.5　流体流动的动力学特征

前一节中依据稳态流动系统的物料衡算和能量衡算关系得到了连续性方程式和伯努利方程式，从而可以预测和计算流动过程中的有关表观参数（平均流速、压强、位差等）。但前面的讨论并没有涉及流体流动中的动力学特征，即内部质点的运动规律。流体质点的运动方式，影响着流体的速度分布、流动阻力的计算以及流体中的热量传递和质量传递过程。流动的内部结构极为复杂，涉及面很广，本节仅作简要介绍。

流体流动有什么特征和规律呢？请仔细理解著名的英国力学家、物理学家奥斯本·雷诺（Osborne Reynolds）工程师的工程思维和研究方法。

1.3.5.1　两种流型的发现

1883 年雷诺设计如图 1-13 所示的实验装置，对流体流动时内部质点的运动情况及各种因素对流动状态的影响进行了直接观察和研究，揭示了流体流动可分为两种截然不同的形态。在水箱 3 内装有溢流装置 6，以维持水位恒定。水箱的底部接一段直径相同的水平玻璃管 4，管出口处有阀门 5 以调节流量。水箱上方有装有带颜色液体的小瓶 1，有色液体可经过细管 2 注入玻璃管内。在水流经玻璃管的过程中，同时把有色液体送到玻璃管入口以后的管中心位置上。

实验时可以观察到，当玻璃管中水的流速小时，从细管引到水流中心的有色液体呈现为一条细直线，沿其轴线平稳地通过全管，与玻璃管里的水并不相混杂，如图 1-14(a) 所示。这种现象表明玻璃管里水的质点是沿着与管轴平行的方向做直线运动。若把水流速度逐渐提高到一定数值，有色液体的细线开始出现波动、弯曲，如图 1-14(b) 所示。继续增大水流速度，细线便完全消失，有色液体流出细管后随即散开，与水完全混合在一起，使整根玻璃管中的水呈现均匀的颜色，如图 1-14(c) 所示。

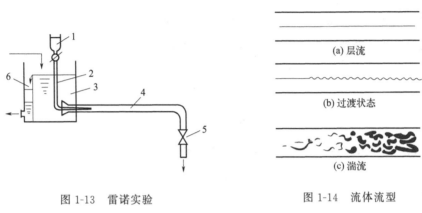

图 1-13　雷诺实验　　　　　　　　　图 1-14　流体流型
1—小瓶；2—细管；3—水箱；
4—水平玻璃管；5—阀门；6—溢流装置

这个实验显示出两种截然不同的流体流动类型。前一种流型中，流动的流体内部各质点严格做直线运动，流体层次分明，层与层之间互不混杂，致使有色线流保持一直线。这种流型称为层流或滞流。后一种流型中，流体质点总体上沿管道向前流动，同时还在各方向上作随机脉动，这种无序的脉动使有色线抖动、弯曲、断裂、分散。这种流型称为湍流或紊流。

1.3.5.2　流型的判据——雷诺数

若采用不同的管径和不同的流体分别进行实验，可以发现，不仅流速 u 能引起流动状况改变，而且管径 d、流体的黏度 μ 和密度 ρ 也都能引起流动状况的改变。可见，流体的流动状况是由多方面因素决定的。通过进一步分析研究，可以把这些影响因素组合成为一个无量纲的数群 $du\rho/\mu$ 作为流型的判据，该数群称为雷诺准数或雷诺数，以 Re 表示，即

$$Re = \frac{du\rho}{\mu} \tag{1-25}$$

实验测得：

$Re \leqslant 2000$ 时，流体流型为层流；

$Re \geqslant 4000$ 时，流体流型为湍流；

$2000 < Re < 4000$ 时，流体流动型态可能是层流，也可能是湍流，由外界条件而定。此区为过渡状态。

流体流动型态只有两种：层流与湍流。过渡状态不单独为一种流型。

当流体在管内作层流流动时，不同流体层的流体质点间无宏观混合，即无径向脉动速度，流体内部动量、热量和质量在径向上的传递仅依赖于分子扩散。湍流时，流体质点在径向上的脉动将极大地加速流体在径向上动量、热量和质量的交换。湍流是重要的流体流动形态。工业生产中涉及流体流动的单元操作，如流体的输送、搅拌、混合、传热等单元操作，大多数都是在湍流下进行的。

1.3.5.3 边界层的概念及其形成特征

边界层学说是普朗特于 1904 年提出的。边界层理论对于流体的传热、传质往往具有较大的影响。当我们要解决一些实际工程问题的时候往往要通过雷诺数对流体进行分类、利用边界层理解流体的动力学特征，应深刻理解普朗特边界层的工程思维及方法。

以流体沿固定平板的流动为例。如图 1-15 所示，在平板前缘处流体以均匀一致的流速 u_s 流动，当流到平板壁面时，由于流体具有黏性又能完全润湿壁面，与壁面直接接触的流体速度立即降为零。由于流体黏性的作用，近壁面的流体将相继受阻而降速，形成速度梯度，即紧贴壁面存在着一薄的流体层，该薄层内的速度梯度很大，这一薄层称为边界层，即流速降至主体流速 u_s 的 99% 以内的区域，如图 1-15 中虚线所示。边界层以外的流动区域，称为主体区或外流区。该区域内流体速度变化很小，可近似看成是理想流体。分界线至壁面的垂直距离定为边界层的厚度 δ。

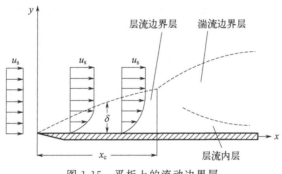

图 1-15 平板上的流动边界层

1.3.5.4 边界层的发展

流体沿着平板向前运动的同时，内摩擦力对主体区流体的持续作用，促使更多的流体层流速下降，边界层的厚度随自平板前缘的距离 x 的增大而逐渐变厚。当距离 x 相当小时，边界层较薄，层内的流动为层流状态，称为层流边界层。当距离 x 增大到某临界距离 x_c 后，边界层内的流动由层流转变为湍流，此后的边界层称为湍流边界层。但是在湍流边界层内，靠近壁面还存在非常薄的一层流体，其内仍为层流，并具有很大的速度梯度，此层称作层流底层或层流内层。在层流内层中，径向的传递只能依赖分子运动，是传递过程的主要阻力所在。为提高传热或传质过程的速率，必须设法减薄层流内层的厚度。在层流内层与湍流层之间，还存在的过渡层或称缓冲层，其流型不稳定，可能是层流，也可能是湍流。为简化起见，常忽略过渡层。

1.3.5.5 圆形直管内的流动边界层

在工业生产中，常遇到流体在管内流动的情况。流体在进入圆管前，以均匀的流速流动。进管之初，速度分布比较均匀，仅在靠管壁处形成很薄的边界层。在黏性的影响下，随着流体向前流动，边界层逐渐增厚，而边界层内流速逐渐减小。由于管内流体的总流量维持不变，所以管中心部分的流速增加，速度分布侧形随之而变。经过入口段距离后，边界层在管中心汇合，此后边界层占据整个圆管的截面，其厚度维持不变，等于管的半径。距管进口的距离 x_0 称为稳定段长度或进口段长度。在稳定段以后，各截面速度分布曲线形状不随 x 而变，称为完全发展了的流动。图 1-16(a) 表示流体在圆形直管进口段内流动时，层流边界层内速度分布侧形的发展情况。

与平板一样，流体在管内流动的边界层可以从层流转变为湍流。如图 1-16(b) 所示，流体经过一定长度后，边界层由层流发展为湍流，并在 x_0 处于管中心线上相汇合。在完全发展了的流动开始之时，若边界层内为层流，则管内流动仍保持为层流；若边界层内为湍流，则管内的流动仍保持为湍流。

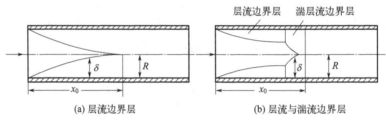

(a) 层流边界层   (b) 层流与湍流边界层

图 1-16   圆管进口段流动边界层厚度的变化

入口段中未形成确定的速度分布，若进行传热、传质等传递过程，其规律与一般定态管流有所不同。

1.3.5.6 边界层的分离

流体在固定平板或在圆形直管中流动时，流体边界层始终是紧贴在固体壁面上的。而当流体流经曲面或其他形状物体的表面时，无论是层流还是湍流，在一定的条件下将会产生边界层与固体表面分离，并在脱离处产生旋涡的现象，加剧流体质点间的相互碰撞，造成流体的能量损失。

下面对流体流过圆柱体时产生的边界层分离现象进行分析。如图 1-17 所示，因上下对称，图中只画出上半部分。匀速流体到达 A 点时，受到壁面的阻滞，流速为零，其动能完全转化为静压能，该处压强最大，点 A 称为驻点。流体在高压作用下被迫改变原来的运动方向，自 A 点向两侧绕流。自点 A 经点 B 到点 C，形成了流体边界层，由于流体流道逐渐缩小，边界层的流体处于加速及减压的状态。在 C 点处流体的流速最大而压强最低。此后，流道逐渐扩大，流体

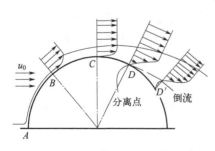

图 1-17   流体对圆柱的绕流

处于减速及增压阶段，流体的动能一部分变为静压能，另一部分消耗于克服流体内摩擦力带来的流动阻力。壁面附近的流体速度迅速降低，经过一段距离最后到达紧靠固体壁面的 D 点处，流体速度首先下降为零，流体质点静止不动，D 点称为分离点。离壁面稍远处的流体质点具有比近壁面流体大的动能，故可以通过稍长的途径降为零，如图中的 D' 点。将流体中速度为零的各点连成一线，如 $D\text{-}D'$，该线与边界层上缘之间的区域形成了脱离物体的边界层。这种边界层脱离壁面的现象，称为边界层分离。$D\text{-}D'$ 线与壁面之间的流体会被迫倒退形成逆流，并产生大量旋涡，流体质点强烈地碰撞与混合，造成机械能的损耗。这部分能量损耗是固体表面形状造成边界层分离所引起的，称为形体阻力。

黏性流体绕过固体表面的阻力，等于流体黏性产生的摩擦阻力和边界层分离产生的形体阻力之和。两者之和又称为局部阻力。当流体流经管件、阀门、管道进出口等局部地方，都会产生形体阻力。在许多情况下，形体阻力是主要的阻力。工程上为了避免由于边界层分离引起的机械能损失，应将流体通道横截面尽量做成不产生急剧的变化，绕流的物体也尽量做出流线型的外形。但在某些场合，如为促进流体中的传热或提高物料混合效果，则应该加强边界层分离的作用。

1.3.5.7　流体在圆管内流动时的速度分布

在雷诺实验和普朗特边界层理论的基础上，流体在圆管内的速度分布是指流体流动时，管横截面上质点的轴向速度沿半径的变化。由于层流和湍流是本质完全不同的两种流动类型，故二者速度分布的规律不同。

（1）层流时速度在圆管内的分布

流体作层流流动时，流体质点沿着与管轴平行的方向直线流动，管中心流速最大，越靠近管壁流速越小。管内层流流动可视为由无数同轴的圆筒形流体以不同速度向前流动。

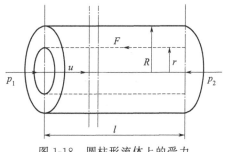

图 1-18　圆柱形流体上的受力

如图 1-18 所示，流体在半径为 R 的水平圆管中作层流流动。以管轴为中心，取一长度为 l，半径为 r 的圆柱形积分控制体作受力平衡分析。

若作用于流体柱两端的压强分别为 p_1 和 p_2，作用于流体柱侧表面积 $2\pi rl$ 上的黏滞阻力为 $2\pi rl\tau$。层流时剪应力服从牛顿黏性定律。若流体在圆管中作稳定流动，则推动力与阻力大小相等，方向相反，即

$$\pi r^2 p_1 - \pi r^2 p_2 = 2\pi rl\tau \tag{1-26}$$

将式（1-26）整理可得

$$\tau = \frac{p_1 - p_2}{2l} r \tag{1-27}$$

式（1-27）表示了圆直管沿径向的剪应力分布。由上述推导可知，剪应力分布与流

体种类无关，且对层流和湍流皆适用。此式表明，在圆直管内剪应力与半径 r 成正比。在管中心处，$r=0$，剪应力为零；在管壁处 $r=R$，剪应力最大，为 $\dfrac{p_1-p_2}{2l}R$。剪应力分布如图 1-19 所示。

流体在圆直管内层流流动时，剪应力与速度梯度的关系服从牛顿黏性定律，即 $\tau=-\mu\dfrac{\mathrm{d}u}{\mathrm{d}r}$，代入式(1-26)得

$$\pi r^2 p_1-\pi r^2 p_2=2\pi rl\tau=-\mu(2\pi rl)\frac{\mathrm{d}u}{\mathrm{d}r} \tag{1-28}$$

整理得

$$\frac{\mathrm{d}u}{\mathrm{d}r}=-\frac{\Delta p}{2\mu l}r \tag{1-29}$$

积分上式的边界条件：当 $r=R$（管壁处）时，$u=0$。故上式积分并整理得

$$u=\frac{\Delta p}{4\mu l}(R^2-r^2) \tag{1-30}$$

在管中心线上，即 $r=0$ 时，流动速度达到最大值：

$$u_{\max}=\frac{\Delta p}{4\mu l}R^2 \tag{1-31}$$

代入式(1-30)，得

$$u=u_{\max}\left(1-\frac{r^2}{R^2}\right) \tag{1-32}$$

由式(1-32)可知，圆管内层流流动时的速度呈抛物线分布（图 1-20），与实验测量数据相符。

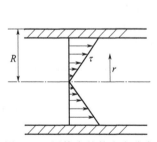

图 1-19 圆管内的剪应力分布

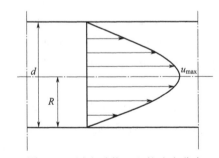

图 1-20 层流时截面上的速度分布

工程中常以管截面的平均速度来计算流动阻力所引起的压力差。

稳定流动中，管截面的平均流速为体积流量与管截面积之比。因此，利用前述圆管截面积上流速分布式(1-32)在管截面上积分，求出流体体积流量，便可求算平均流速。

$$\bar{u}=\frac{\displaystyle\int_A u\,\mathrm{d}A}{A}=u_{\max}\int_0^R\left[1-\left(\frac{r}{R}\right)^2\right]2\pi r\,\mathrm{d}r=\frac{1}{2}u_{\max} \tag{1-33}$$

可见，层流流动时，平均流速 $\bar{u}$ 是管中心线处最大流速 $u_{\max}$ 的一半。以后如无特殊需要，均以 u 表示平均速度 $\bar{u}$。

将式(1-31) 代入式(1-33)，则有

$$u = \frac{\Delta p}{8 \mu l} R^2 \quad \text{或} \quad \Delta p = \frac{32 \mu l u}{d^2} \tag{1-34}$$

式(1-34) 称为泊肃叶 (Poiseuille) 方程，是毛细管黏度计的理论公式。

（2）湍流时速度在圆管内的分布

当流体作湍流流动时，由于湍流流动中质点运动的复杂性，目前还不能用理论方法推导出湍流速度分布的解析式。图 1-21 是由实验测得的流体在圆管内作稳定湍流时的速度分布规律。可以看出，湍流主体中，流体质点间强烈分离和混合，使截面上靠近管中心部分各点速度彼此扯平，速度分布比较均匀；而靠近管壁处很薄的层流底层中，流体作层流流动，其中的速度梯度比层流时要大。Re 愈大，层流底层愈薄，但是始终存在，对传热和传质过程影响很大。通过实验研究，得到管内湍流速度分布的经验式：

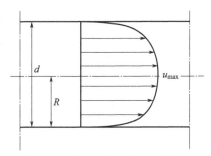

图 1-21　湍流时截面上的速度分布

$$\frac{u}{u_{\max}} = \left(1 - \frac{r}{R}\right)^{\frac{1}{n}} \tag{1-35}$$

n 因 Re 的不同而取值，$n = 6 \sim 10$。

在充分湍动情况下，

$$\overline{u} = 0.82 u_{\max} \tag{1-36}$$

1.3.6　流体流动过程中产生的阻力损失

实际流体因具有黏性，流动时必须克服摩擦阻力而损失机械能，这部分能量最终转变为热能。在流体力学上称为机械能损失或摩擦阻力损失，也常常直接称为阻力损失。流体在管路中流动时的阻力可分为直管阻力和局部阻力两种。直管阻力是流体流经一定管径的直管时，由于流体内摩擦而产生的阻力。局部阻力主要是由流体流经管路中的管件、阀门及管截面的突然扩大或缩小等局部地方所引起的阻力。两种阻力损失的本质都是流体流动存在黏性和内摩擦力。

前面已指出，流体的衡算基准不同，伯努利方程式可写成不同形式。衡算系统的能量损失是伯努利方程式中的一项，因此它也可用不同的方法来表示。由实际流体的伯努利方程可知：

$\sum h_{\mathrm{f}}$ 是指单位质量流体流动时所损失的机械能，单位为 J/kg；

$H_{\mathrm{f}} = \sum h_{\mathrm{f}}/g$ 是指单位重量流体流动时所损失的机械能，单位为 $J/N(= m)$；

$\rho \sum h_{\mathrm{f}}$ 是指单位体积流体流动时所损失的机械能，以 Δp_{f} 表示，即 $\Delta p_{\mathrm{f}} = \rho \sum h_{\mathrm{f}}$，$\Delta p_{\mathrm{f}}$ 的单位为 $J/m^3 (= Pa)$。

由于 Δp_{f} 的单位可简化为压力的单位，故常称 Δp_{f} 为流动阻力引起的压力降。值得强调的是，Δp_{f} 与伯努利方程式中两截面间的压力差 Δp 是两个截然不同的概念，初

学者常常产生误会。由前知，有外功加入的实际流体的伯努利方程式为

$$g\Delta z + \Delta\frac{p}{\rho} + \Delta\frac{u^2}{2} = h_e - \sum h_f \tag{1-37}$$

上式各项乘以流体密度 ρ，整理得

$$\Delta p = p_2 - p_1 = \rho h_e - \rho g\Delta z - \rho\Delta\frac{u^2}{2} - \rho\sum h_f \tag{1-38}$$

式(1-38)说明，因流动阻力而引起的压力降 Δp_f 并不是两截面间的压力差 Δp。压力降 Δp_f 表示 $1m^3$ 流体在流动系统中仅由流动阻力所消耗的能量。应指出，Δp_f 是一个符号，此处 Δ 并不代表数学中的增量。而两截面间的压力差 Δp 是由多方面因素而引起的，如各种不同形式机械能的相互转换都会使两截面压力差发生变化，此处 Δ 表示增量。在一般情况下，Δp 与 Δp_f 在数值上并不相等，只有当流体在一段既无外功加入、直径又相同的水平管内流动时，才能得出两截面间的压力差 Δp 与压力降 Δp_f 在绝对数值上相等。

1.3.6.1 直管摩擦损失计算公式

不可压缩流体在管内稳定流动时，其直管阻力可由一段不变径水平管中的压力降求得。如图 1-22 所示，在管入口截面和出口截面间列伯努利方程：

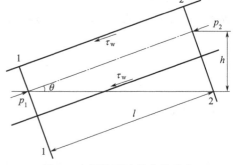

$$gz_1 + \frac{p_1}{\rho} + \frac{u_1^2}{2} = gz_2 + \frac{p_2}{\rho} + \frac{u_2^2}{2} + h_f$$

图 1-22 圆柱形流体上的受力

因是等径直管，故上式中的直管阻力为

$$h_f = \frac{p_1 - p_2}{\rho} + g(z_1 - z_2) = \frac{\Delta p}{\rho} - gh \tag{1-39}$$

因是稳定流动，推动力和摩擦阻力平衡。若管长为 l，直径为 d，由受力平衡得

$$\Delta p \cdot \frac{\pi}{4}d^2 = \tau_w \pi dl + \frac{\pi}{4}d^2 l\rho g\sin\theta \tag{1-40}$$

式(1-39)和式(1-40)联立得

$$h_f = \frac{4\tau_w l}{\rho d} \tag{1-41}$$

将上式变换，得

$$h_f = \frac{8\tau_w}{\rho u^2} \cdot \frac{l}{d} \cdot \frac{u^2}{2} \tag{1-42}$$

令 $\lambda = \dfrac{8\tau_w}{\rho u^2}$ 则得

$$h_f = \lambda \cdot \frac{l}{d} \cdot \frac{u^2}{2} \tag{1-43}$$

式中，λ 为摩擦因数，量纲为 1。

上式也称范宁（Fanning）公式，用于层流和湍流圆形直管阻力损失计算。

（1）摩擦因数 λ

计算摩擦阻力损失的关键是如何计算摩擦因数 λ。流动形态不同，对摩擦因数 λ 的影响因素不同，λ 的计算方法也不同。下面分述层流和湍流摩擦因数 λ 的求法。

① 层流的摩擦因数 λ。流体在水平等径直管中作层流流动时，在无外功输入条件下，阻力损失就是压力差，故阻力损失可直接由式（1-34）导出，即阻力损失可引用泊肃叶方程求得：

$$h_f = \frac{\Delta p}{\rho} = \frac{32\mu l u}{\rho d^2} \tag{1-44}$$

将阻力损失变换为直管阻力

$$h_f = \frac{\Delta p}{\rho} = \frac{32\mu l u}{\rho d^2} = \lambda \frac{l}{d} \cdot \frac{u^2}{2} \tag{1-45}$$

可得

$$\lambda = \frac{64}{Re} \tag{1-46}$$

式（1-46）是计算层流摩擦因数的理论公式。

② 湍流的摩擦因数 λ。流体作湍流流动时，流体质点脉动、碰撞、混合，并不断地产生旋涡，因此比层流的情况要复杂得多。目前还不能用理论分析的方法建立湍流条件下阻力的关系式。对于此类复杂问题，在工程技术中常通过实验建立经验关系式。实验时，每次只能改变一个变量，而将其余变量固定。倘若过程牵涉的变量很多，实验工作量必然很大，而且将实验结果关联成一个便于应用的简单公式也很困难。采用量纲分析法将变量组合成量纲为 1 的数群，用这些数群代替单个变量进行实验，可以减少实验次数，简化数据的关联工作。所以在工程技术实验研究中，量纲分析是经常使用的方法之一。

（2）量纲分析法

量纲分析法的基础有二：量纲一致性原则和 π 定理。

量纲一致性原则即凡是根据基本物理规律导出的物理方程，其中各项的量纲必然相同。

π 定理是指量纲分析所得到数群的数目等于影响该过程的物理量数目与表示这些物理量的基本量纲数目之差。

量纲分析实验研究的基本步骤如下。

① 析因实验，找出影响过程的主要因素。

根据对湍流流动时流动阻力实验的综合分析，可知流体在湍流时的直管阻力与操作因素，即平均流速 u 有关；与物性因素，即流体密度 ρ 和黏度 μ 有关；还与设备因素，即管径 d、管长 l 及管子的绝对粗糙度（管壁粗糙面凸出部分的平均高度）ε 有关，

表 1-2 给出了一些工业管道的绝对粗糙度。

表 1-2　工业常用管道的绝对粗糙度

管道类别		ε/mm	管道类别		ε/mm
金属管	无缝黄铜管、铜管及铅管	0.01～0.05	非金属管	干净玻璃管	0.0015～0.01
	新的无缝钢管、镀锌铁管	0.1～0.2		橡皮软管	0.01～0.03
	新的铸铁管	0.3		木管道	0.25～1.25
	具有轻度腐蚀的无缝钢管	0.2～0.3		陶土排水管	0.45～6.0
	具有显著腐蚀的无缝钢管	0.5 以上		很好整平的水泥管	0.33
	旧的铸铁管	0.85 以上		石棉水泥管	0.03～0.8

据此可写出通用的函数：

$$\Delta h_f = f(d, l, u, \rho, \mu, \varepsilon) \tag{1-47}$$

② 将变量组合成无量纲数群，减少实验工作量。

将式(1-47) 用幂函数形式表示：

$$\Delta h_f = k d^a l^b u^c \rho^d \mu^e \varepsilon^f \tag{1-48}$$

式中，常数 k 及指数 a，b，c，d，e，f 为待定值。

将各量的量纲代入式(1-48)，按量纲一致性原则，方程两侧基本量的量纲指数相等，则

$$d = -e; \quad c = 2 - e; \quad a = -b - e - f$$

代入式(1-48) 可写成如下无量纲形式

$$\frac{\Delta h_f}{u^2} = k Re^{-e} \left(\frac{l}{d}\right)^b \left(\frac{\varepsilon}{d}\right)^f \tag{1-49}$$

按 π 定理，七个与过程有关的物理量中涉及三个基本量：质量、长度和时间。因此，量纲为 1 的数群的数目为 $7 - 3 = 4$ 个，它们是：

a. 欧拉数，$Eu = \Delta h_f / u^2$，代表压力损失与惯性力之比；

b. 雷诺数，$Re = du\rho/\mu$，代表惯性力与黏性力之比；

c. 相对粗糙度，ε/d，管子绝对粗糙度与管径之比；

d. 长径比，l/d，表征管子几何尺寸的特性。

显然，采用量纲分析法来规划实验工作是有益的，实验次数大为减少。在实验研究时无需一个个地改变原式中的六个自变量，而只要逐个地改变 Re、l/d 和 ε/d 即可，避免了大量的实验工作量。

实验结果证明，流体流动的阻力损失与管长 l 成正比，u^2 习惯写成动能项 $(u^2/2)$。所以，式中 (l/d) 的指数 $b=1$。可得

$$\frac{\Delta h_f}{u^2/2} = \frac{l}{d} \varphi\left(Re, \frac{\varepsilon}{d}\right) \tag{1-50}$$

即

$$\lambda = f\left(Re, \frac{\varepsilon}{d}\right) \tag{1-51}$$

若按式(1-50)组织实验，可以将水、空气等介质的实验结果推广应用于其他流体，将小尺寸模型的实验结果应用于大型装置。

③ 数据处理。获得无量纲数群之后，各无量纲数群之间的函数关系仍需由实验并经分析确定。

湍流时，在不同 Re 值范围内，对不同的管材，λ 的表达式亦不相同，计算 λ 的关系式还有许多，但都比较复杂，用起来很不方便。在工程计算中为避免迭代试差，一般将实验数据进行综合整理，以 ε/d 为参数，标绘 Re 与 λ 的关系，如图 1-23 所示。这样，便可根据 Re 与 ε/d 值从图 1-23 中查得 λ 值。

（3）摩擦因数图

莫迪（Moody）1944 年根据实验结果及有关经验公式，以相对粗糙度 ε/d 为参数，标绘出 λ-Re 曲线，得到莫迪图或摩擦因数图（图 1-23）。图中，纵坐标 λ 和横坐标 Re 实际都采用对数坐标。由已知数据算出 Re 和 ε/d 值，可从纵坐标查得摩擦因数 λ 之值。根据不同的 Re 值，莫迪图可分为层流区、过渡区、湍流区、完全湍流区四个区域。

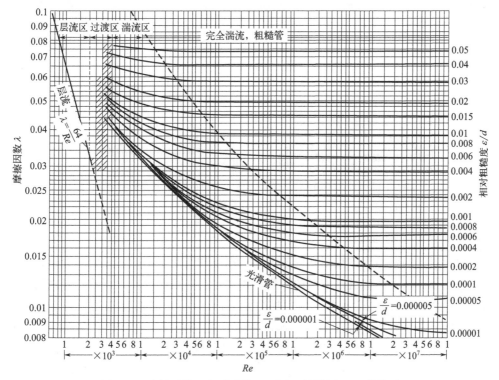

图 1-23　摩擦因数 λ 与雷诺数 Re 及相对粗糙度 ε/d 的关系

① 层流区（$Re \leqslant 2000$）：此区域流体作层流流动，λ 与管壁面的粗糙度无关，而 $\lg\lambda$ 与 $\lg Re$ 成线性关系，其表达式为 $\lambda = 64/Re$。此时阻力损失与流速的一次方成正比。

② 过渡区（2000＜Re＜4000）：此区内是层流和湍流的过渡区，管内流型因环境而异，摩擦系数波动。工程上为安全计，对于阻力损失的计算，通常是将湍流时相应的曲线延伸查取 λ 值。

③ 湍流区（$Re \geqslant 4000$）：此区内流体作湍流流动。摩擦因数 λ 是 Re 和管壁面相对粗糙度 ε/d 的函数。当 Re 一定时，λ 随 ε/d 的降低而减小，直至光滑管的 λ 值最小；当 ε/d 值一定时，λ 值随 Re 增加而降低。

④ 完全湍流区：图中虚线右上的区域。在该区域内，摩擦因数 λ 仅随管壁的相对粗糙度 ε/d 而变，与 Re 的关系曲线近乎水平直线，换句话说，λ 值基本上不随 Re 而变化，可视为常数。倘若 l/d 一定，则根据式（1-45）可知，阻力损失 h_f 与流速的平方成正比，故此区又称作阻力平方区。

（4）粗糙度对 λ 的影响

摩擦因数图表明了管壁粗糙度对 λ 的影响。层流时，管道凹凸不平的内壁面都被流速较缓慢平行于管轴的流体层所覆盖。流体质点对壁面上的凸起没有碰撞作用。因此，流体作层流流动时，λ 与壁面粗糙度无关。流体作湍流流动时，贴壁面处存在厚度为 δ 的层流底层。当 $\delta > \varepsilon$ 时，管壁凸起被层流底层覆盖 [图 1-24（a）]，使这些凸起对流体运动影响小，与层流时一样；随着 Re 增加，δ 变小。当 $\delta < \varepsilon$ 时，管壁粗糙面暴露于层流底层之外，凸起部分伸进湍流主流区 [图 1-24（b）]，与流体质点激烈碰撞，引起旋涡，能量损失增大，影响 λ 的数值。且随着 Re 增大，越来越低的凸出物相继发挥作用。当 Re 大到一定程度，凸出物完全暴露，λ 值不再变化，管流便进入阻力平方区。

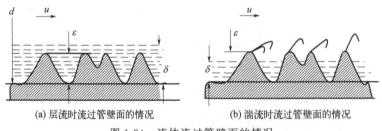

(a) 层流时流过管壁面的情况 (b) 湍流时流过管壁面的情况

图 1-24　流体流过管壁面的情况

（5）非圆形管的当量直径

前面所讨论的都是流体在圆管内的流动。在生物工业生产中，还会遇到非圆形管道或设备。例如有些气体管道是方形的，有时流体也会在两根成同心圆的套管之间的环形通道内流过。前面计算 Re 准数及阻力损失 h_f 的式中的 d 是圆管直径，对于非圆形管如何解决呢？一般来讲，截面形状对速度分布及流动阻力的大小都会有影响。实验表明，在湍流情况下，对非圆形截面的通道，可以找到一个与圆形管直径 d 相当的"直径"来代替，即引入当量直径 d_e，流动阻力仍可按圆管的公式计算。当量直径 d_e 的定义为

$$d_e = \frac{4 \times 流通截面积}{润湿周边} = 4 \times 水力半径 \qquad (1-52)$$

如为层流流动，按上定义计算 d_e，则要改变公式 $64/Re = \lambda$ 中的常数。一些非圆形管的常数 C 值见表 1-3。

表 1-3　某些非圆形管的常数 C

非圆形管的截面形状	正方形	等边三角形	环形	长方形	
				长：宽＝2：1	长：宽＝4：1
常数 C	57	53	96	62	73

需注意的是，用 d_e 计算 Re 判断非圆形管内的流型，其临界值仍为 2000；不能用 d_e 去计算非圆形管的截面积、流速和流量。d_e 仅用于 h_f 和 Re 的计算。

1.3.6.2　局部摩擦损失计算式

流体在管路的进口、出口、弯头、阀门、扩大、缩小等局部位置流过时，其流速大小和方向都发生了变化，使流动边界层分离，产生大量漩涡而消耗能量。由实验可知，流体即使在直管中为层流流动，但流过管件或阀门时也容易变为湍流。在湍流情况下，为克服局部阻力所引起的能量损失有两种计算方法。

（1）阻力系数法

将因局部阻力引起的能量损失表示为动能的某个倍数

$$h_f = \zeta \frac{u^2}{2} \tag{1-53}$$

式中，ζ 为局部阻力系数，由实验测定。

表 1-4 列出了部分管件、阀门等的局部阻力系数。

表 1-4　某些管件和阀门的局部阻力系数

名称		局部阻力系数 ζ	名称		局部阻力系数 ζ
标准弯头	45°	0.35	底阀		1.5
	90°	0.75	止回阀	升降式	1.2
180°回弯头		1.5		摇板式	2
三通		1	闸阀	全开	0.17
管接头		0.4		3/4 开	0.9
活接头		0.4		1/2 开	4.5
截止阀	全开	6.4		1/4 开	24
	半开	9.5	水表（盘式流量计）		7.0

管路因直径改变而突然扩大或突然缩小时的流动情况如图 1-25 所示，此时局部阻力系数可分别用下列两式计算。

突然扩大时，

$$\zeta = \left(1 - \frac{A_1}{A_2}\right)^2 \tag{1-54}$$

突然缩小时，

$$\zeta = 0.5\left(1 - \frac{A_1}{A_2}\right)^2 \tag{1-55}$$

式中，A_1 为小管的截面积，m^2；A_2 为大管的截面积，m^2。

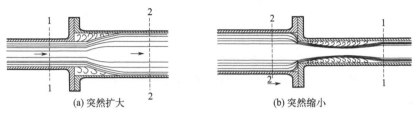

(a) 突然扩大　　　　　　　　(b) 突然缩小

图 1-25　管路突然扩大和突然缩小的流动情况

在计算突然扩大或突然缩小的局部阻力时，式(1-53) 中的流速 u 均采用小管内的流速。

流体自容器进入管内，可看作流体由很大的截面突然进入很小的截面，此时 $\frac{A_1}{A_2} \approx 0$，由式(1-55) 得 $\zeta = 0.5$，此种损失常称为进口损失。流体自管子进入容器或从管子排放到管外空间，可看作流体由很小的截面突然进入很大的截面，此时 $\frac{A_1}{A_2} \approx 0$，由式(1-54) 得 $\zeta = 1$，此种损失常称为出口损失。

（2）当量长度法

将流体流经管件或阀门所产生的局部阻力折合成相当于流体流过长度为 l_e 的同一管径的直管时所产生的阻力，这样折合的管道长度 l_e 称为管件或阀门的当量长度，其局部阻力所引起的能量损失可按式(1-56) 计算。

$$h_f = \lambda \cdot \frac{l_e}{d} \cdot \frac{u^2}{2} \tag{1-56}$$

管阀件的当量长度 l_e 由实验测得，也可由图 1-26 的对线图查出 l_e 值。先在图的左侧竖线上找出与工作管件或阀门对应的点，再在右侧"管子内径"标线上找出安装管件或阀门的管内径值的点，连此二点的直线与中间"当量长度"标线相交点即为该管件或阀门的当量长度值。例如，将标准弯头的点与管子内径为 150mm 的点连成直线，与中间"当量长度"标线相交的点示出此弯头的 l_e 为 5m。

管路系统中的总能量损失常称为总阻力损失，是管路上全部直管阻力与局部阻力之和。这些阻力可以分别用有关公式进行计算。对于流体流经直径不变的管路时，管路的总能量损失为：

$$h_f = \sum\left(\lambda \frac{l+l_e}{d} \cdot \frac{u^2}{2}\right) = \sum\left(\lambda \frac{l}{d} + \zeta\right)\frac{u^2}{2} \tag{1-57}$$

当管路由若干直径不同的管段组成时，由于各段的流速不同，此时管路系统的总能量损失应分段计算，然后再求其总和。实际应用时，长距离输送以直管阻力损失为主；车间管路则往往以局部阻力为主。

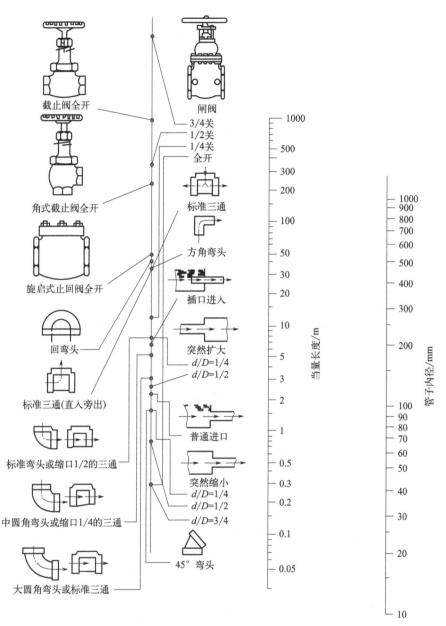

图 1-26　管件与阀门的当量长度

【**例 1-3**】　有一段内径 50mm 的无缝钢管，各段直管的总长度为 10m，管段内共有 3 个 90°标准弯头、1 个全开的截止阀和 1 个半开的截止阀，管道的摩擦系数为 0.026。若将全开的截止阀拆除，而管道长度以及作用于管道两端的总压头均保持不变，试问管道中流体的体积流量能增加百分之几？

解：已知 $d=0.05\text{m}$，$l=10\text{m}$，$\lambda=0.026$。查表 1-4 得 90°标准弯头 $\zeta=0.75$，截止阀全开时 $\zeta=6.4$，半开时 $\zeta=9.5$，则该管段在拆除全开截止阀前的总能量损失为

$$\sum h_{\text{f1}}=\left(\lambda\frac{l}{d}+\sum\zeta\right)\frac{u_1^2}{2}=\left(0.026\times\frac{10}{0.05}+3\times0.75+6.4+9.5\right)\times\frac{u_1^2}{2}=23.35\times\frac{u_1^2}{2}$$

式中，u_1 为拆除全开截止阀前该管段内的流速，m/s。

拆除全开截止阀后该管段的总能量损失为

$$\sum h_{f2} = \left(\lambda \frac{l}{d} + \sum \zeta \right) \frac{u_2^2}{2} = \left(0.026 \times \frac{10}{0.05} + 3 \times 0.75 + 9.5 \right) \times \frac{u_2^2}{2} = 16.95 \times \frac{u_2^2}{2}$$

式中，u_2 为拆除全开截止阀后该管段内的流速，m/s。

依题意知全开截止阀拆除前后管道两端的总压头（位压头、静压头与动压头之和）保持不变，则

$$23.35 \times \frac{u_1^2}{2} = 16.95 \times \frac{u_2^2}{2}$$

所以 $\dfrac{q_{V2}}{q_{V1}} = \dfrac{u_2}{u_1} = \sqrt{\dfrac{23.35}{16.95}} = 1.17$，即流体的体积流量增加了 17%。

1.3.7 流体流动的工程应用

生物工程中的管路按其连接和配置的情况，可以分为简单管路和复杂管路。简单管路是指流体从入口到出口始终在一条管路中流动，可能管路有直径的变化，但没有管路的分支或汇合。复杂管路包括并联管路和分支管路。工程计算问题按其目的可分为设计型计算、操作型计算和综合型计算三类。管路计算也可分为这三类。不同类型的计算问题给出的已知量不同，应先掌握设计型、操作型计算。下面通过例题来介绍各类管路的计算。

1.3.7.1 简单管路计算

（1）简单管路的设计型计算

工程问题的设计型计算通常是给定生产能力，设计计算设备情况。管路的设计型计算是给定输送任务，设计经济上合理的管路。

【例 1-4】 泵送液体所需的机械能：如附图所示，用泵将 20℃ 的水从水槽输送至高位槽内，流量为 $20 \text{m}^3/\text{h}$。高位槽液面与水槽液面之间的垂直距离为 10m。泵吸入管用 $\phi89\text{mm} \times 4\text{mm}$ 的无缝钢管，直管长度为 5m，管路上装有一个底阀、一个 90° 标准弯头；泵排出用 $\phi57\text{mm} \times 3.5\text{mm}$ 的无缝钢管，直管长度为 20m，管路上装有一个全开的闸阀、一个全开的截止阀和两个 90° 标准弯头。高位槽液面及水槽液面上方均为大气

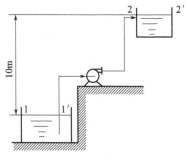

例 1-4 附图

压，且液面均维持恒定。计算需要向单位质量流体补加的能量。

解： 以水槽液面为上游截面 1-1′，高位槽液面为下游截面 2-2′，并以截面 1-1′ 为基准水平面。在截面 1-1′ 与截面 2-2′ 之间列伯努利方程式：

$$gz_1 + \frac{p_1}{\rho} + \frac{u_1^2}{2} + h_e = gz_2 + \frac{p_2}{\rho} + \frac{u_2^2}{2} + \sum h_f$$

其中 $z_1 = 0$，$z_2 = 10\text{m}$，$p_1 = p_2 = 0$（表压）。

因水槽和高位槽的截面均远大于管道的截面，故 $u_1 \approx 0$，$u_2 \approx 0$。所以，伯努利方程式可简化为：

$$h_e = g z_2 + \sum h_f = 9.81 \times 10 + \sum h_f = 98.1 + \sum h_f$$

式中的 $\sum h_f$ 是管路系统的总能量损失，包括吸入管路和排出管路的能量损失。而泵的进、出口及泵体内的能量损失均考虑在泵的效率中。由于吸入管路与排出管路的直径不同，故应分段计算，然后再求和。

① 吸入管路的能量损失 $\sum h_{f,a}$（下标 a 表示吸入管路）：

$$\sum h_{f,a} = \left(\lambda_a \frac{l_a}{d_a} + \sum \zeta_a \right) \frac{u_a^2}{2}$$

其中 $d_a = 89 - 2 \times 4 = 81\text{mm} = 0.081\text{m}$，$l_a = 5\text{m}$。由表 1-4 查得底阀 $\zeta = 1.5$，$90°$标准弯头 $\zeta = 0.75$。又进口阻力系数 $\zeta = 0.5$，则 $\sum \zeta_a = 1.5 + 0.75 + 0.5 = 2.75$。

吸入管路中的流速为

$$u_a = \frac{20}{3600 \times \frac{\pi}{4} \times 0.081^2} = 1.08(\text{m/s})$$

查得水在 20°C 时 $\rho = 998.2\text{kg/m}^3$，$\mu = 1.004 \times 10^{-3}\text{Pa} \cdot \text{s}$，则

$$Re_a = \frac{d_a u_a \rho}{\mu} = \frac{0.081 \times 1.08 \times 998.2}{1.004 \times 10^{-3}} = 8.07 \times 10^4$$

参考表 1-2，取管壁的绝对粗糙度 $\varepsilon = 0.3\text{mm}$，则 $\varepsilon/d = 0.3/81 = 0.0037$，查图 1-23 得 $\lambda_a = 0.028$。所以

$$\sum h_{f,a} = \left(0.028 \times \frac{5}{0.081} + 2.75 \right) \times \frac{1.08^2}{2} = 2.61(\text{J/kg})$$

② 排出管路的能量损失 $\sum h_{f,b}$（下标 b 表示排出管路）：

$$\sum h_{f,b} = \left(\lambda_b \frac{l_b}{d_b} + \sum \zeta_b \right) \frac{u_b^2}{2}$$

其中 $d_b = 57 - 2 \times 3.5 = 50\text{mm}$，$l_b = 20\text{m}$。由表 1-4 查得全开闸阀 $\zeta = 0.17$，全开截止阀 $\zeta = 6.4$，$90°$标准弯头 $\zeta = 0.75$。出口阻力系数 $\zeta = 1$，则 $\sum \zeta_b = 0.17 + 6.4 + 2 \times 0.75 + 1 = 9.07$。

$$u_b = \frac{20}{3600 \times \frac{\pi}{4} \times 0.05^2} = 2.83(\text{m/s})$$

$$Re_b = \frac{d_b u_b \rho}{\mu} = \frac{0.05 \times 2.83 \times 998.2}{1.004 \times 10^{-3}} = 1.41 \times 10^5$$

仍取管壁的绝对粗糙度 $\varepsilon = 0.3\text{mm}$，则 $\varepsilon/d = 0.3/50 = 0.006$，查图 1-23 得 $\lambda_b = 0.0328$。所以

$$\sum h_{f,b} = \left(0.0328 \times \frac{20}{0.05} + 9.07 \right) \times \frac{2.83^2}{2} = 88.86(\text{J/kg})$$

③ 管路系统的总能量损失：

$$\sum h_f = \sum h_{f,a} + \sum h_{f,b} = 2.61 + 88.86 = 91.47(J/kg)$$

所以单位质量流体所需补加的能量为

$$h_e = 98.1 + 91.47 \approx 189.6(J/kg)$$

若设计要求中未给定管径，一般应先选择适宜流速，再进行设计计算。

(2) 简单管路的操作型计算

操作型计算问题是管路已定，要求核算在某给定条件下管路的输送能力或源头所需的压强。

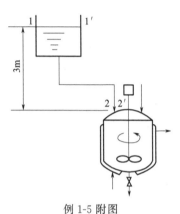

例 1-5 附图

【例 1-5】 流量计算：氯霉素生产中，乙苯由高位槽加入反应器，如附图所示。管路为 $\phi 32\text{mm} \times 2.5\text{mm}$ 的钢管，共长 50m（包括管件及阀门的当量长度，但不包括进、出口损失）。高位槽及反应器内液面上方均为常压，且高位槽内液面维持恒定，并高于出料管出口 3m，试计算此管路的输液量。已知乙苯的密度为 870kg/m^3，黏度为 $0.7 \times 10^{-3}\text{Pa} \cdot \text{s}$。

解： 以高位槽内液面为上游截面 1-1'，出料管出口内侧为下游截面 2-2'，并以通过出料管出口截面的水平面为基准水平面。在截面 1-1' 与截面 2-2' 之间列伯努利方程式得

$$gz_1 + \frac{p_1}{\rho} + \frac{u_1^2}{2} + h_e = gz_2 + \frac{p_2}{\rho} + \frac{u_2^2}{2} + \sum h_f$$

其中 $z_1 = 3\text{m}$，$z_2 = 0$，$u_1 = 0$，$u_2 = u$，$p_1 = p_2$，$h_e = 0$，又

$$\sum h_f = \left(\lambda \frac{l + l_e}{d} + \zeta\right)\frac{u^2}{2} = \left(\lambda \frac{50}{0.027} + 0.5\right)\frac{u^2}{2}$$

代入伯努利方程式并整理得

$$u = \sqrt{\frac{2 \times 9.81 \times 3}{\lambda \dfrac{50}{0.027} + 1.5}} = \sqrt{\frac{1.59}{50\lambda + 0.04}} \tag{a}$$

在生物工程生产中，黏度不大的流体在管内流动时大多为湍流，此时

$$\lambda = f\left(Re, \frac{\varepsilon}{d}\right) = \phi(u) \tag{b}$$

式 (a) 和式 (b) 中虽然只含两个未知数 λ 与 u，但却不能直接对 u 进行求解。这是因为式 (b) 的具体函数关系与流体的流型有关。而流速 u 为待求量，故不能计算 Re 值，也就无法判断流型，所以无法确定式 (b) 的具体函数关系。此类问题的求解，一般采用试差法。试差的方法有两种：

① 根据 λ 的取值范围，先假设一个 λ 值，代入式 (a) 求出 u 后，再计算 Re 值。根据计算出的 Re 值和 ε/d 值，由图 1-23 查出相应的 λ 值。若查得的 λ 值与假设的 λ 值相等或相近，则假设合理，流速 u 即为所求。若不相符，则重新设一个 λ 值，重复上

述计算，直至查得的 λ 值与所设的 λ 值相等或相近为止。

② 根据流速 u 的常用取值范围，先假设一个流速 u，再计算出 Re 值，然后根据 Re 值和 ε/d 值，由图 1-23 查出相应的 λ 值。若查得的 λ 值与由式（a）解得的 λ 值相等或相近，则假设合理，流速 u 即为所求。若不相符，则重新设一个 u 值，重复上述计算，直至查得的 λ 值与由式（a）解得的 λ 值相等或相近为止。

下面以方法②为例对本题进行求解。

设 $u = 1.14\text{m/s}$，则

$$Re = \frac{du\rho}{\mu} = \frac{0.027 \times 1.14 \times 870}{0.7 \times 10^{-3}} = 3.8 \times 10^4$$

取管壁的绝对粗糙度 ε 为 0.2mm，则

$$\frac{\varepsilon}{d} = \frac{0.2}{27} = 0.0074$$

由图 1-23 查得 $\lambda = 0.036$。

将 $u = 1.14\text{m/s}$ 代入式（a），解得 $\lambda = 0.024$。比较查得的 λ 值和由式（a）解得的 λ 值，发现两者相差较大，故应进行第二次试差。

重设 $u = 0.92\text{m/s}$，则 $Re = 3.1 \times 10^4$，由图 1-23 查得 $\lambda = 0.0365$。将 $u = 0.92\text{m/s}$ 代入式（a），解得 $\lambda = 0.0368$。比较查得的 λ 值，发现两者基本相符。根据第二次试算的结果知 $u = 0.92\text{m/s}$，所以

$$q_V = 3600 \times \frac{\pi}{4} d^2 u = 3600 \times \frac{3.14}{4} \times 0.027^2 \times 0.92 = 1.90 (\text{m}^3/\text{h})$$

试差法是生物工程过程中的常用计算方法。为减少计算量，在试差之前，应对所需解决的问题进行认真的分析和研究，尤其要注意待求量的适宜取值范围。例如，对于管路计算，流速 u 可参考表 1-5 的数据来选定，而摩擦系数 λ 一般在 0.02~0.04 内选取。

表 1-5　某些流体在管道中的常用流速范围

流体种类及状况	常用流速范围 /(m/s)	流体种类及状况		常用流速范围 /(m/s)
水及一般液体	1~3	压强较高的气体		15~25
黏度较大的液体	0.5~1	饱和水蒸气	0.8MPa 以下	40~60
低压气体	8~15		0.3MPa 以下	20~40
易燃易爆的低压气体（如乙炔等）	<8	过热水蒸气		30~50

（3）简单管路的定性分析

【例 1-6】　有一典型的简单管路，如附图所示。若将阀门开度减小，试定性分析以下各流动参数：管内流量 q_V、阀门前后压力表读数 p_A、p_B 如何变化？

解：假定原阀门全开，各点虚拟压强分别为 $\mathscr{P}_1$、$\mathscr{P}_A$、$\mathscr{P}_B$、$\mathscr{P}_2$。因管路串联，各管段内的流量 q_V 相等。从 1 至 2 截面的能量衡算可得到：

$$h_{f1-2} = \frac{\mathscr{P}_1 - \mathscr{P}_2}{\rho} = \frac{\Delta\mathscr{P}}{\rho} = \left(\lambda\frac{l}{d} + \zeta\right)\frac{8q_V^2}{\pi^2 d^4} \tag{a}$$

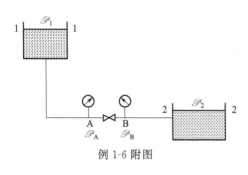

例 1-6 附图

若将阀门关小，λ 变化很小，可近似认为是常数，根据（a）式可知各处的其他流动参数将发生如下变化：

① 阀门关小，阀门的阻力系数 ζ 增大，$\mathscr{P}_1$ 和 $\mathscr{P}_2$ 不变，流量 q_V 减小。

② 考察管段 1-A，在两截面间列能量衡算方程，1-A 管段的 ζ 不变，流量降低使 $\Delta\mathscr{P}$ 下降，即 $\mathscr{P}_A$ 增大。因 A 处高度未变，可知 p_A 升高。

③ 考察管段 B-2，在两截面间列能量衡算方程，B-2 管段的 ζ 不变，流量降低使 $\Delta\mathscr{P}$ 下降，即 $\mathscr{P}_B$ 下降，可知 p_B 下降。

④ p_A 升高，p_B 减小，即 h_{fA-B} 增大。

上述分析表明，管路是个整体，某部位的阻力系数增加会使串联管路各处的流量下降，阻力损失总是表现为流体机械能的降低，在等径管中则为总势能降低。还可得出如下结论：

① 阀门关小将使上游压强上升；

② 阀门关小将使下游压强下降。

以上结论具有普遍性。

1.3.7.2 复杂管路计算

（1）并联管路

并联管路是从主管某位置分为两支或多支，然后在其他位置又汇合为一支的管路，如图 1-27 所示。对于不可压缩流体，若忽略分流与汇合处的局部阻力损失，则：

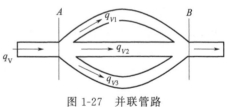

图 1-27 并联管路

① 总管流量等于各支管流量之和。

$$q_V = q_{V1} + q_{V2} + q_{V3} \tag{1-58}$$

② 各支管阻力损失相同。

$$\sum h_{f1} = \sum h_{f2} = \sum h_{f3} \tag{1-59}$$

$$\lambda_1 \frac{l_1}{d_1} \cdot \frac{u_1^2}{2} = \lambda_2 \frac{l_2}{d_2} \cdot \frac{u_2^2}{2} = \lambda_3 \frac{l_3}{d_3} \cdot \frac{u_3^2}{2} \tag{1-60}$$

若各支管的 l/d 和 λ 值不同，各支管的流速也不相同，可求出各支管的流量分配

$$q_{V1} : q_{V2} : q_{V3} = \sqrt{\frac{d_1^5}{\lambda_1 l_1}} : \sqrt{\frac{d_2^5}{\lambda_2 l_2}} : \sqrt{\frac{d_3^5}{\lambda_3 l_3}} \tag{1-61}$$

（2）分支管路

两条或两条以上支管只是入口端相连，而出口端并不汇合，则称为分支管路，如图 1-28 所示。分支管路具有如下特点：

① 总管流量等于各支管流量之和。

② 各支管中单位质量流体总机械能与机械能损失之和相等。

$$gz_B + \frac{p_B}{\rho} + \frac{u_B^2}{2} + \sum h_{f,A\text{-}B} =$$

$$gz_C + \frac{p_C}{\rho} + \frac{u_C^2}{2} + \sum h_{f,A\text{-}C} \qquad (1\text{-}62)$$

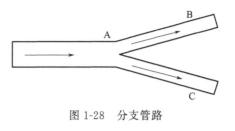

图 1-28　分支管路

1.3.8　流体流动关键参数测定

流速是流体运动最为基本的参数，生物工程生产过程中，基于监控生产条件、调节和控制生产过程等目的，常常需要测定流体的流速或流量。流量测量的方法很多，原理各异。这里仅说明以流体能量守恒原理为基础的四种测量装置。以能量守恒为原理的流量测定装置分两类：①变压头流量计，通过压头的改变进行测量，如皮托管、孔板流量计和文丘里流量计等；②变截面流量计，通过截面积的改变进行测量，主要有转子流量计。

1.3.8.1　皮托管

皮托管（pitot tube）又称测速管，用于测定管路中流体的点速度，如图 1-29 所示，它由两根弯成直角的同心圆管所组成。内管前端敞开，开口朝着迎面流来的被测流体；外管前端封闭，但外管前端壁面的四周开有若干测压小孔，流体从小孔旁流过。内、外管的另一端通到管道外部，分别与 U 形压差计的两臂相连接。测量时，皮托管可以放在管截面的任一位置上，并使管口正对着管道中流体的流动方向。

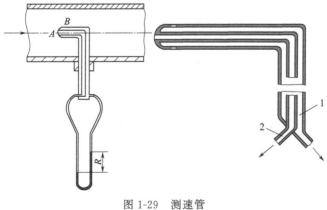

图 1-29　测速管
1—外管；2—内管

对于某管路，被测流体以流速 u 趋近皮托管前端，由于管内已充满流体，故随着流体向内管口流动，其动能逐渐转化成静压能，速度渐减，到达管口时为零。因此，内管口 A 处的总势能等于原有的静压能和动能之和。A 点称为驻点。而外管 B 处的静压能仍为原流体的静压能 p/ρ，利用驻点与 B 点的总势能差可以得到管中的流速。

$$gz_A + \frac{p_A}{\rho} = gz_B + \frac{p_B}{\rho} + \frac{u_B^2}{2} \qquad (1\text{-}63)$$

于是

$$u = u_B = \sqrt{\frac{2(\mathscr{P}_A - \mathscr{P}_B)}{\rho}} \qquad (1\text{-}64)$$

由式(1-10)可知，U 形压差计测得的压差为 A、B 两点的虚拟压强之差（$\mathscr{P}_A - \mathscr{P}_B$），则有

$$u = \sqrt{\frac{2gR(\rho_i - \rho)}{\rho}} \qquad (1\text{-}65)$$

式中，ρ_i 为 U 形压差计中指示液的密度。

皮托管所测的速度是管道截面上某一点的线速度。如果要测定管道截面上的平均速度，最常用的方法是测量管中心的最大流速 u_{max}，以最大流速 u_{max} 计算出最大雷诺数 Re_{max}，查图 1-30，即可找出 $\overline{u}/u_{max}$ 值，从而计算出管道中流体的平均流速 $\overline{u}$，再计算出流量。

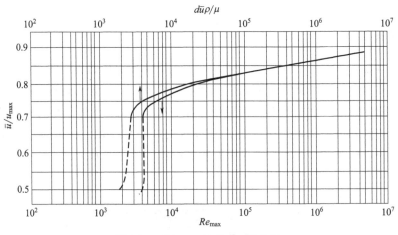

图 1-30 $\overline{u}/u_{max}$ 与 Re_{max} 的关系

皮托管结构简单，阻力小，尤其适用于测量大直径低压气体管道内的流速，但不能直接测量流量。管路内流体速度分布曲线，可用皮托管的测定结果绘制。为了测量准确，测速管管口截面应严格垂直于流动方向，测量点离进口、管件、阀门等有 8～12 倍于管径长度以上的直管段。测速管的直径小于管径的 1/50。当流体中含有固体杂质时，会将测压孔堵塞，故不宜采用皮托管。

1.3.8.2　孔板流量计

孔板流量计结构如图 1-31 所示，主要由一块中央开有圆孔的金属板，辅以 U 形管压差计组成。孔板的中央圆孔经过精密加工，其孔口侧边与管轴成 45°角，由前向后扩大，称为锐孔。将孔板用法兰固定于管道中，并使孔板中心位于管道中心线上。对于水平管路，流体由管道 1-1 截面流向锐孔，由于流道缩小致使流速增大，静压力降低。在

惯性力作用下，通过锐孔后流体的实际流道继续缩小至 2-2 截面，流动截面达到最小，此处称为缩脉。流体再渐渐扩大至整个管截面。

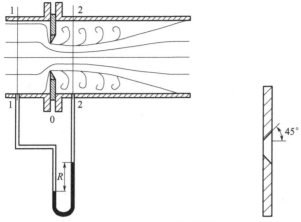

图 1-31　孔板流量计示意图

设不可压缩流体在水平管内流动，取孔板上游流体流动截面尚未收缩处为截面 1-1，下游截面取在缩脉 2-2 处，在截面 1-1 与 2-2 间列伯努利方程式，并暂时略去两截面间的能量损失，得

$$\frac{p_1}{\rho}+\frac{u_1^2}{2}=\frac{p_2}{\rho}+\frac{u_2^2}{2} \tag{1-66}$$

按质量守恒得

$$A_1 u_1 = A_2 u_2 = A_0 u_0 （孔口） \tag{1-67}$$

联立得

$$u_0 A_0 = \frac{1}{\sqrt{\dfrac{1}{A_2^2}-\dfrac{1}{A_1^2}}}\sqrt{\frac{2(p_1-p_2)}{\rho}} \tag{1-68}$$

用 A_0 代替 A_2，再考虑到机械能损失，引入校正系数 C_D，

$$u_0 A_0 = \frac{C_D}{\sqrt{\dfrac{1}{A_0^2}-\dfrac{1}{A_1^2}}}\sqrt{\frac{2(p_1-p_2)}{\rho}} \tag{1-69}$$

$$u_0 = \frac{C_D}{\sqrt{1-(A_0/A_1)^2}}\sqrt{\frac{2(p_1-p_2)}{\rho}} \tag{1-70}$$

令

$$m=\frac{A_0}{A_1} \tag{1-71}$$

得

$$u_0 = C_0 \sqrt{\frac{2(p_1-p_2)}{\rho}} = C_0 \sqrt{\frac{2gR(\rho_i-\rho)}{\rho}} \tag{1-72}$$

式中

$$C_0 = \frac{C_D}{\sqrt{1-m^2}} \qquad (1\text{-}73)$$

C_0 称为孔板的流量系数。于是，孔板流量计算式为

$$q_V = u_0 A_0 = C_0 A_0 \sqrt{\frac{2gR(\rho_i - \rho)}{\rho}} \qquad (1\text{-}74)$$

流量系数 C_0 的数值只能通过实验测定。C_0 主要取决于管道流动的 Re_d 和面积比 m，测压方式、孔口形状、加工光洁度、孔板厚度和管壁粗糙度也对流量系数 C_0 有些影响。对于测压方式、结构尺寸、加工状况等均已规定的标准孔板，流量系数 C_0 可以表示成

$$C_0 = f(Re_d, m) \qquad (1\text{-}75)$$

式中，Re_d 是以管径计算的雷诺数，即 $Re_d = du_1\rho/\mu$。实验所得标准孔板的 C_0 示于图 1-32 中。由图可见，对于某一给定的 m 值，当 Re 超过某一限度值时，C_0 不再随 Re 而变，成为一个仅决定于 m 的常数。选用孔板流量计时应尽量使常用流量的 Re 在该范围内。常用孔板流量计的流量系数 $C_0 = 0.6 \sim 0.7$。

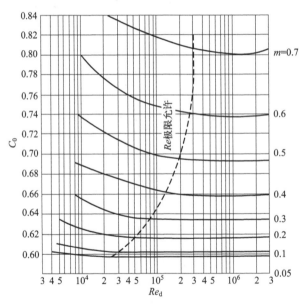

图 1-32   标准孔板流量系数

孔板流量计构造简单，制造和安装方便，应用十分广泛。主要缺点是流体通过孔板流量计的锐孔时，由于突缩和突扩，会产生较大的局部阻力损失。安装孔板流量计时，上游直管长度必须有 $(15 \sim 40)d$，下游直管长度为 $5d$，以保证流量计读数的精确性和重现性不受影响。

1.3.8.3   文丘里流量计

为了避免流体流过锐孔产生过多的能量损失，可以用一段渐缩渐扩管代替孔板，这

样构成的流量计称为文丘里流量计或文氏流量计，如图 1-33 所示。

文丘里流量计上游的测压口（截面 1 处）距管径开始收缩处的距离至少应为二分之一管径，下游测压口设在最小流通截面 0 处（称为文氏喉）。由于有渐缩段和渐扩段，流体在管内的流速改变平缓，涡流较少，喉管处增加的动能可于渐扩的过程中大部分转回成静压能，所以能量损失就比孔板大大减少。文丘里流量计的流量计算式与孔板流量计相类似，即

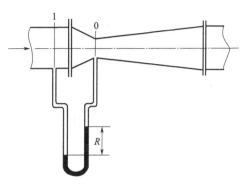

图 1-33　文丘里流量计

$$q_V = u_0 A_0 = C_V A_0 \sqrt{\frac{2gR(\rho_i - \rho)}{\rho}} \tag{1-76}$$

流量系数 C_V 可由实验测定，也可从相关手册中查得。C_V 一般取 0.98～0.99，可见文丘里流量计的阻力小，这是它的主要优点。它的缺点是加工精度要求高，造价较高。

1.3.8.4　转子流量计

转子流量计应用很广，其构造如图 1-34 所示。转子流量计的主体是一个截面积自下而上逐渐扩大的垂直锥形玻璃管，锥角为 4°左右。管内有一个直径略小于玻璃管内径的由金属或其他材质制成的转子（或称浮子）。被测流体从玻璃管底部进入，从顶部流出。当流体自下而上流过垂直的锥形管时，转子受到两个力的作用：一是垂直向下的重力，对于特定的转子，重力为定值；二是垂直向上的推动力，等于流体流经转子与锥形管环形截面所产生的压力差。当流量加大，压力差大于转子的重力时，转子就上升；当流量减小，压力差小于转子的重力时，转子就下降；当压力差等于转子的重力时，转子处于受力平衡状态，会停留在一定位置上。在玻璃管外表面有刻度，根据转子的停留位置，即可读出被测流体的流量。

假设流体为理想流体，转子为圆柱体，体积为 V_f，截面积为 A_f，密度为 ρ_f，被测流体密度为 ρ。若在转子的上下端面处分别选取上游截面为 1-1 和下游环隙处截面 0-0，如图 1-35 所示，则流体流经转子上、下游截面所产生的压力差为 $(p_1 - p_0)A_f$，则平衡时有：

$$(p_1 - p_0)A_f = V_f \rho_f g \tag{1-77}$$

在 1-1 截面和 0-0 截面间列伯努利方程，可得

$$(p_1 - p_0)A_f = \rho g (z_0 - z_1)A_f + \frac{\rho}{2}(u_0^2 - u_1^2)A_f \tag{1-78}$$

两式联立得到

$$\frac{\rho}{2}(u_0^2 - u_1^2)A_f = V_f(\rho_f - \rho)g \tag{1-79}$$

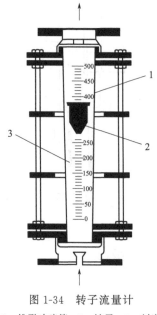
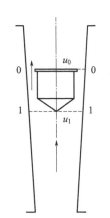

图 1-34 转子流量计   图 1-35 转子的受力平衡
1—锥形玻璃管；2—转子；3—刻度

质量守恒 $$u_0 A_0 = u_1 A_1 \tag{1-80}$$

式(1-80) 代入式(1-79) 得

$$u_0 = \frac{1}{\sqrt{1-(A_0/A_1)^2}} \sqrt{\frac{2V_f(\rho_f - \rho)g}{\rho A_f}} \tag{1-81}$$

考虑到实际转子不是圆柱状、流体非理想，将式(1-81) 加一校正系数，得

$$u_0 = C_R \sqrt{\frac{2V_f(\rho_f - \rho)g}{\rho A_f}} \tag{1-82}$$

C_R 为转子流量计的流量系数，量纲为 1，其值与转子形状及环隙流动雷诺数 Re 有关，由实验测定或从手册中查得。

转子流量计的体积流量为

$$q_V = u_0 A_0 = C_R A_0 \sqrt{\frac{2V_f(\rho_f - \rho)}{\rho A_f}} \tag{1-83}$$

由式(1-82) 可知，对于某一转子流量计，如果在所测量的流率范围内，流量系数 C_R 不变，则不论流量大小，转子与锥形管环隙处的流速 u_0 都是不变的。依据受力平衡式(1-77)，转子上下端面的压力差也为常数，不随流量变化，所以转子流量计与前面介绍的孔板流量计和文丘里流量计不同，不是依据压差变化来测定流量。从式(1-83) 可以看出，流量仅随环隙截面积而变。由于玻璃管为上大下小的锥体，所以截面积值的大小随转子所处的位置而变，因而转子所处位置的高低反映了流量的大小。转子流量计是依据流通截面的变化来测定流量的。

转子流量计的刻度与被测流体的密度有关。通常流量计在出厂之前，选用 20℃ 的水或 20℃、101.325kPa 的空气分别作为标定流量计刻度的介质。当应用于测量其他流

体时，需要对原有的刻度加以校正。在同一刻度下，A_0 相同，两种液体的流量关系为

$$\frac{q'_V}{q_V} = \sqrt{\frac{\rho(\rho_f - \rho')}{\rho'(\rho_f - \rho)}} \tag{1-84}$$

式中　q'_V、ρ'——实际被测流体的流量、密度；

　　　　q_V、ρ——标定用流体的流量、密度。

对于气体，因为转子的密度远大于气体密度，可简化为

$$\frac{q'_V}{q_V} = \sqrt{\frac{\rho}{\rho'}} \tag{1-85}$$

转子流量计是测定清洁液体和各种气体流量的常用仪表。读取流量方便，能量损失很小，测量范围也宽，能用于腐蚀性流体的测量。但因流量计管壁大多为玻璃制品，故不能经受高温和高压，在安装使用过程中也容易破碎，且要求安装时必须保持垂直。

【例 1-7】　某转子流量计，转子为不锈钢（$\rho_{钢} = 7920 kg/m^3$），水的流量刻度范围为 $250 \sim 2500 L/h$，如将转子改为硬铅（$\rho_{铅} = 10670 kg/m^3$），保持形状和大小不变，用来测定 $\rho_{液} = 800 kg/m^3$ 的流体，问转子流量计的最大流量约为多少？

解：

$$\frac{q_{V液}}{q_{V水}} = \sqrt{\frac{\rho_{水}(\rho_{铅} - \rho_{液})}{\rho_{液}(\rho_{钢} - \rho_{水})}} = \sqrt{\frac{1000 \times (10670 - 800)}{800 \times (7920 - 1000)}} = 1.34$$

可得转子流量计的最大流量

$$q_{V液} = 1.34 \times 2500 = 3360 L/h$$

1.4　典型生物加工中非牛顿型流体的流动特点及规律

1.4.1　非牛顿型流体的分类

凡是不遵循牛顿黏性定律的流体，统称为非牛顿型流体。非牛顿型流体在生物加工过程中非常常见。非牛顿型流体的流动行为对管道输送、加工设备的设计和操作条件的选择以及产品的质量控制等有着密切关系。

由前面所述的原理可知，牛顿黏性定律的表达式为

$$\tau = \mu \frac{du}{dy}$$

根据速度的定义，可将速度梯度改写为

$$\frac{du}{dy} = \frac{dx/d\theta}{dy} = \frac{dx/dy}{d\theta}$$

上式中 dx/dy 表示剪切程度的大小，$(dx/dy)/d\theta$ 即为剪切速率或剪切率，以 γ 表示。在直角坐标图上标绘剪应力 τ 与 γ 的关系，称为流变图。根据流体的流变图，可将非牛顿型流体分为以下几类。

1.4.1.1 与时间无关的黏性流体

这类流体的剪应力仅与剪切速率有关，即黏度函数仅与剪切速率或剪应力有关，而与时间无关。由流变图可见，与时间无关的黏性流体的曲线斜率是变化的，如图 1-36 中的假塑性流体、涨塑性流体和宾汉塑性流体。因此，对黏度与时间无关的黏性流体来说，"黏度"一词便失去意义。但是这些关系曲线在任一特定点上也有一定的斜率，故该类黏性流体在指定剪切速率下，有一个相应的表观黏度值，即

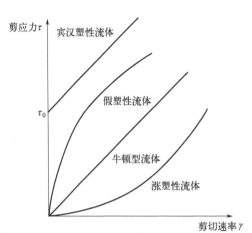

图 1-36 牛顿型流体与非牛顿型流体的流变图

$$\mu_a = \frac{\tau}{\gamma} \tag{1-86}$$

该类流体的表观黏度 μ_a 只随剪切速率而变，和剪切力作用持续的时间无关，又可以分为下面三种。

（1）假塑性流体

这种流体的表观黏度随剪切速率的增大而减小，τ 对 γ 的关系为一条向下弯的曲线。该曲线可用指数方程来表示

$$\tau = -K \left(\frac{\mathrm{d}u}{\mathrm{d}y} \right)^n \tag{1-87}$$

式中 K——稠度系数，$Pa \cdot s^n$；

n——流性指数，量纲为 1，对于假塑性流体，$n < 1$。

多数非牛顿流体表现为剪切稀化的假塑性行为，即黏度随剪切速率增大而下降。属于则这类流体的生物流体主要有主要油脂、淀粉悬浮液、黄原胶水溶液。

（2）涨塑性流体

与假塑性流体相反，这种流体的表观黏度随剪切速率的增大而增大，τ 对 γ 的关系为一条向上弯的曲线，该曲线仍然由方程（1-87）描述，只是此时 $n > 1$。属于该类流体的主要有淀粉水浆和糖溶液等。

（3）宾汉塑性流体

该类流体 τ 对 γ 的关系为一条斜率固定但不通过原点的直线，该线的截距 τ_0 称为屈服应力。这种流体的特点是，当剪切力超过屈服应力之后才开始流动，开始流动之后就像牛顿型流体一样了。

宾汉塑性流体的流变特性可表示为

$$\tau = \tau_0 + \eta_0 \frac{\mathrm{d}u}{\mathrm{d}y} \tag{1-88}$$

式中，τ_0 为屈服应力，Pa；η_0 为刚性系数，$Pa \cdot s$。属于这类流体的常常有纸浆、糖浆、糖蜜等。

1.4.1.2　与时间有关的黏性流体

不少非牛顿流体受力产生的剪切速率 γ 还与剪应力 τ 的作用时间有关。在一定剪切速率下，表观黏度随剪切力作用时间的延长而减小或增大的流体，则为与时间有关的黏性流体。一般可概括为两类。

（1）触变性流体

这种流体的表观黏度随剪切力作用时间的延长而减小，并在应力消除后表观黏度又随时间逐渐恢复。触变性物料在实际生产和生活中占有重要地位。生物加工过程中属于此类流体的有生物可降解材料溶液、发酵食品溶液等。

（2）流凝性流体

在恒定剪切速率下，这种流体的表观黏度随剪切力作用时间的延长而增大，当剪切消除后，表观黏度又逐渐恢复。如水凝胶、生物凝胶等。

1.4.2　非牛顿型流体的流动特点

对于非牛顿型流体，只要测定出流性指数 n 或 τ_0 和 η_0，利用指数方程代入剪应力分布式(1-27)，就可以获得非牛顿型流体流量 q_V 与压差 Δp 的关系。

1.4.2.1　非牛顿型流体管内层流的流动阻力

非牛顿型流体层流状态下流量计算式为

$$q_V = \frac{\pi n}{3n+1} \left(\frac{d}{2}\right)^{3+1/n} \left(\frac{\Delta P}{2Kl}\right)^{1/n} \tag{1-89}$$

管内平均流速和最大流速之比为

$$\frac{\overline{u}}{u_{\max}} = \frac{1+n}{1+3n} \tag{1-90}$$

也可参照牛顿型流体，将管内流动阻力表示成 h_f，则

$$h_\mathrm{f} = \frac{\Delta \mathscr{P}}{\rho} = 4f \, \frac{l}{d} \cdot \frac{u^2}{2} \tag{1-91}$$

式中，f 为范宁摩擦因子，$f = \lambda/4$，与雷诺数有关，层流时

$$f = \frac{16}{Re_{\mathrm{MR}}} \tag{1-92}$$

式中，Re_{MR} 为广义的雷诺数，对于非牛顿型流体

$$Re_{\mathrm{MR}} = \frac{d^n u^{2-n} \rho}{K \left(\dfrac{1+3n}{4n}\right)^n 8^{n-1}} \tag{1-93}$$

1.4.2.2　非牛顿型流体管内湍流的流动阻力

非牛顿型流体在光滑管中做湍流运动时范宁摩擦因子为

$$\frac{1}{\sqrt{f}}=\frac{4.0}{n^{0.75}}\lg(Re_{MR}f^{1-n/2})-\frac{0.4}{n^{1.2}} \tag{1-94}$$

为便于计算，上式已绘成图线，可查阅有关文献。

1.4.3　非牛顿型流体的工程应用方法

许多生物加工过程中涉及非牛顿型流体的反应、混合和传递等过程。通过研究非牛顿流体的流变性质，可以更好地设计和控制生物工程中的流体输送系统，提高反应效率和产品质量。如在水或有机液中加入微量高分子物质，在改进其性能的同时，也将其变成非牛顿流体，可以有效降低流体在湍流时的阻力，提高输送效率和降低能耗。

对于生物高分子溶液，比如蛋白酶溶液、发酵液，只要通过黏度计测定流体的黏度，测定剪应力（黏度）随速度梯度（剪切速率）变化规律，模拟建立动力学方程，计算出流体的 n 值。就可以代入广义雷诺数 Re_{MR} 的公式计算出雷诺数，判断流体属于层流还是湍流。然后分别计算范宁摩擦因子，选用对应的阻力方程，即可计算出流体的真实阻力损失。最后利用伯努利方程进行能量计算，去关联相关参数，揭示其流动规律。

在生物医学领域，研究非牛顿型流体可以帮助我们理解生物体内的输运过程，为药物输送和治疗方案设计提供参考。

习题

思考题

1. 流体在流动过程中受到的表面力有哪些？它们的作用方向如何？
2. 什么是黏性？黏性的本质是什么？黏度的影响因素有哪些？
3. 静力学方程的适用对象和条件是什么？
4. 静力学方程描述了什么物理规律？
5. 什么是定态（稳定）流动？什么是非定态（不稳定）流动？定态流动的一个重要特点是什么？
6. 机械能衡算式两边的基准要相同，是指什么？
7. 层流与湍流的主要区别是什么？
8. 如何计算圆管内流体流动雷诺数？如何判定其流动型态？
9. 影响直管湍流流动阻力的因素有哪些？
10. 量纲分析的目的是什么？怎么达到这个目的？依据是什么？
11. 请简述文丘里流量计与孔板流量计相比有何改进，并对他们进行各方面的比较。

　　12. 什么是转子流量计的标定？使用转子流量计时为什么要对读数进行修正？如何修正？

选择题

　　1. 质量流量一定的流体在管内流动时，以下各项中与管内气体压强有关的是（　　）。

　　A. 气体的质量流速

　　B. 气体流动的雷诺数

　　C. 流体的黏度

　　D. 气体的流速

　　2. 以下关于流体黏度的说法，正确的是（　　）。

　　A. 温度下降时，水的黏度和空气的黏度均上升

　　B. 温度下降时，水的黏度和空气的黏度均下降

　　C. 温度下降时，水的黏度上升，空气的黏度下降

　　D. 温度下降时，水的黏度下降，空气的黏度上升

　　3. 管内流体流动时，以下选项不利于形成湍流的是（　　）。

　　A. 增大管径

　　B. 减小流体密度

　　C. 增加流体流量

　　D. 减小流体黏度

　　4. 牛顿黏性定律适用于（　　）。

　　A. 理想流体的层流和湍流流动

　　B. 牛顿流体的层流流动和湍流流动

　　C. 牛顿流体的层流流动

　　D. 牛顿流体的湍流流动

　　5. 流体在圆形直管内作定态流动时，剪应力最大之处是（　　）。

　　A. 管中心处

　　B. 管壁处

　　C. 距管中心距离为 1/2 管半径之处

　　D. 剪应力处处相等

　　6. 比较流体在圆形直管内作定态层流和湍流流动时速度分布的均匀性，下列选项正确的是（　　）。

　　A. 层流更均匀一些

　　B. 湍流更均匀一些

　　C. 均匀程度与流动型态无关

　　D. 以上三个说法均不正确

　　7. 如下分类不正确的是（　　）。

　　A. 层流内层、外流区

B. 层流内层、过渡区、湍流主体

C. 边界层、外流区

D. 层流边界层、湍流边界层

8. 如下哪一项可作为管内流体流动流向判据？（　　）

A. 流体从压强高处向压强低处流动

B. 流体从总势能高处向总势能低处流动

C. 流体从位能高处向位能低处流动

D. 流体从动能高处向动能低处流动

9. 如下图所示，容器内装有水，则 U 形管内相界面（　　）。

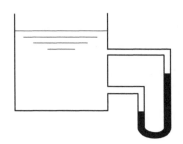

A. 一样高

B. 左高右低

C. 左低右高

D. 无法确定

10. 如上图所示，忽略机械能损失，则流量增大时，R 值（　　）。

A. 增大

B. 减小

C. 不变

D. 无法确定

11. 流体在直管内的流动阻力损失，在如下哪种情形时最大？（　　）

A. 管子水平放置

B. 管子竖直放置，流体由上向下流动

C. 管子倾斜 45°放置，流体由下向上流动

D. 以上三种放置方式，阻力损失一样大

12. 流体以一定的流量在直管内层流流动。当管径变为原来的 1/2 时，阻力损失变为原来的多少倍？（　　）

A. 4

B. 8

C. 16

D. 32

13. 流体在直管内摩擦系数与下列几个数群有关？（　　）

①相对粗糙度；②长径比；③雷诺数

A. 0

B. 1

C. 2

D. 3

14. 随着直管内流体流速的提高，流体的直管流动阻力损失和摩擦系数（　　）。

A. 阻力损失减小，摩擦系数增大

B. 阻力损失增大，摩擦系数减小

C. 都增大

D. 都减小

15. 粗糙的直管内流体流动进入完全湍流区时，其摩擦系数（　　）。

A. 与光滑管一样

B. 只与相对粗糙度有关

C. 只与雷诺数有关

D. 与雷诺数和相对粗糙度都有关

16. 进行量纲分析的目的在于（　　）。

A. 从理论上得到各单变量之间的关系

B. 从理论上得到各数群之间的关系

C. 以数群代替单变量，使实验结果更可靠

D. 以数群代替单变量，简化实验和数据处理工作

17. 流体在直管内流动时，进入阻力平方区需要的雷诺数随相对粗糙度的减小而（　　）。

A. 增大

B. 减小

C. 不变

D. 无法确定

18. 计算管路系统突然扩大和突然缩小的局部阻力时，速度 u 值应取（　　）。

A. 上游截面处流速

B. 下游截面处流速

C. 小管中流速

D. 大管中流速

19. 按量纲分析的结果组织实验能减小实验工作量，具体体现为如下各项中的几项？（　　）①实验变量的变化范围减小；②方便地改变数群值；③实验次数减少；④可以验证理论方程

A. 0

B. 1

C. 2

D. 3

20. 下列论断中不正确的是（　　）。

A. 毕托管用于测量沿截面的速度分布，再经积分可求得流量，对圆管而言，只需测量管中心处的最大流速，就可求出流量

B. 孔板流量计的测量原理同毕托管相同

C. 文丘里流量计将测量管段制成渐缩减扩管是为了避免因突然的缩小和突然的扩大造成的阻力损失

D. 转子流量计的显著特点是恒流速、恒压差

计算题

1. 蒸发加热器的蒸汽压力表上的读数为 81.9kPa，当地当时气压计上读数为 98.1kPa，试求蒸汽的饱和温度。

2. 用下图所示的 U 形压差计测量管路 A 点的压强，U 形压差计与管路的连接导管中充满水。指示剂为汞，读数 $R=120mm$，当地大气压 p_a 为 101.3kPa，试求：（1）A 点的绝对压强，Pa；（2）A 点的表压，Pa。

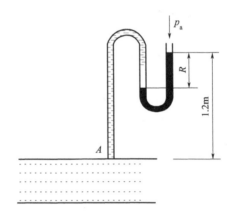

3. 为测量腐蚀性液体贮槽中的存液量，采用下图所示的装置。测量时通入压缩空气，控制调节阀使空气缓慢地鼓泡通过观察瓶。今测得 U 形压差计读数为 $R=130mm$，通气管距贮槽底面 $h=20cm$，贮槽直径为 2m，液体密度为 $980kg/m^3$。试求贮槽内液体的储存量为多少吨？

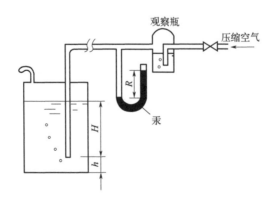

4. 水以 $60m^3/h$ 的流量在一倾斜管中流过，此管的内径由 100mm 突然扩大到 200mm，见附图。A、B 两点的垂直距离为 0.2m。在此两点间连接一 U 形压差计，指

示液为四氯化碳，其密度为 1630kg/m³。若忽略阻力损失，试求：（1）U 形管两侧的指示液液面哪侧高，相差多少毫米？（2）若将上述扩大管路改为水平放置，压差计的读数有何变化？

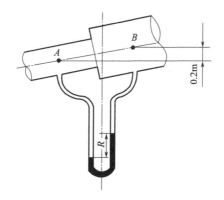

5. 如图所示，某鼓风机吸入管直径为 200mm，在喇叭形进口处测得 U 形压差计读数 $R=25$mm，指示剂为水。若不计阻力损失，空气的密度为 1.2kg/m³，试求管道内空气的流量。

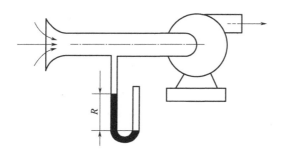

6. 如图所示，水以 3.77×10^{-3} m³/s 的流量流经一扩大管段。细管直径 $d=40$mm，粗管直径 $D=80$mm，倒 U 形压差计中水位差 $R=170$mm。求水流经该扩大管段的阻力损失 H_f，以 J/N 表示。

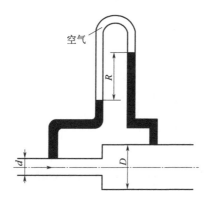

空气

7. 附图所示为 30℃的水由高位槽流经直径不等的两管段。上部细管直径为 20mm，下部粗管直径为 36mm。不计所有阻力损失，管路中何处压强最低？该处的水是否会发生汽化现象？

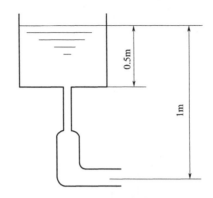

8. 如图所示，某水泵的吸入口与水池液面的垂直距高为 3m，吸入管直径为 50mm 的水煤气管（ε＝0.2mm）。管下端装有一带滤水网的底阀，泵吸入口附近装一真空表。底阀至真空表间的直管长 8m，其间有一个 90°标准弯头。试估计当泵的吸水量为 20m³/h 时真空表的读数为多少（kPa）？操作温度为 20℃。又问当泵的吸水量增加时，该真空表的读数是增大还是减少？

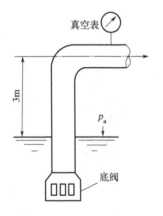

9. 如图所示，一高位槽向用水处输水，上游用管径为 50mm 水煤气管，长 80m，途中设 90°弯头 5 个。然后突然收缩成管径为 40mm 的水煤气管，长 20m，设有 1/2 开启的闸阀一个。水温 20℃，为使输水量达 3×10^{-3} m³/s，求高位槽的液位高度 z。

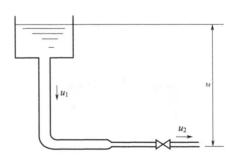

10. 如图所示，用压缩空气将密闭容器（酸蛋）中的硫酸压送至敞口高位槽。输送流量为 0.10m³/min，输送管路为 $\phi38mm \times 3mm$ 无缝钢管。酸蛋中的液面离压出管口的位差为 10m。在压送过程中设为不变。管路总长 20m，设有一个闸阀（全开），8 个

标准 90°弯头。求压缩空气所需的压强为多少（MPa，表压）？

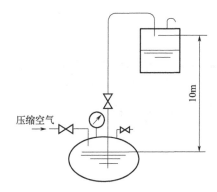

操作温度下硫酸的物性为 $\rho = 1830\text{kg/m}^3$，$\mu = 12\text{mPa·s}$。

11. 如图所示。两敞口容器其间液面差 6m，底部用管道相连。A 槽底部出口有一直径 600mm、长 3000m 的管路 BC，然后用两根支管分别与下槽相通。支管 CD 与 CE 的长度皆为 2500m，直径均为 250mm。若已知摩擦系数均为 0.04，试求 A 槽向下槽的流量。设所有的局部阻力均可略去。

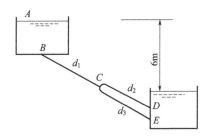

12. 在一直径为 5cm 的管道上装一标准的孔板流量计，孔径为 25mm，U 形管压差计读数为 220mmHg。若管内液体的密度为 1050kg/m^3，黏度为 0.6mPa·s，试计算液体的流量。

13. 有一测无菌空气的转子流量计，其流量刻度范围为 400～4000L/h，转子材料用铝制成（$\rho_{铝} = 2670\text{kg/m}^3$），今用它测定常压 20℃的二氧化碳，试问能测得的最大流量为多少（L/h）？

第**2**章　生物加工过程中的流体输送

在生物工程生产中，流体输送是最常见的，甚至是不可缺少的单元操作。流体输送机械就是向流体做功以提高流体机械能的装置，因此流体通过流体输送机械后即可获得能量，用于克服液体输送过程中的机械能损失，提高位能以及提高流体压力（或减压）等。本章将结合生物加工过程的特点，讨论流体输送设备的工作原理、基本结构、主要性能及相关计算，以达到正确选择和使用输送设备的目的。

2.1　概述

2.1.1　流体输送机械的分类

在生物工程的工厂中，待输送的流体可以是液体或气体。不仅流体的性质，例如黏性、腐蚀性、是否含有悬浮的固体颗粒等各不相同，温度、压力和流量等输送条件也有较大的差别，因此生产中所选用的流体输送机械必须能满足不同的要求，因而输送机械也有多种不同的类型和规格。通常将输送液体的机械称为泵；将输送气体的机械按所产生压力的高低分别称为通风机、鼓风机、压缩机和真空泵。按其原理还可分类为：

① 动力式（叶轮式），包括离心式、轴流式输送机械，它们是借高速旋转的叶轮使流体获得能量的；

② 容积式（正位移式），包括往复式、旋转式输送机械，它们是利用活塞或转子的挤压使流体升压以获得能量的；

③ 其他类型，指不属于上述两类的其他类型，如喷射式等。

叶轮式的离心泵是生物工程生产中最常用的一种，故本章将详细讨论。

2.1.2　输送流体所需的能量及管路特性曲线

图 2-1 所示为带泵管路。为将流体从低能位 1-1 处向高能位 2-2 处输送，单位质量流体需要补加的能量为 H，则

$$H = \Delta z + \frac{\Delta p}{\rho g} + \frac{\Delta u^2}{2g} + \sum H_f = \frac{\Delta \mathscr{P}}{\rho g} + \frac{\Delta u^2}{2g} + \sum H_f \tag{2-1}$$

式中，$\Delta \mathscr{P} / \rho g$ 为管路两端单位重量流体的总势能差，包括了位能差 Δz 和压强能差 $\Delta p / \rho g$ 两项。在管路条件一定的情况下，总势能差（$\Delta z + \Delta p / \rho g$）为定值而与流量无关，令 $A = \Delta z + \Delta p / \rho g$。两个截面面积都很大，则动能差 $\Delta u^2 / 2g$ 可以略去，式(2-1) 可简化为

$$H = A + \sum H_f \tag{2-2}$$

压头损失为

$$\sum H_f = \lambda \cdot \frac{l + l_e}{d} \cdot \frac{u^2}{2g} = \frac{8\lambda(l + l_e)}{\pi^2 d^5 g} q_V^2 \tag{2-3}$$

对于特定管路系统，l 和 l_e 和 d 均为定值，湍流时 λ 的变化很小，令

$$B = \frac{8\lambda(l + l_e)}{\pi^2 d^5 g} \tag{2-4}$$

则式(2-3) 可简化为

$$H = A + Bq_V^2 \tag{2-5}$$

式(2-5) 称为管路特性方程，反映管路所需外加能量 H 与流量的关系。管路特性方程可表达成曲线，称为管路特性曲线，如图 2-2 所示。管路特性曲线的形状主要取决于 B 值，B 值意味着流体在管路中的流动阻力，阻力越大，B 值越大。管路特性曲线的截距 A 表示管路两端的总势能差。

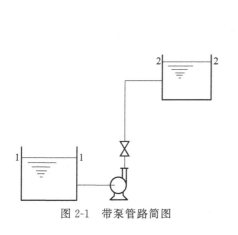

图 2-1　带泵管路简图

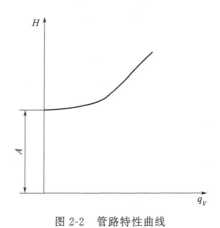

图 2-2　管路特性曲线

2.2　离心泵的特点及工作原理

2.2.1　离心泵的构造

离心泵的装置如图 2-3 所示。离心泵的主要部件包括叶轮、泵壳和轴封装置。

2.2.1.1 叶轮

叶轮是泵直接对流体做功的部件。叶轮的作用是将电机的机械能转化为液体的动能和静压能。一般常用离心泵叶轮上有 6～12 片后弯叶片。叶轮按其机械结构可分为闭式、半闭式和开式 3 种叶轮，如图 2-4 所示。

叶片两侧带有前、后盖板的称为闭式叶轮，适用于输送清洁液体，一般离心泵多采用这种叶轮。没有前、后盖板，仅由叶片和轮毂组成的称为开式叶轮。只有后盖板的称为半闭式叶轮。开式和半闭式叶轮由于流道不易堵塞，适用于输送含有固体颗粒的液体悬浮液。但是由于没有盖板，液体在叶片间流动时易产生倒流，故这类泵的效率较低。

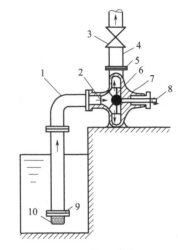

图 2-3 离心泵装置

1—吸入管；2—吸入口；3—出口阀；
4—排出管；5—排出口；6—叶轮；7—泵壳；
8—泵轴；9—底阀；10—滤网

(a) 闭式   (b) 半闭式   (c) 开式

图 2-4 离心泵的叶轮

2.2.1.2 泵壳

离心泵的泵壳通常制成蜗牛形，故又称为蜗壳。如图 2-5 所示。叶轮在泵壳内沿着蜗形通道逐渐扩大的方向旋转，愈接近液体的出口，流道截面积愈大。液体从叶轮外周高速流出后，流过泵壳蜗形通道时流速将逐渐降低，因此减少了流动能量损失，且使部分动能转换为静压能。所以泵壳不仅是汇集由叶轮流出的液体的部件，而且又是一个能量转换装置。

2.2.1.3 轴封装置

由于泵轴转动而泵壳固定不动，泵轴穿过泵壳处必定会有间隙。为防止泵内高压液体沿间隙漏出或外界空气漏入泵内，必须设置轴封装置。常用的轴封装置有填料密封和机械密封两种。选用浸油或渗涂石墨的石棉绳作为填料，将泵壳内、外隔开，泵轴仍能自由转动；机械密封主要由

图 2-5 离心泵的泵壳

1—叶轮；2—泵壳

两个光滑且密切贴合的金属环面组成。对易燃、易爆、有毒的介质，密封要求较高，通常采用机械密封。

2.2.2　离心泵的工作原理

图 2-3 是从贮槽内吸入液体的离心泵装置示意图。叶轮安装在泵壳内并紧固于泵轴上，泵轴可由电动机带动旋转。泵壳中央的吸入口与吸入管路相连接，在吸入管路底部装有单向底阀。泵壳侧旁的排出口与排出管路相连接，其上装有调节阀。

离心泵在启动前需先向壳内充满被输送的液体，启动后泵轴带动叶轮一起旋转，迫使叶片间液体旋转。在惯性离心力的作用下，液体自叶轮中心向外周作径向运动。液体在流经叶轮的运动过程中获得了能量，静压能增高，流速增大。当液体离开叶轮进入泵壳后，由于壳内流道逐渐扩大而减速，部分动能转化为静压能，最后沿切向流入排出管路。在液体自叶轮中心甩向外周的同时，叶轮中心形成低压区，在贮槽液面与叶轮中心总势能差的作用下，液体被吸进叶轮中心。依靠叶轮的不断运转，液体便连续地被吸入和排出。

离心泵启动时，若泵内存有空气，由于空气密度很小，旋转后产生的离心力小，因而叶轮中心区所形成的低压不足以将贮槽内的液体吸入泵内，虽启动离心泵也不能输送液体，即叶轮只是在泵壳内空转而无液体排出，这种现象称为"气缚"，表示离心泵无自吸能力，所以在启动前必须向壳内灌满液体。离心泵装置中吸入管路的底阀的作用是防止启动前灌入的液体从泵内流出，滤网则可以阻拦液体中的固体颗粒被吸入而堵塞管道和泵壳。排出管路上装有调节阀，可供开工、停工和调节流量时使用。

2.2.3　离心泵的特性参数和特性曲线

2.2.3.1　离心泵的性能参数

要正确选择和使用离心泵，必须了解离心泵的工作性能。离心泵的主要性能参数包括流量、扬程（压头）、转速、轴功率、效率和汽蚀余量等。这些性能参数是表示该泵特性的指标，通常在泵的铭牌或样本中写明，以供选用。

（1）流量

离心泵的流量指单位时间内离心泵能够排出液体的量。反映离心泵的输液能力。常用体积流量 q_V 表示，单位为 m^3/s、m^3/h 或 L/s、L/h。离心泵的流量主要与泵的结构、尺寸（叶片直径和宽度）和轴转速等因素有关。

（2）扬程

离心泵的扬程又称泵的压头，表示输液过程中泵给予单位质量流体的能量，常用符号 H_e 表示，单位为 J/N 或 m。离心泵的扬程与泵的结构、尺寸（如叶片的弯曲情况、叶轮直径等）、转速及流量有关。

如图 2-6 所示，在泵进口真空表处和出口压力表处分别取截面 b 和 c，在截面 b 和截面 c 间作能量衡算，则泵对单位质量液体所做的功 H_e 满足下式：

$$\frac{p_b}{\rho g}+\frac{u_b^2}{2g}+H_e=\frac{p_c}{\rho g}+\frac{u_c^2}{2g}+h_0+H_f$$

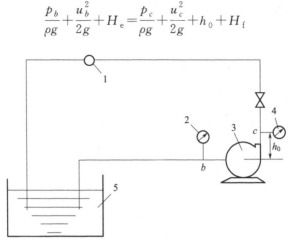

图 2-6　扬程的测定示意图

1—流量计；2—真空表；3—离心泵；4—压力表；5—贮槽

若进口和出口管路管径相同，忽略两截面间的管路阻力损失和高度差，则有

$$H_e\approx\frac{p_c-p_b}{\rho g}=\frac{p_c(表)+p_b(真)}{\rho g} \tag{2-6}$$

（3）转速

离心泵的转速是指泵轴单位时间内转动周数，常用符号 n 表示。n 的单位是 r/s 或 r/min。离心泵的转速以 2900r/min 和 1450r/min 最为常见。

（4）轴功率

离心泵的轴功率是指泵轴所需的功率。当泵直接由电机驱动时，它就是泵轴从电动机得到的实际功率，以符号 P_a 表示，单位为 J/s，即 W，或 kW。轴功率 P_a 是选择电机功率的主要依据。离心泵启动或运行时的负荷可能会超过正常负荷，电机通过轴传送时也会有功率损失，因此，所选电机的功率应比轴功率的计算值大一些。

泵轴所做的功不可能全部为液体所获得。单位时间内液体经离心泵所获得的机械能称为泵的有效功率，即离心泵对液体所作的净功率，以 P_e 表示，即

$$P_e=q_m H_e=\rho g q_V H_e \tag{2-7}$$

（5）效率

实际上泵在输液时，电动机输入到泵轴上的功率必大于有效功率。泵的有效功率与轴功率之比称为泵的效率，以符号 η 表示

$$\eta=\frac{P_e}{P_a} \tag{2-8}$$

泵效率的高低表明了泵对外加能量的利用程度。运转过程中，泵的机械能损失主要有容积损失、水力损失和机械损失。容积损失是叶轮出口处的高压液体沿叶轮与泵壳间的缝隙漏回吸入口，导致泵的流量减小所造成的能量损失。三种叶轮中，开式叶轮的容积损失较大。水力损失是由于液体流过叶轮和泵壳时产生的摩擦阻力损失，以及由于流

速大小和方向的改变而发生冲击及叶片间的环流等产生的局部阻力损失。机械损失则包括旋转叶轮盘面与液体间的摩擦以及轴承机械摩擦所造成的能量损失。离心泵的效率反映上述三项能量损失的总和，故又称为总效率。离心泵的效率与泵的类型、尺寸、制造精密程度，液体的流量和性质等有关。一般小型泵的效率为 50％～70％，大型泵可达90％左右。

2.2.3.2　离心泵的特性曲线

上述离心泵的性能参数 q_V、H_e、η 及 P_a 之间是相互联系和制约的。泵的铭牌上所列的数值均指该泵在效率最高点的性能。要全面反映泵的性能，必须知道性能参数间的关系。这些关系由实验测得，绘成的曲线称为离心泵的特性曲线。特性曲线由泵的制造厂提供，附于泵样本或说明书中，供使用单位选泵和操作时参考。

离心泵的特性曲线一般指在转速 n 一定时，$H_e\text{-}q_V$、$P_a\text{-}q_V$ 和 $\eta\text{-}q_V$ 三条关系曲线。图 2-7 是 4B20 型离心水泵在转速为 2900r/min 时的特性曲线。图中绘有三条特性曲线。

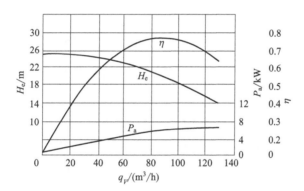

图 2-7　4B20 型离心泵的特性曲线 （n＝2900r/min）

（1）$H_e\text{-}q_V$ 曲线

该曲线表示离心泵扬程与流量的关系。流量 q_V 增加，扬程 H_e 下降。

（2）$P_a\text{-}q_V$ 曲线

该曲线表示离心泵轴功率与流量的关系。流量 q_V 增加，轴功率增加。流量为零时，功率最小。因此，离心泵启动时，应将其出口阀关闭，在零流量下启动，以减小电动机的启动功率。

（3）$\eta\text{-}q_V$ 曲线

该曲线表示离心泵效率与流量的关系。随着流量的增加，离心泵的效率先增大，当达到最大值后，效率逐步下降。说明离心泵在一定的转速下，有一个最高效率点，此点为设计点。离心泵在该点对应的扬程和流量下工作最经济。离心泵铭牌上标明的性能参数指标即是效率最高点对应的参数，或称泵的最佳工况参数。在选用离心泵时，应使离心泵在不低于最高效率 92％的范围内工作。

2.2.3.3 离心泵特性曲线的影响因素

（1）流体性质

泵的生产部门所提供的特性曲线一般都是用清水在常温条件下测定的，如果被输送液体与清水的性质相差较大，要考虑密度和黏度的影响。

① 液体密度的影响。流量、扬程和效率均与被输送液体的密度无关，所以，液体密度改变时，H_e-q_V 与 η-q_V 曲线保持不变。但是，泵的轴功率 P_a 随液体密度而改变，需要重新计算 P_a 及标绘 P_a-q_V 曲线。

② 液体黏度的影响。被输送液体的黏度若大于常温下清水的黏度，在叶轮、泵壳内流动阻力增大，泵的扬程、流量和效率都降低，轴功率增大，所以泵的特性曲线发生改变，原特性曲线必须进行校正。当被输送液体的运动黏度 $\upsilon < 20 \times 10^{-5} \, \mathrm{m^2/s}$，可不进行校正；当 $\upsilon > 20 \times 10^{-5} \, \mathrm{m^2/s}$ 时，应参考有关手册进行校正。

（2）叶轮转速

离心泵的特性曲线都是在固定转速的条件下测定的，当转速变化时，泵的扬程、流量和轴功率也随之发生变化，其近似关系为

$$\frac{q'_V}{q_V} = \frac{n'}{n}, \quad \frac{H'_e}{H_e} = \left(\frac{n'}{n}\right)^2, \quad \frac{P'_a}{P_a} = \left(\frac{n'}{n}\right)^3 \tag{2-9}$$

式(2-9) 称为比例定律。当转速变化小于 20% 时，可认为 η 不变，用上式进行计算误差不大。

（3）叶轮直径

对于同一型号的泵，若对其叶轮外径进行切削，当外径的减小不超过 5%、转速不变时，可认为 η 不变，叶轮直径与流量、压头、轴功率之间的近似关系式为

$$\frac{q'_V}{q_V} = \frac{D_2}{D_1}, \quad \frac{H'_e}{H_e} = \left(\frac{D_2}{D_1}\right)^2, \quad \frac{P'_a}{P_a} = \left(\frac{D_2}{D_1}\right)^3 \tag{2-10}$$

式中，D 为叶轮直径。式(2-10) 称为切割定律。

2.2.4 离心泵的工作点和流量调节

泵的特性曲线是泵本身所固有的性能关系曲线，与外部的管路系统无关。但是，当泵与一定的管路系统相连接并运转时，工作的性能参数值（如 H、q_V）就不仅要符合泵本身的特性曲线，而且还要满足管路系统的特性曲线。

2.2.4.1 离心泵的工作点

离心泵安装在某一特定的管路中工作，泵所提供的压头和流量必然与管路所需要的压头和流量相一致。假如将离心泵的特性曲线（Ⅱ）和管路特性曲线（Ⅰ）绘制在同一压头-流量坐标图上（图 2-8），两曲线

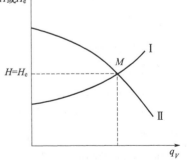

图 2-8 离心泵的工作点

相交于 M 点，则 M 点即是离心泵在该管路中的工作点。M 点对应的压头 H_e 和流量 q_V，既能满足管路特性要求，又为离心泵所能提供，泵也就在这一流量和压头下稳定运转。若该点所对应效率在最高效率区，则该工作点是适宜的。

2.2.4.2　离心泵工作点的调节

为了适应生产任务变化的要求，经常需要调节流量。流量调节实际上就是要改变泵的工作点。因此，可以改变管路特性曲线，或者改变泵的特性曲线来改变泵的工作点，以调节流量。

（1）改变管路特性曲线

在图 2-9 中，离心泵的原工作点为 M，当关小排出管路上的调节阀时，局部阻力增大，管路特性曲线变陡，如曲线 1 所示。泵的工作点由 M 移动到点 M_1，流量由 q_V 减小到 q_{V1}。如果出口调节阀门开度增大，局部阻力下降，则管路特性曲线变得平坦，如曲线 2 所示。泵的工作点由 M 移到 M_2 点，流量由 q_V 增大到 q_{V2}，这种调节流量的方法简便、灵活、能连续调节、可调范围大，生产中广泛采用。其缺点是关小调节阀时，管路阻力增大，加大了能量消耗，在经济上不够合理。

（2）改变泵特性曲线

改变泵的转速或车削叶轮都可以改变泵的特性曲线，这种方法不会增加管路的局部阻力，还可以在一定范围内保证离心泵在高效率区工作。当调节幅度较大而且调节后稳定的周期较长时可采用此法。图 2-10 是改变泵的特性曲线来调节流量的示意图。当离心泵的转速从 n 上升到 n_1 时，泵的工作点由 M 点移到 M_1，流量由 q_V 增大到 q_{V1}；当转速从 n 下降到 n_2，流量则由 q_V 减小至 q_{V2}。

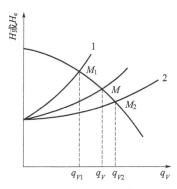

图 2-9　改变管路特性调节流量

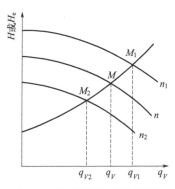

图 2-10　改变泵特性调节流量

2.3　离心泵的使用注意事项

2.3.1　离心泵的安装高度

离心泵吸入口中心到贮液面的垂直高度 H_g 称为离心泵的安装高度。工程上离心泵的安装高度常需通过计算加以确定。

在图 2-11 中，在贮槽液面 0-0 与泵入口截面 1-1 之间列伯努利方程可得

$$H_g = \frac{p_0}{\rho g} - \frac{p_1}{\rho g} - \frac{u_1^2}{2g} - \sum H_{f(0\sim1)} \tag{2-11}$$

2.3.1.1 气蚀现象

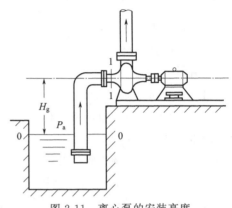

由式（2-11）可知，泵的安装高度 H_g 与泵吸入口压力 p_1 有关。在 p_0 一定的情况下，若增加泵的安装高度，泵吸入口处的压力 p_1 必然下降。但 p_1 不应低于被输送流体在操作温度下的饱和蒸气压 p_V。如果泵吸入口处的压力 p_1 低于被输送流体的饱和蒸气压 p_V，泵入口处液体就要沸腾汽化，形成大量气泡。气泡随液体进入叶轮的高压区而被压缩，又迅速凝成液体，体积急剧变小，周围液体就

图 2-11 离心泵的安装高度

以极高的速度冲向凝聚中心，产生几十甚至几百兆帕的局部压力。此时液体质点的急剧冲击，就像细小的高频水锤，连续打击叶轮的金属表面；另外气泡中还可能带有氧气等会对金属材料发生化学腐蚀作用。泵在这种状态下长期运转，将导致叶片的过早损坏，这种现象称为汽蚀。汽蚀发生时，泵体振动并发出噪声，压头、流量大幅度下降，严重时不能吸上液体，泵性能显著下降。因此，为了避免汽蚀现象，泵的安装位置不能太高，以保证 $p_1 > p_V$。

2.3.1.2 临界汽蚀余量与必需气蚀余量

实际上，泵中压强最低点位于叶轮内缘叶片的背面（图 2-12 中的 K 面）。泵的安装高度达到一定值时，首先在该处发生汽化现象。

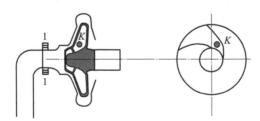

图 2-12 叶轮叶片的压强最低点

在截面 1-1 和截面 K 之间列伯努利方程

$$\frac{p_1}{\rho g} + \frac{u_1^2}{2g} = \frac{p_K}{\rho g} + \frac{u_K^2}{2g} + \sum H_{f(1\sim K)} \tag{2-12}$$

当离心泵发生汽蚀时，$p_K = p_V$；$p_1 = p_{1,\min}$，此时有

$$\frac{p_1}{\rho g} + \frac{u_1^2}{2g} - \frac{p_K}{\rho g} = \frac{p_{1,\min}}{\rho g} + \frac{u_1^2}{2g} - \frac{p_V}{\rho g} = \frac{u_K^2}{2g} + \sum H_{f(1\sim K)} \tag{2-13}$$

所以，我们只要控制 $\dfrac{p_1}{\rho g}+\dfrac{u_1^2}{2g}-\dfrac{p_V}{\rho g}>\dfrac{p_{1,\min}}{\rho g}+\dfrac{u_1^2}{2g}-\dfrac{p_V}{\rho g}$，就可以保证不发生汽蚀。

因此将 $\dfrac{p_{1,\min}}{\rho g}+\dfrac{u_1^2}{2g}-\dfrac{p_V}{\rho g}$ 的大小作为一个指标，来限制离心泵的安装高度，称为临界汽蚀余量，并以符号 $(NPSH)_c$ 表示

$$(NPSH)_c=\frac{p_{1,\min}}{\rho g}+\frac{u_1^2}{2g}-\frac{p_V}{\rho g}=\frac{u_K^2}{2g}+\sum H_{f(1\sim K)} \tag{2-14}$$

为使泵正常运转，泵入口处的压强 p_1 必须高于 $p_{1,\min}$，即实际的汽蚀余量（NPSH，亦称装置汽蚀余量）为

$$NPSH=\frac{p_1}{\rho g}+\frac{u_1^2}{2g}-\frac{p_V}{\rho g} \tag{2-15}$$

NPSH 应大于临界汽蚀余量 $(NPSH)_c$ 一定的量。

临界汽蚀余量 $(NPSH)_c$ 作为泵的一个特性，须由泵制造厂通过实验测定。为了确保离心泵工作正常，根据有关标准，将所测定的 $(NPSH)_c$ 加上一定的安全量作为必需汽蚀余量 $(NPSH)_r$，并列入产品样本。标准还规定 NPSH 要比 $(NPSH)_r$ 大 0.5m 以上。

2.3.1.3　最大允许安装高度

在一定流量下，泵的安装位置越高，泵入口处压强 p_1 越低，叶轮入口处的压强 p_K 越低。当泵的安装位置达到某一极限高度时，则 $p_1=p_{1\min}$，$p_K=p_V$，气蚀现象遂将发生。从吸液面 0-0 和叶轮入口截面 1-1 之间列机械能衡算式，可求得最大安装高度。

$$H_{g,\max}=\frac{p_0-p_{1,\min}}{\rho g}-\frac{u_1^2}{2g}-\sum H_{f(0\sim1)}$$

$$H_{g,\max}=\frac{p_0-p_V}{\rho g}-\left(\frac{p_{1,\min}}{\rho g}+\frac{u_1^2}{2g}-\frac{p_V}{\rho g}\right)-\sum H_{f(0\sim1)}$$

$$=\frac{p_0-p_V}{\rho g}-(NPSH)_c-\sum H_{f(0\sim1)} \tag{2-16}$$

实际上使用 $(NPSH)_r+0.5$ 代替 $(NPSH)_c$，相应可得最大允许安装高度 $[H_g]$，即

$$[H_g]=\frac{p_0-p_V}{\rho g}-\sum H_{f(0\sim1)}-(NPSH)_r-0.5 \tag{2-17}$$

由式(2-17)可知，为提高泵的允许安装高度，应尽量减少吸入管内的压头损失，因此泵的吸入管直径可比排出管直径适当增大，还应尽可能缩短吸入管长度，吸入管应少拐弯并减少不必要的管件，调节阀应装在排出管路上。

【例 2-1】 某生物制药厂一生产车间，要求用离心泵将冷却水输送至 12m 高的敞口高位槽（如附图所示）。输送管路尺寸如下：管内径 40mm，管长 50m（包括所有局部阻力的当量长度），摩擦系数 λ 为 0.03。离心泵在转速 $n=1480$ r/min 时，泵的特性方

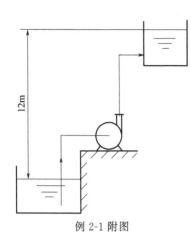

例 2-1 附图

程为 $H_e = 50 - 200q_V^2$（q_V，m^3/min；H_e，m）。

（1）求管路的流量（m^3/h）和泵的有效功率（kW）；

（2）若要求流量提高20%，则泵的转速（r/min）应该为多少？

解：（1）取贮水池液面为1-1截面，高位槽液面为2-2截面，在两截面间列机械能衡算式

$$H = \Delta z + \frac{8\lambda l}{\pi^2 d^5 g}q_V'^2 = 12 + \frac{8 \times 0.03 \times 50}{3.14^2 \times 0.04^5 \times 9.81} \times \left(\frac{q_V}{60}\right)^2$$
$$= 12 + 336.6q_V^2$$

上式与泵方程 $H_e = 50 - 200q_V^2$ 联立解得 $q_V = 0.266 m^3/min = 16.0 m^3/h$。则

$$H_e = 50 - 200q_V^2 = 50 - 200 \times 0.266^2 = 35.85(m)$$

$$P_e = \rho g q_V H_e = 1000 \times 9.81 \times \frac{0.266}{60} \times 35.85 = 1.56 \times 10^3 (W) = 1.56(kW)$$

（2）现需将流量增加到20%，$q_V' = 1.2q_V = 0.319 m^3/min$，代入管路方程得

$$H' = 12 + 336.6q_V'^2 = 12 + 336.6 \times 0.319^2 = 46.25(m)$$

设新的转速为 n'，则泵的扬程为

$$H_e' = 50\left(\frac{n'}{n}\right)^2 - 200q_V'^2 \tag{a}$$

将 H' 和 q_V' 代入方程式(a)，得到

$$n' = 1.15n = 1.15 \times 1480 = 1702(r/min)$$

注：当泵的转速为 n 时，泵的扬程 $H_e = A\left(\frac{n'}{n}\right)^2 - Bq_V'^2$。

2.3.2 离心泵的类型

离心泵的类型多种多样。按被输送液体的性质不同，离心泵可分为水泵、食品流程泵、耐腐蚀泵、油泵、杂质泵等；按叶轮吸入液体方式不同，可分为单吸泵和双吸泵；按叶轮数目不同，可分为单级泵和多级泵。现对生物工程相关的几种主要类型的离心泵作简要说明。

2.3.2.1 水泵

水泵又称清水泵，输送清水及物理化学性质类似于水的液体。最普通的清水泵是单级单吸式，其系列代号为"IS"。该系列泵的扬程范围为 $5\sim125 m$，流量范围为 $6.3\sim400 m^3/h$，输送介质温度不得超过80℃。型号表达方式以 IS80-65-160A 为例：IS 为国际标准单级单吸清水离心泵；80 为吸入口直径（mm）；65 为排出口直径（mm）；160 为叶轮名义直径（mm）；最后的字母"A"表示此泵叶轮外径比基本型号小一级，即叶轮外缘经过第一次车削。

如果要求的压头较高，可采用多级离心泵，其系列代号为"D"。叶轮级数最高是 14 级，扬程范围为 14～351m，流量为 10.8～850m^3/h。型号表达方式如 D155-67×3：D 表示节段式多级离心泵；155 表示泵设计点流量（m^3/h）；67 为泵设计点单级扬程（m）；3 为泵的级数。

如要求的流量很大，可采用双吸式离心泵，其系列代号为"S"。该类离心泵适用于流量大但扬程不太高的场合。全系列流量为 120～12500m^3/h，扬程为 9～140m。型号表达方式以 150S78A 为例：150 为泵入口直径（mm）；S 为单级双吸离心泵；78 为设计点扬程（m）；A 意义同上。

2.3.2.2　食品流程泵

食品流程泵广泛用于酿酒、饮料、淀粉、粮食加工等工业部门，常用的 SHB 型泵为单级单吸悬臂式离心泵。叶轮采用半开式，并可通过调整垫片对叶轮和泵体的轴向间隙进行调整，适用于输送悬浮液或含悬浮颗粒的液体。全系列流量范围为 80～600m^3/h，扬程为 16～25m，输送介质温度为－20～105℃。型号表达方式如 SHB125-100-250-(102) SI：SHB 表示食品流程泵；125 表示泵入口直径（mm）；100 表示水泵出口直径（mm）；250 表示叶轮直径（mm）；102 表示材质代号；SI 表示单端面内装式机械密封。

2.3.2.3　耐腐蚀泵

输送酸、碱等腐蚀性液体时应采用耐腐蚀泵，其主要特点是与液体接触的部件采用耐腐蚀材料制成，其系列代号为"F"。该系列泵的扬程范围为 15～105m，流量范围为 2～400m^3/h，被输送液体温度为－20～105℃。

2.3.2.4　油泵

此类泵主要用于石油产品的输送。由于油品具有易燃、易爆的特点，因此，此类泵的密封要求很高。当输送 200℃ 以上的油品时，轴封装置、轴承等部件还需用冷却水冷却。

长期以来，我国一直使用 Y 型离心油泵，全系列扬程范围为 60～603m，流量范围为 6.25～500m^3/h。SJA 型单级单吸悬臂式离心流程泵的扬程范围为 17～220m，流量范围为 5～900m^3/h，输送介质温度为－196～450℃。

2.3.2.5　杂质泵

输送含有固体颗粒的悬浮液及稠厚的浆液等通常采用杂质泵。杂质泵的叶轮流道宽，叶片数目少，常采用开式或半开式叶轮，其系列代号为"P"，此系列中又根据所含杂质不同分为污水泵"PW"、砂泵"PS"和泥浆泵"PN"等。

2.3.3　离心泵的选用

在满足生产工艺要求的前提下，应按照经济合理的原则选择适宜的离心泵：

① 根据被输送液体的性质和操作条件，确定泵的类型。

② 确定输送系统的流量和扬程。根据生产任务规定输送系统的流量 q_V，按照输送系统管路安排，用伯努利方程式计算管路所需的压头 H。

③ 确定泵的型号。按规定的流量 q_V 和计算的压头 H 从泵样本或产品目录中选出合适的型号。考虑到操作条件的变化，选用的泵提供的流量 q_V 和扬程 H_e 应稍大于管路规定的 q_V 和所需 H；同时离心泵还应保持在高效率区工作。

④ 核算泵的轴功率。被输送液体的密度和黏度与水相差较大时，应对所选用的特性曲线进行换算，并对轴功率 P_a 计算校核，注意泵的工作点是否在高效率区。

为了用户选用方便，泵的生产厂家有时还提供同一类型泵的系列特性曲线（又称型谱图）。泵的系列特性曲线图使泵的选用显得更加方便可靠。图 2-13 所示为 IS 型离心泵的系列特性曲线。此图以 H-q_V 标绘，图中每一小块面积，表示某型号离心泵的最佳（即效率较高的）工作范围。利用此图，根据管路要求的流量 q_V 和压头 H，可方便地确定泵的具体型号。例如，当输送水时，要求 $H=45\text{m}$，$q_V=10\text{m}^3/\text{h}$，选用一清水泵，则可按图 2-13 选用 IS50-32-200 离心泵。

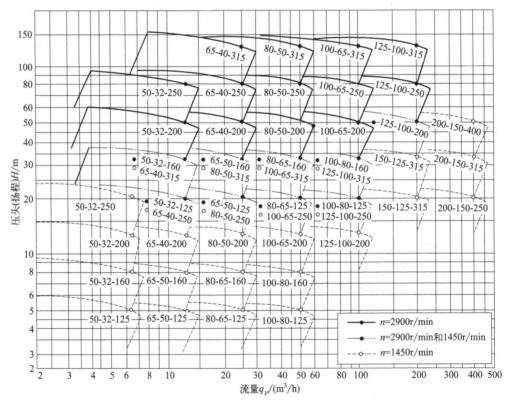

图 2-13 IS 型离心泵系列特性曲线

离心泵的选择是一个设计型问题，有时会有几种型号的泵同时在最佳工作范围内满足 H 和 q_V 的要求。若遇到这种情况，可分别确定各泵的工作点，比较各泵在工作点的效率。一般总是选择其中效率最高的，但也应参考泵的价格。

【例 2-2】 若某输水管路系统所要求的流量为 $50\text{m}^3/\text{h}$，压头为 28m，试选择一台适宜的离心泵，并确定该泵在实际运行时所需的轴功率及因用阀门调节流量而多消耗的轴功率。已知水的密度为 $1000kg/m^3$。

解： (1) 确定泵的类型　由于被输送液体为清水，故选用清水泵。由 IS 型、D 型及 S 型水泵的流量范围和扬程范围可知，IS 型和 D 型水泵都可满足所要求的流量和压头，但 D 型水泵的结构比较复杂，价格也较高，所以选用 IS 型水泵。

(2) 确定泵的型号　根据 $q_V = 50m^3/h$ 及 $H_e = 28m$，由图 2-13 查得 IS80-65-160 型水泵较为适宜，该泵的转速为 2900r/min，在最高效率点下的主要性能参数为 $q_V = 50m^3/h$，$H_e = 32m$，$P_a = 5.97kW$，$\eta = 73\%$，$(NPSH)_r = 2.5m$。

(3) 该泵实际运行时所需的轴功率　该泵实际运行时所需的轴功率实际上是泵工作点所对应的轴功率。当该泵在 $q_V = 50m^3/h$ 下运行时，所需的轴功率为 5.97kW。

(4) 因用阀门调节流量而多消耗的功率　由该泵的主要性能参数可知，当 $q_V = 50m^3/h$ 时，$H_e = 32m$，$\eta = 73\%$。而管路系统要求的流量为 $q_V = 50m^3/h$，压头为 $H = 28m$。为保证达到要求的输水量，应改变管路特性曲线，即用泵出口阀来调节流量。操作时，可关小出口阀，增加管路的压头损失，使管路系统所需的压头也为 32m。

因用阀门调节流量而多消耗的压头为

$$\Delta H = 32 - 28 = 4(m)$$

所以多消耗的轴功率为

$$\Delta P_a = \frac{\Delta H \rho g q_V}{\eta} = \frac{4 \times 1000 \times 9.81 \times 50}{3600 \times 0.73} = 746.6(W)$$

2.4　其他类型的流体输送机械

2.4.1　隔膜泵

隔膜泵是容积泵中较为特殊的一种形式，它是依靠一个隔膜片的来回鼓动而改变工作室容积来吸入和排出液体的。隔膜泵主要由传动部分和隔膜缸头两大部分组成。传动部分是带动隔膜片来回鼓动的驱动机构，其传动形式有机械传动、液压传动和气压传动等，其中应用较为广泛的是液压传动。图 2-14 为液压传动的隔膜泵。隔膜泵工作时，曲柄连杆机构在电动机的驱动下，带动柱塞作往复运动，柱塞的运动通过液缸内的工作液体（一般为油）而传到隔膜，使隔膜来回鼓动。被输送的液体在泵缸内被膜片与工作液体隔开，只与泵缸、吸入阀、排出阀及隔膜片的隔膜泵内一侧接触，而不接触柱塞以及密封装置，这就使柱塞等重要

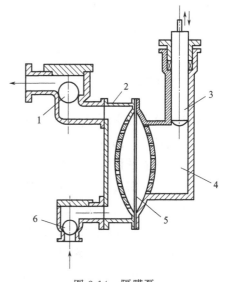

图 2-14　隔膜泵

1—排出阀；2—泵体；3—柱塞；

4—液缸（水或油）；5—隔膜；6—吸入阀

零件完全在油介质中工作，处于良好的工作状态。

隔膜泵的密封性能较好，能够较为容易地达到无泄漏运行，可用于输送含有颗粒、高黏度、腐蚀性和挥发性等特殊流体。此外，隔膜泵体积小易于移动，安装简便经济，可作为移动式物料输送泵。在化工、食品、医药等行业中有着广泛的应用。

2.4.2 齿轮泵

齿轮泵是液压泵中结构最简单的一种，且价格便宜，性能稳定，被广泛应用于食品、医药等工业中。齿轮两侧由端盖罩住，壳体、端盖和齿轮的各个齿间槽组成了许多密封工作腔。当齿轮按图 2-15 所示的方向旋转时，右侧吸油腔相互啮合的齿轮逐渐脱开，密封工作容积逐渐增大，形成部分真空。因此油箱中的油液在外界大气压的作用下，经吸油管进入吸油腔，将齿间槽充满，并随着齿轮旋转，把油液带到左侧的压油腔内。在压油区的一侧，齿轮在这里逐渐进入啮合，密封工作腔容积不断减小，油液便被挤出去，从压油腔输送到压油管路中去。这里啮合点处的齿面接触线一直起着隔离高、低压腔的作用。

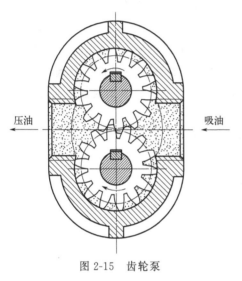

图 2-15　齿轮泵

齿轮泵因其齿缝空间有限，故流量较小，但可产生较大的压头，常用于输送黏稠液体和易于结晶的介质，但不能输送含固体颗粒的悬浮液。齿轮泵的密封性能好，泄漏率低，能够有效保护环境和设备安全。主要用于输送无腐蚀性、无固体颗粒并且具有润滑能力的各种油类，例如润滑油、食用植物油等。

2.4.3 真空泵

在食品及医药生产中，许多操作过程，如真空过滤、真空送料、减压蒸馏、减压浓缩、真空干燥等，都需要在低于大气压的条件下进行，真空泵就是在负压下吸气、在大气压下排气的输送机械，用于维持生产系统要求的真空状态。真空泵的类型很多，其中液环式真空泵在粗真空获得方面应用广泛。

液环式真空泵的泵体呈圆形，其内有一偏心安装的叶轮，叶轮上有辐射状的叶片，如图 2-16 所示。泵内注入一定量的水，叶轮按图中顺时针方向旋转时，水在离心力作用下形成水环。水环具有密封作用，将叶片间的空隙密封分隔为大小不等的空间。随叶轮的旋转，右边密封空间由小变大，且与端面上的吸气口相通时，将气体由吸入口吸入；随后气体进入左半部，密封空间由大到小时，气体被压缩，当空间与排气口相通时，气体便被排出泵外。

液环式真空泵内的液体通常为水，称为水环式真空泵。当被抽吸的气体不宜与水接触时，可向泵体内充入其他液体。液环式真空泵具有结构简单、易加工、维修方便、排气量大而均匀、旋转部分无机械摩擦、操作可靠等特点。由于没有排气阀，故适用于抽吸含有尘埃、液体的气体。因为气体是等温压缩，还适宜抽吸有腐蚀性或爆炸性的气体。但该泵的效率较低，一般为 30%～50%，且由于泵体内总存在液体，故所产生的真空度受到泵体内液体饱和蒸气压的限制。

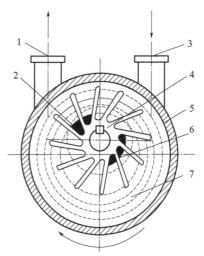

图 2-16　液环式真空泵
1—排气口；2—排气孔；3—吸气口；
4—叶轮；5—泵体；6—吸气孔；7—液环

2.4.4　罗茨鼓风机

罗茨鼓风机在生物发酵行业专门用于发酵供氧，为鼓泡式发酵罐和自吸式发酵罐提供微生物生长所需要的氧气，在生物药品制造过程中发挥着重要作用。

罗茨鼓风机是一种双转子压缩机械，双转子的轴线相互平行，如图 2-17 所示。转子由叶轮和轴组合而成，叶轮之间、叶轮和墙板之间有轻微间隙，以避免相互接触。两转子由原动机通过一对同步齿轮驱动，作方向相反的等速旋转。借助于两叶轮的相互啮合，鼓风机进气和排气口不直接相通，叶轮和机壳及墙板围成密封的腔室，其大小在旋转过程中不发生变化。气体的压缩是在密封腔室与排气口连通的瞬间，排气侧的高压气体向腔室回流使压力升高，从而完成气体输送。

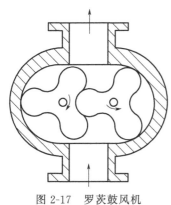

图 2-17　罗茨鼓风机

罗茨鼓风机是容积式鼓风机，因而具有强制输气特征。在转速一定的条件下，流量也一定，具有比较稳定的工作特性。作为回转式机械，没有往复运动机构，没有气阀，易损件少，因此使用寿命长，并且动力平衡很好，能以较高的速度运转，不需要重型基础。叶轮之间、叶轮和机壳及墙板之间具有间隙，运转时不像螺杆式和滑片式压缩机那样需要注油润滑，因此可以保证输送的气体不含油，也不需要气油分离器等分离设备。由于存在间隙及没有气阀，输送带液滴的气体时比较安全，因此特别适用于需空消而将蒸汽带入发酵罐通过管道的设备通风。此外，罗茨鼓风机还具有结构简单、制造容易、操作方便、维修期长等特点。罗茨鼓风机的缺点主要有：无内压缩过程，绝热效率较低；间隙的存在会造成气体泄漏，且泄漏流量随升压或压力比增大而增加，因而限制了鼓风机向高压方向发展；由于进、排气脉动和回流冲击的影响，气体动力性噪声大。

习题

思考题

1. 写出管路特性方程。该方程描述哪两个变量之间的关系？

2. 管路特性曲线的截距怎么表示？其物理意义是什么？

3. 管路特性曲线的陡度与管路阻力有什么关系？说明理由。

4. 离心泵必不可少的部件有哪些？它们各自起到什么作用？

5. 简述离心泵的气缚现象。怎样避免气缚？

6. 什么是离心泵的压头？其值低于理论压头的原因是什么？

7. 如何计算离心泵的有效功率和轴功率？

8. 转速如何影响离心泵的性能曲线和特性方程？

9. 什么是离心泵的特性？什么是管路特性？

10. 什么是离心泵的工作点？如何得到离心泵的工作点？

11. 如何调节离心泵所在管路的流量？请用图表示出流量的变化。

12. 比较两种调节流量方法的异同。

13. 什么是离心泵的汽蚀？它是如何发生的？离心泵发生汽蚀时有哪些伴随现象？

14. 计算最大允许安装高度时，应采用什么流量和什么温度？为什么要这样？

选择题

1. 为避免气缚，离心泵启动前需要（　　）。

A. 用惰性气体吹扫

B. 关闭出口阀

C. 灌泵

D. 盘车

2. 一台离心泵，开动不久，泵入口处的真空度逐渐降低为零，泵出口处的压强也逐渐降低为零，然后离心泵完全打不出水。发生故障的原因是（　　）。

A. 忘了灌泵

B. 吸入管路漏气

C. 吸液管路堵塞

D. 排液管路堵塞

3. 如在测定离心泵的性能曲线时，错误地将压力表安装在泵出口调节阀以后，则操作时压力表示数（表压）将（　　）。

A. 随真空表读数的增大而减小

B. 随流量的增大而减小

C. 随流量的增大而增大

D. 随泵实际扬程的增大而增大

4. 当被输送液体的密度变化时，如下特性曲线中将发生变化的有几条？（　　）

①压头-流量曲线；②轴功率-流量曲线；③效率-流量曲线

A. 0

B. 1

C. 2

D. 3

5. 在相同的（相对）变化幅度下，管路压头损失对以下哪一项最敏感？（　　）

A. 管内径

B. 直管摩擦系数

C. 局部摩擦系数

D. 直管长度

6. 离心泵的临界汽蚀余量与以下各项中的几项有关？（　　）

①离心泵的安装高度；②离心泵的流量；③离心泵的结构；④吸入管路的配置情况

A. 1

B. 2

C. 3

D. 4

7. 计算离心泵的最大允许安装高度时，（　　）。

A. 不需要使用流量

B. 应使用生产中泵可能的最小工作流量

C. 应使用生产中泵可能的最大工作流量

D. 应使用生产中的平均流量

8. 离心泵的工作点取决于（　　）。

A. 管路特性曲线

B. 离心泵特性曲线

C. 管路特性曲线与离心泵特性曲线

D. 与管路特性曲线与离心泵特性曲线无关

9. 当调节幅度不大，经常需要改变流量时，采用的方法为（　　）。

A. 改变离心泵出口管路上调节阀开度

B. 改变离心泵转速

C. 车削叶轮外径

D. 离心泵的并联或串联操作

10. 离心泵的效率 η 与流量 q_V 的关系为（　　）。

A. q_V 增加，η 增大

B. q_V 增加，η 减小

C. q_V 增加，η 先增大再减小

D. q_V 增加，η 先减小再增大

11. 倘若关小离心泵出口阀门，减小泵的输液量，此时将会引起（　　）。

A. 泵的扬程增大，轴功率降低

B. 泵的输液阻力及轴功率均增大

C. 泵的扬程及轴功率均下降

D. 泵的扬程下降，轴功率增大

12. 被输送液体的温度与离心泵气蚀的关系是（　　）。

A. 温度越高，越接近气蚀状态

B. 温度越低，越接近气蚀状态

C. 液体温度与气蚀没有关系

D. 不好说

13. 一台离心泵的临界气蚀余量越大，说明它（　　）。

A. 越不易发生气蚀

B. 越易发生气蚀

C. 是否容易发生气蚀与临界汽蚀余量数值大小无关

D. 不好说

14. 当管内流体流动进入阻力平方区时，以下哪项变化不一定改变管路特性曲线？

（　　）

A. 增加供液点和需液点之间的位高差

B. 增加供液点和需液点之间的压强差

C. 增加供液点和需液点之间的管长

D. 改为输送密度更小的液体

15. 离心泵的性能曲线中是在以下哪种情况下测定的？（　　）

A. 效率一定

B. 轴功率一定

C. 叶轮转速一定

D. 管路长度（包括局部阻力的当量长度）一定

计算题

1. 如图所示。拟用一泵将碱液由敞口碱液槽打入位差为 10m 高的塔中。塔顶压强为 0.06MPa（表压）。全部输送管均为 $\phi57\text{mm}\times3.5\text{mm}$ 无缝钢管，管长 50m（包括局部阻力的当量长度）。碱液的密度 $\rho=1200\text{kg/m}^3$，黏度 $\mu=2\text{mPa}\cdot\text{s}$。管壁粗糙度为 0.3mm。试求：（1）流动处于阻力平方区时的管路特性方程；（2）流量为 $30\text{m}^3/\text{h}$ 时的 H_e 和 P_e。

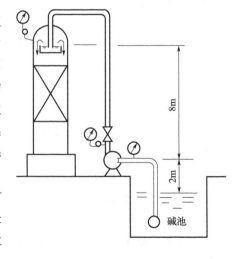

2. 某离心泵在作性能试验时以恒定转速打水，当流量为 $71\text{m}^3/\text{h}$ 时，泵吸入口处真空表读数 0.029MPa，泵压出口处压强计读数

0.31MPa。两测压点的位差不计，泵进、出口的管径相同。测得此时泵的轴功率为 10.4kW，试求泵的扬程及效率。

3. 下图所示的输水管路中，用离心泵将江水输送至常压高位槽。已知吸入管规格为 $\phi70mm\times3mm$，管长 $l_{AB}=15m$，压出管规格为 $\phi60mm\times3mm$，管长 $l_{CD}=80m$（管长均包括局部阻力的当量长度），摩擦系数 λ 均为 0.03，$\Delta z=12m$，离心泵特性曲线为 $H_e=30-6\times10^5q_V^2$，式中 H_e 的单位为 m；q_V 的单位为 m^3/s。试求：（1）管路流量；（2）旱季江面下降 3m 时的管路流量。

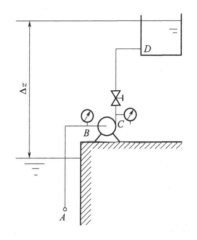

4. 某离心泵的必需汽蚀余量为 3.5m，今在海拔 1000m 的高原上使用。已知吸入管路的全部阻力损失为 3J/N。今拟将该泵装在敞口水源之上 3m 处，试问此泵能否正常操作？已知该地大气压为 90kPa，夏季的水温为 20℃。

5. 如图所示，要将某减压精馏塔塔釜中的液体产品用离心泵输送至高位槽，釜中真空度为 67kPa（其中液体处于沸腾状态，即其饱和蒸气压等于釜中绝对压强）。泵位于地面上，吸入管总阻力为 0.87J/N，液体的密度为 986kg/m^3，已知该泵的必需汽蚀余量 $(NSPH)_r$ 为 3.7m，试问该泵的安装位置是否适宜？如不适宜应如何重新安排？

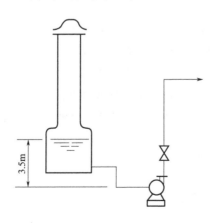

3.5m

第**3**章 生物加工过程中的过滤、沉降和离心

生物工程生产中所遇到的混合物可分为均相和非均相两大类。非均相物系由分散相（分散物质）和连续相（分散介质）构成。固体颗粒分散在液体中形成的混合物称为悬浮液，分散在气体中的混合物称为含尘气体。非均相物系分离的目的是回收分散物质或净化分散介质。非均相物系的分离在生物工程生产中有着广泛的应用。如生产中的液固分离、洁净室中空气的净化以及含尘气流中的药粉回收等。

由于分散相和连续相的密度和黏度存在明显差异，所以可用机械方法促使两相之间产生相对运动而分离开来。因此，分离非均相物系的单元操作遵循流体力学的基本规律。非均相物系的常用分离方法有过滤、沉降和离心等。

3.1 概述

3.1.1 生物加工中的过滤操作

过滤操作在生物加工中应用十分广泛。生物加工中，一般需要从发酵液中除去菌体以得到产品，例如抗生素发酵液中放线菌的分离，或从培养基中除去未溶解的残余固体颗粒，以便于后续加工。在硫酸新霉素的生产中，经过活性炭脱色后的硫酸新霉素盐液需要经过板框过滤去除活性炭，将活性炭固体和产品液分开，得到澄清液体，用于后续喷雾干燥，得到固体制剂。在啤酒生产中麦汁的过滤、啤酒酵母的过滤分离，药物提取中晶体与母液的分离均会用到过滤单元操作。过滤效果好坏会直接影响产品的质量。这种操作设备和人员成本都很低。

3.1.2 生物加工中的沉降操作

生物加工中有些气体中含有粉尘，往往需要喷水沉降、去除粉尘后才能排放到大气中，以控制排放生物加工尾气中的粉尘，保护环境。在环保处理中，沉降操作更是应用很多，如污水处理和固废处理等。

3.1.3　生物加工中的离心操作

生物加工中为了高效分离微生物和发酵液，往往会选择碟式离心机进行分离。比如酵母的生产中大量使用碟式离心机或者真空转鼓离心机。这两种设备分离效率高，但对工人的技术要求高。

3.2　颗粒及颗粒床层的特性

众多固体颗粒堆积而成的静止颗粒层称为固定床。流体通过固定床反应器进行生物化学反应，此时组成固定床的颗粒是粒状或片状催化剂。在固体悬浮液的过滤过程中，可将由悬浮液中所含的固体颗粒形成的滤饼看作固定床，滤液通过颗粒之间的空隙流动就是过滤过程讨论的主要内容。

3.2.1　单颗粒的特性

对颗粒层中流体通道有重要影响的单颗粒特性主要是颗粒的大小（体积）、形状和表面积。工业上所遇的固体颗粒大多是非球形的。非球形颗粒的形状千变万化，不可能用单一参数全面地表示颗粒的体积、表面积和形状。通常试图将非球形颗粒以某种相当的球形颗粒代表，以使所考察的领域内非球形颗粒的特性与球形颗粒等效，这一球形颗粒的直径称为当量直径。根据不同方面的等效性，可以定义不同的当量直径。

3.2.1.1　体积当量直径 d_{eV}

若非球形颗粒与当量球形颗粒在体积 V 方面具有等效性，则体积当量直径定义为

$$d_{eV} = \sqrt[3]{\frac{6V}{\pi}} \tag{3-1}$$

3.2.1.2　表面积当量直径 d_{es}

若非球形颗粒与当量球形颗粒在表面积 s 方面具有等效性，则表面积当量直径为

$$d_{es} = \sqrt{\frac{s}{\pi}} \tag{3-2}$$

3.2.1.3　比表面积当量直径 d_{ea}

比表面积指单位体积颗粒所具有的表面积。若非球形颗粒与当量球形颗粒在比表面积 a 方面具有等效性，则该比表面积当量直径为

$$d_{ea} = \frac{6}{a} = \frac{6}{s/V} = \frac{d_{eV}^3}{d_{es}^2} \tag{3-3}$$

3.2.1.4　形状系数

形状系数（即球形度）定义为

$$\psi = \frac{\text{与非球形颗粒体积相等的球的表面积}}{\text{非球形颗粒的表面积}} = \frac{d_{eV}^2}{d_{es}^2} \tag{3-4}$$

不同形状的颗粒体积相同时，球体的表面积最小，因此任何非球形颗粒的形状系数 ψ 皆小于1。对于非球形颗粒，必须定义两个参数才能确定其体积、表面积和比表面积，通常定义体积当量直径 d_{eV}（以下简写为 d_e）和形状系数 ψ。已证明不论是球形颗粒，还是非球形颗粒，颗粒体积越小，比表面积越大。

3.2.2 床层的特性

3.2.2.1 床层的空隙率 ε

众多颗粒按某种方式堆积成固定床时，床层中颗粒堆积的疏密程度可用空隙率来表示。空隙率 ε 的定义如下：

$$\varepsilon = \frac{\text{床层空隙体积}}{\text{床层总体积}} = \frac{\text{床层体积} - \text{颗粒总体积}}{\text{床层总体积}}$$

影响空隙率的因素非常复杂，诸如颗粒的大小、形状粒度分布与充填方式等。实验证明，单分散性球形颗粒作最松排列时的空隙率为 0.48，作最紧密排列时为 0.26；乱堆的非球形颗粒床层空隙率往往大于球形的，一般乱堆床层的空隙率在 0.47～0.70 之间；多分散性颗粒所形成的床层空隙率比均匀颗粒小；若充填时设备受到振动，则空隙率较小；采用湿法充填（即设备内先充以液体），则空隙率较大。

在床层的同一截面上空隙率的分布通常是不均匀的。容器壁面附近的空隙率大于床层中心的。这种壁面的影响称为壁效应。改善壁效应的方法是限制床层直径与颗粒定性尺寸之比（D/d_p）不得小于某极限值。若床层直径比颗粒尺寸大得多，则可忽略壁效应。

3.2.2.2 床层的自由截面积

床层截面上未被颗粒占据的、流体可以自由通过的面积即为床层的自由截面积。工业上，小颗粒的床层用乱堆方法堆成，而非球形颗粒的定向是随机的，因而可认为床层是各向同性的。各向同性床层的一个重要特点是，床层横截面上可供流体通过的自由截面（即空隙截面）与床层截面之比在数值上等于空隙率 ε。

由于壁效应的影响，较多的流体必趋向近壁处流过，使床层截面上流体分布不均匀。当 D/d_p 较小时，壁效应的影响尤为严重。

3.2.2.3 床层的比表面积

单位体积床层所具有的颗粒的表面积称为床层的比表面积 a_B。若忽略因颗粒相互接触而使裸露的颗粒表面减少，则 a_B 与颗粒的比表面积 a 之间具有如下关系：

$$a_B = a(1 - \varepsilon) \tag{3-5}$$

3.2.3 流体流过固定床的压降

固定床层中颗粒间的空隙可形成供流体通过的细小、曲折、互相交联的复杂通道。流体通过如此复杂通道的流动阻力很难进行理论推算。本节采用数学模型法进行研究。

3.2.3.1 数学模型法

（1）颗粒床层的简化物理模型

在固定床内大量细小而密集的固体颗粒对流体的运动产生了很大的阻力。此阻力一方面可使流体沿床截面的速度分布变得相当均匀，另一方面却在床层两端造成很大压降。工程上感兴趣的主要是床层的压降。为解决流体通过床层的压降计算问题，在保证单位床层体积表面积相等的前提下，将颗粒床层内实际流动过程加以简化，以便可以用数学方程式加以描述。

简化模型是将床层中不规则的通道假设成长度为 L_e、当量直径为 d_e 的一组平行细管（图 3-1），并且规定：

① 细管的全部流动空间等于颗粒床层的空隙容积；

② 细管的内表面积等于颗粒床层的全部表面积。

根据上述假定，可求得这些虚拟管的当量直径 d_e：

$$d_e = \frac{4 \times 通道的截面积}{润湿周边}$$

分子分母同乘以 L_e，则有

$$d_e = \frac{4 \times 床层的流动空间}{细管的全部表面积} = \frac{4\varepsilon}{a_B} = \frac{4\varepsilon}{a(1-\varepsilon)} \tag{3-6}$$

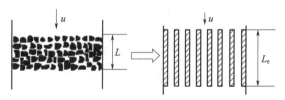

图 3-1 颗粒床层的简化模型

（2）流体压降的数学模型

根据前述简化模型，流体通过平行细管流动的能量损失为

$$h_f = \frac{\Delta \mathscr{P}}{\rho} = \lambda \cdot \frac{L_e}{d_e} \cdot \frac{u_1^2}{2} \tag{3-7}$$

式中，u_1 为流体在细管内的流速。u_1 可取为实际填充床中颗粒空隙间的流速，它与按整个床层截面计算的空床流速（表观流速）u 的关系为

$$u_1 = \frac{u}{\varepsilon} \tag{3-8}$$

将式(3-6) 与式(3-8) 代入式(3-7)，得

$$\frac{\Delta \mathscr{P}}{L} = \left(\lambda \frac{L_e}{8L} \right) \frac{(1-\varepsilon)a}{\varepsilon^3} \rho u^2$$

细管长度 L_e 与实际床层高度 L 不等，但可认为 L_e 与实际床层高度 L 成正比，即 $L/L_e =$ 常数，将该常数并入摩擦系数中入去，于是

$$\frac{\Delta \mathscr{P}}{L} = \lambda' \frac{(1-\varepsilon)a}{\varepsilon^3} \rho u^2 \tag{3-9}$$

$$\lambda' = \frac{\lambda L_e}{8L}$$

当重力可以忽略时，$\dfrac{\Delta \mathscr{P}}{L} \approx \dfrac{\Delta p}{L}$，为简化起见，$\Delta \mathscr{P}$ 在本章中均称为压降。

式(3-9)即为流体通过固定床压降的数学模型，式中的 λ' 为流体通过床层流道的摩擦系数，称为模型参数，其值由实验测定。

（3）模型参数的实验测定

上述床层的简化处理只是一种假定，其有效性必须经过实验检验，其中的模型参数 λ' 亦必须由实验测定。

康采尼（Kozeny）对此进行了实验研究，发现在流速较低、床层雷诺数 $Re' < 2$ 的情况下，实验数据能较好地符合式(3-10)。

$$\lambda' = \frac{K'}{Re'} \tag{3-10}$$

式中，K' 为康尼采常数，其值为 5.0。Re' 的定义为

$$Re' = \frac{d_e u_1 \rho}{4\mu} = \frac{\rho u}{a(1-\varepsilon)\mu} \tag{3-11}$$

将式(3-10)与式(3-11)代入式(3-9)得

$$\frac{\Delta \mathscr{P}}{L} = K' \frac{a^2 (1-\varepsilon)^2}{\varepsilon^3} \mu u \tag{3-12}$$

式(3-12)称为康采尼方程，仅适用于低雷诺数范围（$Re' < 2$）。

3.2.3.2 量纲分析法和数学模型法的比较

生物工程过程的研究往往必须依靠实验。为使实验工作富有成效，即以尽量少的实验得到可靠和明确的结果，任何实验工作都必须在理论指导下进行。

用量纲分析法规划实验，决定成败的关键在于能否如数列出影响过程的主要因素。要做到这一点，无须对过程本身的内在规律有深入理解，只要做若干析因实验，考察每个变量对实验结果的影响程度即可。在量纲分析法指导下的实验研究只能得到过程的外部联系，而对于过程的内部规律则不甚了然，如同"黑箱"。

数学模型法是立足于对所研究过程的深刻理解，按以下主要步骤进行工作：

① 将复杂的真实过程本身简化成易于用数学方程式描述的物理模型；

② 对所得到的物理模型进行数学描述即建立数学模型；

③ 通过实验对数学模型的合理性进行检验并测定模型参数。

对于数学模型法，决定成败的关键是能否对复杂过程合理简化，即能否得到一个足

够简单、可用数学方程式表示的物理模型。

不论采用哪种方法，最后还要通过实验解决问题。但是，在数学模型法和量纲分析法中，实验的目的大相径庭。在量纲分析法中，实验的目的是寻找各无量纲变量之间的函数关系；而在数学模型法中，实验的目的是检验物理模型的合理性，并测定为数较少的模型参数。显然，检验性的实验要比搜索性的实验简易得多。在两种实验规划方法中，数学模型法更具有科学性。

3.3　过滤

过滤是分离悬浮液最普遍和最有效的单元操作之一，它是利用重力或压差或离心力作为推动力，使流体穿过多孔材料，而使悬浮颗粒被截留，达到分离的目的。在过滤操作中，多孔材料称为过滤介质，通常称被处理的悬浮液为滤浆，滤浆中的固体颗粒为滤渣，截留在过滤介质上的滤渣层为滤饼，透过滤饼和过滤介质的澄清液为滤液。

过滤分为简单过滤和切向流过滤。在本书中重点介绍简单过滤。切向流过滤将在《生物分离工程》中详细介绍。这两种过滤方式的不同在于流体流动方向和截留材料的方向不一样。前者是垂直的，有时候又叫作垂直过滤。后者是平行的，所以称为切向流过滤。

3.3.1　过滤原理

3.3.1.1　过滤方式

（1）深层过滤

当悬浮液中所含固体颗粒很小，而且含量很少（0.1%以下）时，可用较厚的粒状床层作为过滤介质进行过滤。如图 3-2 所示，悬浮液中的颗粒尺寸比过滤介质孔道直径小，当颗粒随流体进入床层内长而弯曲的孔道时，靠静电及分子间的作用吸附在孔道壁上，过滤介质床层上无滤饼形成。这种过滤称为深层过滤。食品工业中，啤酒、葡萄酒和果汁等液体食品的过滤净制多采用此种方法。

（2）滤饼过滤

如果悬浮液中固体颗粒含量较多（一般大于 1%），过滤时会在过滤介质表面形成滤饼。图 3-3（a）是简单的滤饼过滤设备示意图。当颗粒粒径小于过滤介质孔径时，虽开始会有少量颗粒穿过过滤介质而随滤液流走，但进入过滤介质孔道的颗粒会迅速搭架在孔道中，形成架桥现象，使得粒径小于介质孔道直径的颗粒也能被截留，如图 3-3（b）所示。随着滤渣的逐渐堆积，过滤介质上面就形成了滤饼。此后，滤饼就起着有效过滤介质的作用。这种过滤方法称为滤饼过滤。如发酵液中菌体的过滤，抗生素类药物脱色后去除活性炭等均属于此种过滤方式。滤饼过滤在发酵工业中应用甚多，故重点讨论。

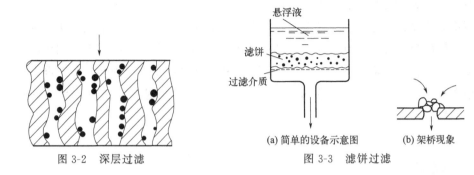

图 3-2　深层过滤　　　　　　　图 3-3　滤饼过滤

（3）滤饼的压缩性和助滤剂

某些悬浮液中的颗粒所形成的滤饼具有一定的刚性，滤饼的空隙结构并不因为操作压差的增大而变形，这种滤饼称为不可压缩滤饼。这种滤饼多由不变形的滤渣组成，如淀粉、硅藻土、硅胶和碳酸钙等。若在操作压差作用下会发生不同程度的变形，致使滤饼或滤布中的流动通道缩小（即滤饼中的空隙率 ε 减少），流动阻力急骤增加，这种滤饼称为可压缩滤饼，如酵母、放线菌，黑曲霉等菌丝等。

为减少可压缩滤饼的流动阻力，可采用某种助滤剂以改变滤饼结构，增加滤饼刚性。另外，当所处理的悬浮液含有细微颗粒而且黏度很大时，也可适当采用助滤剂增加滤饼空隙率，减少流动阻力。助滤剂的用法有预敷和掺滤两种。预敷是将含助滤剂的悬浮液先在过滤面上滤过，以形成 1～3mm 厚的助滤剂预敷层，然后过滤料浆。掺滤则是将助滤剂混入待滤悬浮液中一并过滤，加入的助滤剂量约为料浆的 0.1%～0.5%（质量分数）。应当注意，一般在以获得清液为目的的过滤中才使用助滤剂。

3.3.1.2　过滤介质

过滤介质的作用是使液体通过而使固体颗粒截留，促进滤饼形成并对其起支承作用。过滤介质必须具有足够的机械强度和尽可能小的流体阻力，针对不同的物系和工艺条件，过滤介质还应具有相应的耐腐蚀和耐热性。生物医药加工中所用的过滤介质，还必须具备无毒、不易滋生微生物、耐腐蚀和易于清洗消毒等特点。

工业上常用的过滤介质分为以下几类：

（1）织物介质

织物介质是工业上应用最为广泛的一类过滤介质。包括由棉、麻等天然纤维及合成纤维织成的各种形式的滤布和由耐腐蚀的不锈钢丝、铜丝和镍丝等织成的各种形式的金属滤网。可截留颗粒的最小直径为 5～65μm。

（2）多孔固体介质

多孔固体介质包括素瓷、烧结金属（或玻璃），或由塑料细粉黏结而成的多孔塑料管等。耐腐蚀性较好，截留能力较大，能截留小至 1～3μm 的微小颗粒。

（3）滤膜介质

如覆膜滤布，以滤布为机械支撑，将带均匀细孔的滤膜覆盖在滤布上。滤膜材质可以是陶瓷、金属、合成高分子材料、微孔玻璃等。滤膜的孔径为 $0.1 \sim 10\mu m$，厚度均匀。

（4）堆积介质

由各种固体颗粒（砂、木炭、石棉粉）或非编织纤维（玻璃棉等）制成，一般用于固相含量极少的悬浮液的深层过滤，如水的净化处理等。

3.3.1.3　过滤操作程序

典型的过滤操作过程分为过滤、滤饼洗涤、滤饼脱湿和滤饼卸除四个步骤。

（1）过滤

清洁的过滤介质上引进滤浆，在推动力的作用下开始过滤。过滤有两种操作方式，即恒压过滤和恒速过滤。恒压过滤是指操作压力保持不变的过滤，这时，因滤饼积厚，阻力逐渐增大，过滤速率逐渐降低。而恒速过滤是指过滤速度保持不变的过滤，为使过滤速率保持不变，压力需逐渐加大。通常过滤操作多为恒压过滤，恒速过滤较少。在多数情况下，初期采用恒速过滤，压力升至某值后，则转而采用恒压过滤。这是由于过滤开始时，介质表面尚无滤饼，过滤阻力最小，若骤加最大全压，则可能使固体微粒冲过介质孔道，导致滤液浑浊，或堵塞孔道，妨碍滤液畅流。恒压过滤进行到一定时间，滤饼沉积到相当厚度，过滤速度变得很低时，应停止加入悬浮液，并进行下一阶段的操作。

（2）滤饼洗涤

由于滤饼小孔中存在很多滤液，如果滤饼是有价值的产品，且不允许被滤液污染，或者滤液是有价值的产品，必须将残留的滤液加以回收，都必须对滤饼进行洗涤。可见，无论产品是滤液或滤饼，洗饼操作都是必要的。洗涤时，将清水等洗液在与过滤操作同样的推动力作用下穿过滤饼，残留的滤液为洗液所取代。这种洗涤方式称为置换洗涤。

（3）滤饼脱湿

洗涤完毕，有时需进行滤饼脱湿，此阶段可利用空气吹过滤饼，也可采用热空气干燥或用机械挤压的办法除去或减少滤饼中残留的洗液。

（4）滤饼卸除

最后需要将滤饼从滤布上卸下。卸料要求尽可能干净彻底，以最大限度地回收滤饼，并使被堵塞的滤布网孔"再生"，减小下一循环的过滤阻力。

实现上述四步操作的方式可以是间歇式，也可以是连续式。间歇式过滤的四步操作在相对不同的时间内依次进行；而连续式过滤的四步操作在设备的不同部位上同时进行。

3.3.1.4　过滤的推动力和阻力

液体通过过滤介质和滤饼空隙的流动是流体经过固定床流动的一种具体实例。所不同的是，过滤操作中的床层厚度（滤饼厚度）不断增加，在一定压差下，滤液通过速率随过滤时间的延长而减小，即过滤操作是非定态过程。但是，由于滤饼厚度的增加是比较缓慢的，过滤操作可作为拟定态处理，上节关于固定床压降的计算可以用来分析过滤操作。

设过滤设备的过滤面积为 A，在过滤时间为 τ 时所获得的滤液量为 V，则过滤速率 u 可定义为单位时间、单位过滤面积所得的滤液量，即

$$u = \frac{dV}{A \, d\tau} = \frac{dq}{d\tau} \tag{3-13}$$

式中，q 为通过单位过滤面积的滤液总量，m^3/m^2。

过滤的推动力主要依靠重力差、压差来实现。过滤的阻力来源于滤饼空隙阻力和流体黏度。

3.3.2 过滤的基本理论

3.3.2.1 物料衡算

对指定的悬浮液，获得一定量的滤液必形成相对应量的滤饼，滤液量和滤饼量的关系取决于悬浮液中的含固量，并可由物料衡算方法求出。通常表示悬浮液含固量的方法有两种，即质量分数 w（kg 固体/kg 悬浮液）和体积分数 φ（m^3 固体/m^3 悬浮液）。对颗粒在液体中不发生溶胀的物系，按体积加和原则，两者的关系为

$$\varphi = \frac{w/\rho_p}{w/\rho_p + (1-w)/\rho} \tag{3-14}$$

式中，ρ_p、ρ 分别为固体颗粒和滤液的密度。

物料衡算时，可对总量和固体物量列出两个衡算式：

$$V_悬 = V + LA \tag{3-15}$$

$$V_悬 \varphi = LA(1-\varepsilon) \tag{3-16}$$

式中，$V_悬$ 为获得滤液量 V 并形成厚度为 L 的滤饼时所消耗的悬浮液总量，m^3；ε 为滤饼空隙率。由上两式不难导出滤饼厚度 L 为

$$L = \frac{\varphi}{1 - \varepsilon - \varphi} q \tag{3-17}$$

式(3-17)表明，在过滤时若滤饼空隙率 ε 不变，则滤饼厚度 L 与单位面积累计滤液量 q 成正比。一般悬浮液中颗粒的体积分数 φ 较滤饼空隙率 ε 小得多，分母中 φ 值可以略去，则有

$$L = \frac{\varphi}{1 - \varepsilon} q \tag{3-18}$$

【例 3-1】 实验室中过滤质量分数为 0.09 的碳酸钙水悬浮液，取湿滤饼 100g 经烘干后称重的干固体质量为 53g。碳酸钙密度为 $2730kg/m^3$。过滤在 20℃及压差 0.05MPa 下进行。试求：（1）悬浮液中碳酸钙的体积分数 φ；（2）滤饼的空隙率 ε；（3）每立方米滤液所形成的滤饼体积。

解： 20℃水的密度为 $\rho = 1000kg/m^3$。碳酸钙颗粒在水中没有体积变化，所以悬浮

液中碳酸钙的体积分数 φ 为

$$\varphi = \frac{w/\rho_p}{w/\rho_p + (1-w)/\rho} = \frac{0.09/2730}{0.09/2730 + 0.91/1000} = 0.035$$

湿滤饼试样中的含水率 a 为

$$a = \frac{100-53}{100} = 0.47$$

滤饼空隙率为

$$\varepsilon = \frac{a/\rho}{a/\rho + (1-a)/\rho_p} = \frac{0.47/1000}{0.47/1000 + 0.53/2730} = 0.708$$

单位滤液形成的滤饼体积可由式(3-17)得

$$\frac{LA}{V} = \frac{\varphi}{1-\varepsilon-\varphi} = \frac{0.035}{1-0.708-0.035} = 0.136(\text{m}^3_{饼}/\text{m}^3_{滤液})$$

3.3.2.2　过滤速率

（1）过滤基本方程

过滤操作所涉及的颗粒尺寸一般都很小。液体在滤饼空隙中的流动多处于康采尼方程适用的低雷诺数范围内。

由过滤速率的定义式(3-13)可知，$\mathrm{d}q/\mathrm{d}\tau$ 即为某瞬时流体经过固定床的表观速度 u。由式(3-12)可得

$$u = \frac{\mathrm{d}q}{\mathrm{d}\tau} = \frac{\varepsilon^3}{a^2(1-\varepsilon)^2} \cdot \frac{1}{K'\mu} \cdot \frac{\Delta\mathscr{P}}{L} \tag{3-19}$$

将式(3-18)的代入上式，并令

$$r = \frac{K'a^2(1-\varepsilon)}{\varepsilon^3} \tag{3-20}$$

r 称为滤饼的比阻，代入式(3-19)可得

$$\frac{\mathrm{d}q}{\mathrm{d}\tau} = \frac{\Delta\mathscr{P}}{r\varphi\mu q} \tag{3-21}$$

式中，$\Delta\mathscr{P}$ 为滤饼层两边的压差，Pa；μ 为滤液的黏度，Pa·s。

式(3-21)中的分子（$\Delta\mathscr{P}$）是施加于滤饼两端的压差，可看作过滤操作的推动力，而分母（$r\varphi\mu q$）可视为滤饼对过滤操作造成的阻力，故该式可写成

$$过滤速率 = \frac{过程的推动力（\Delta\mathscr{P}）}{过程的阻力（r\varphi\mu q）} \tag{3-22}$$

以上述方式表示过滤速率的优点在于同电路中的欧姆定律具有相同的形式，在串联过程中的推动力及阻力分别具有加和性。

滤液通过过滤介质同样具有阻力，过滤介质阻力的大小可视为通过单位过滤面积获得某当量滤液量 q_e 所形成的虚拟滤饼层的阻力。设 $\Delta\mathscr{P}_1$、$\Delta\mathscr{P}_2$ 分别为滤饼两侧和过滤介质两侧的压强差，则根据式(3-21)可分别写出滤液经过滤饼与经过过滤介质的速率公式：

$$\frac{dq}{d\tau} = \frac{\Delta \mathscr{P}_1}{r\varphi\mu q}$$

及

$$\frac{dq}{d\tau} = \frac{\Delta \mathscr{P}_2}{r\varphi\mu q_e}$$

将以上两式的推动力和阻力分别加和可得

$$\frac{dq}{d\tau} = \frac{\Delta \mathscr{P}_1 + \Delta \mathscr{P}_2}{r\varphi\mu(q+q_e)} = \frac{\Delta \mathscr{P}}{r\varphi\mu(q+q_e)} \tag{3-23}$$

式中，ΔP 为过滤操作的总压差。令

$$K = \frac{2\Delta \mathscr{P}}{r\varphi\mu} \tag{3-24}$$

则

$$\frac{dq}{d\tau} = \frac{K}{2(q+q_e)} \tag{3-25}$$

或

$$\frac{dV}{d\tau} = \frac{KA^2}{2(V+V_e)} \tag{3-26}$$

式中，V_e 为形成与过滤介质阻力相等的滤饼层所得的滤液量，$V_e = Aq_e$，m^3。

式(3-25)称为过滤速率基本方程，表示某一瞬时的过滤速率与物系性质、操作压差及该时刻以前的累计滤液量之间的关系，同时亦表明了过滤介质阻力的影响。

（2）过滤常数

过滤速率式(3-25)的推导中引入了 K 和 q_e 两个参数，通常称为过滤常数，其数值需由实验测定。

由式(3-24)可知，K 值与悬浮液的性质及操作压差 $\Delta \mathscr{P}$ 有关。对指定的悬浮液，只有当操作压差不变时 K 值才是常数。由式(3-20)可知，比阻 r 表示滤饼结构对过滤速率的影响，其值大小可反映过滤操作的难易程度。不可压缩滤饼的比阻 r 仅取决于悬浮液的物理性质；可压缩滤饼的比阻 r 则随操作压差的增加而加大，一般服从如下的经验关系：

$$r = r_0 \Delta \mathscr{P}^s \tag{3-27}$$

式中，r_0、s 均为实验常数；s 称为压缩指数。对于不可压缩滤饼，$s=0$；可压缩滤饼 s 约为 $0.2 \sim 0.9$。表 3-1 列出了一些物料的压缩指数 s。当 s 较小时，可近似看作不可压缩的滤饼。

表 3-1　几种物料的压缩指数 s

物料	硅藻土	碳酸钙	钛白粉	高岭土	滑石	黏土	硫化锌	硫化铁	氢氧化铅
s	0.098	0.19	0.27	0.33	0.51	0.4～0.6	0.69	0.8	0.9

3.3.2.3　间歇过滤的滤液量与过滤时间的关系

将式(3-25)积分，可求出过滤时间 τ 与累计滤液量 q 之间的关系。但是，过滤可采用不同的操作方式进行，滤饼的性质也不一样，故此式积分须视操作的具体方式进行。

（1）恒速过滤方程

由于过滤速率 $dq/d\tau$ 为常数，由式（3-25）可得

$$\frac{dq}{d\tau}=\frac{K}{2(q+q_e)}=常数$$

则

$$\frac{q}{\tau}=\frac{K}{2(q+q_e)}$$

即

$$q^2+qq_e=\frac{K}{2}\tau \tag{3-28}$$

或

$$V^2+VV_e=\frac{K}{2}A^2\tau \tag{3-29}$$

式（3-28）、式（3-29）为恒速过滤方程，其中 K 值随时间而变。

（2）恒压过滤方程

在恒定压差下，K 为常数。若过滤一开始就是在恒压条件下操作，由式（3-25）可得

$$\int_{q=0}^{q=q}(q+q_e)dq=\frac{K}{2}\int_{\tau=0}^{\tau=\tau}d\tau$$

$$q^2+2qq_e=K\tau \tag{3-30}$$

或

$$V^2+2VV_e=KA^2\tau \tag{3-31}$$

式（3-30）、式（3-31）表示了恒压条件下过滤时累计滤液量 q（或 V）与过滤时间 τ 的关系，称为恒压过滤方程。

（3）先恒速再恒压操作，恒压段过滤方程

若在压差达到恒定之前，已在其他条件下过滤了一段时间 τ_1，并获得滤液量 q_1，由式（3-25）可得

$$\int_{q=q_1}^{q=q}(q+q_e)dq=\frac{K}{2}\int_{\tau=\tau_1}^{\tau=\tau}d\tau$$

$$(q^2-q_1^2)+2q_e(q-q_1)=K(\tau-\tau_1) \tag{3-32}$$

或

$$(V^2-V_1^2)+2V_e(V-V_1)=KA^2(\tau-\tau_1) \tag{3-33}$$

（4）过滤常数的测定

过滤常数的测定是用同一悬浮液在小型设备中进行的。

① 恒压过滤常数的测定。实验在恒压条件下进行，此时式（3-30）可写成

$$\frac{\tau}{q}=\frac{1}{K}q+\frac{2}{K}q_e \tag{3-34}$$

此式表明，在恒压过滤时 (τ/q) 与 q 之间具有线性关系，直线的斜率为 $1/K$，截距 $2q_e/K$。在不同的过滤时间 τ，记取单位过滤面积所得的累计滤液量 q，可以根据式（3-34）求得过滤常数 K 和 q_e。

因 K 与操作压差 $\Delta \mathscr{P}$ 有关，故只有在试验条件与工业生产条件相同时才可直接使用试验测定的结果。实际上这一限制并非必要。如能在几个不同压差下重复上述试验，从而求出比阻 r 与 $\Delta \mathscr{P}$ 的关系，则试验数据将具有更广泛的使用价值。

② 比阻 r 与滤饼压缩性指数 s 的测定。先在若干不同的压力差 $\Delta\mathscr{P}$ 下对指定物料进行实验，求得若干过滤压力差下的 K 值。由 $K=\dfrac{2\Delta\mathscr{P}}{r\varphi\mu}$ 可得 $r=\dfrac{2\Delta\mathscr{P}}{K\varphi\mu}$，可算出不同压差下的比阻 r。根据 $r=r_0\Delta\mathscr{P}^s$，以 $\lg r$-$\lg\Delta\mathscr{P}$ 作图得一直线，根据直线的斜率和截距求得压缩指数 s 和 r_0。

也可根据 $K=\dfrac{2\Delta\mathscr{P}}{r\varphi\mu}$ 和 $r=r_0\Delta\mathscr{P}^s$，联立得 $K=\dfrac{2\Delta\mathscr{P}^{1-s}}{r_0\varphi\mu}$，令

$$k=\frac{1}{r_0\varphi\mu} \tag{3-35}$$

k 称为物料常数。可得

$$K=2k\Delta\mathscr{P}^{1-s} \tag{3-36}$$

上式两边取对数得

$$\lg K=(1-s)\lg\Delta\mathscr{P}+\lg 2k \tag{3-36a}$$

根据若干过滤压力差下的 K 值，对 K-$\Delta\mathscr{P}$ 数据加以处理，也可求得 s 值。

【例 3-2】 过滤常数的测定

$CaCO_3$ 粉末与水的悬浮液在恒定压差 $\Delta p=1.12\times10^5$ Pa 及 25℃下进行过滤，单位面积滤液量 q 与过滤时间 τ 的数据见附表第 1、第 2 行。$CaCO_3$ 的密度为 2930 kg/m³，悬浮液含固量的质量分数 $w=0.023$，求过滤常数 K 及 q_e。

解： 按式(3-34)用附表的第 1 行、第 2 行数据计算 τ/q，并列于表中第 3 行。

例 3-2 附表

单位面积滤液量 $q/(\text{m}^3/\text{m}^2)$	0.01	0.02	0.03	0.04	0.05	0.06
过滤时间 τ/s	17.5	40.1	69.2	103.7	144.2	186.3
$(\tau/q)/(\text{s}\cdot\text{m}^2/\text{m}^3)$	1750	2005	2307	2593	2884	3105

将 τ/q 与 q 值标绘于例 3-2 附图得到一直线，根据直线拟合方程，得到直线的斜率 $1/K$ 和截距 $2q_e/K$，求得结果如下。

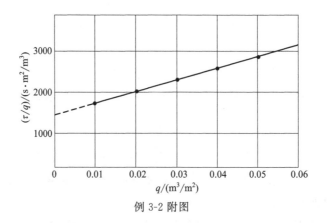

例 3-2 附图

$$\frac{1}{K}=27700, K=3.61\times10^{-5}\ (\text{m}^2/\text{s})$$

$$\frac{2q_e}{K}=1470$$

$$q_e=1470\times\frac{K}{2}=1470\times\frac{3.61\times10^{-5}}{2}=0.0265(\text{m}^3/\text{m}^2)$$

3.3.2.4 洗涤速率与洗涤时间

滤饼是由固体颗粒堆积而成的床层，其空隙中仍滞留一定量的滤液。为回收这些滤液或净化滤饼颗粒，需采用适当的洗涤液对滤饼进行洗涤。由于洗涤液中不含固体，因此滤饼厚度在洗涤过程中保持不变。若洗涤过程中的推动力保持恒定，则洗涤速率为一常数，从而不再有恒速与恒压的区别。

洗涤速率可用单位时间内，单位洗涤面积所消耗的洗涤液体积来表示，即

$$\left(\frac{dV}{Ad\tau}\right)_w=\frac{\text{洗涤推动力}}{\text{洗涤阻力}} \tag{3-37}$$

(1) 叶滤机的洗涤速率

此类设备中的洗涤为置换洗涤，即洗涤液流经滤饼的通道与过滤终了时滤液的通道相同（见 3.3.4）。洗涤液通过的滤饼面积亦与过滤面积相等，故洗涤速率可由式(3-25)计算，即

$$\begin{aligned}\left(\frac{dq}{d\tau}\right)_w&=\frac{\Delta\mathscr{P}_w}{r\varphi\mu_w(q+q_e)}\\&=\frac{\Delta\mathscr{P}_w}{\Delta\mathscr{P}}\cdot\frac{\mu}{\mu_w}\cdot\frac{\Delta\mathscr{P}}{r\varphi\mu(q+q_e)}=\frac{\Delta\mathscr{P}_w}{\Delta\mathscr{P}}\cdot\frac{\mu}{\mu_w}\cdot\frac{K}{2(q+q_e)}\end{aligned} \tag{3-38}$$

式中，下标 w 表示洗涤；q 为过滤终了时单位过滤面积的累计滤液量。

当洗涤与过滤终了时的操作压强相同、洗涤液与滤液的黏度相等，则洗涤速率与最终过滤速率相等。即

$$\left(\frac{dq}{d\tau}\right)_w=\frac{K}{2(q+q_e)} \tag{3-39}$$

$$\left(\frac{dV}{d\tau}\right)_w=\frac{KA^2}{2(V+V_e)} \tag{3-40}$$

当单位面积的洗涤液用量 q_w 或 V_w 已经确定，则洗涤时间 τ_w 为

$$\tau_w=\frac{q_w}{(dq/d\tau)_w}=\frac{2q_w(q+q_e)}{K} \tag{3-41}$$

$$\tau_w=\frac{V_w}{(dV/d\tau)_w}=\frac{2(V+V_e)V_w}{KA^2} \tag{3-42}$$

实际操作中洗涤液的流动途径可能因滤饼的开裂而发生沟流、短路，由式(3-42)计算的洗涤速率只是一个近似值。

(2) 板框压滤机的洗涤速率

板框压滤机在过滤终了时，滤液通过滤饼层的厚度为滤框厚度的一半，过滤面积则为全部滤框面积之和的两倍（见 3.3.4）。但在滤渣洗涤时，洗涤液的流动途径是过滤

终了时滤液通过途径的两倍，故当洗涤与过滤终了时的操作压强相同、洗涤液与滤液的黏度相等时，洗涤速率应为过滤终了时速率的 1/2，即

$$\left(\frac{dq}{d\tau}\right)_w = \frac{\Delta P_w}{2r\varphi\mu_w(q+q_e)} = \frac{K}{4(q+q_e)}$$

洗涤时间仍用式(3-41)计算，即

$$\tau_w = \frac{q_w}{(dq/d\tau)_w}$$

式中，q_w 为单位洗涤面积的洗涤液量，m^3/m^2。但应注意，此时的洗涤面积仅为过滤面积的一半，故用同样体积的洗涤液，此种板框压滤机的洗涤时间为叶滤机的四倍。当洗涤液与滤液黏度相等、操作压强相同时，板框压滤机的洗涤时间为

$$\tau_w = \frac{V_w}{(dV/d\tau)_w} = \frac{8(V+V_e)V_w}{KA^2} \tag{3-43}$$

3.3.3 过滤过程的计算

过滤计算可分为设备选定之前的设计计算（设计型计算）、现有设备操作状态的核算（操作型计算）两种类型。

在设计计算中，设计者应首先进行小型过滤实验以测取必要的设计数据，如过滤常数 q_e、K 等，并为过滤介质和过滤设备的选型提供依据。然后由设计任务给定的滤液量 V 和过滤时间 τ，选择操作压差 $\Delta\mathscr{P}$，计算过滤面积 A。在操作型计算中则是已知设备尺寸和参数，给定操作条件，核算该过程设备可以完成的生产任务；或已知设备尺寸和参数，给定生产任务，求取相应的操作条件。

【例 3-3】 叶滤机过滤面积的计算

某固体粉末水悬浮液固含量的质量分数 $w=0.02$，温度为 20℃，固体密度 $\rho_p=3200kg/m^3$。已通过小型过滤实验测得滤饼的比阻 $r=1.82\times10^{13}L/m^2$，滤饼不可压缩，滤饼空隙率 $\varepsilon=0.6$，过滤介质阻力的当量滤液量 $q_e=0$。现工艺要求每次过滤时间为 30min，每次处理悬浮液 $8m^3$。选用操作压差 $\Delta\mathscr{P}=0.12MPa$。若用叶滤机来完成此任务，则该叶滤机过滤面积应为多大？

解： 由题意可知，$\tau=1800s$，$\mu=1\times10^{-3}Pa\cdot s$，$\rho=1000kg/m^3$。

悬浮液固体体积分数为

$$\varphi = \frac{w/\rho_p}{w/\rho_p+(1-w)/\rho} = \frac{0.02/3200}{0.02/3200+0.98/1000} = 6.34\times10^{-3}$$

由式(3-15)和式(3-16)可得

$$V = V_悬\left(1-\frac{\varphi}{1-\varepsilon}\right) = 8\times\left(1-\frac{6.43\times10^{-3}}{1-0.6}\right) = 7.87(m^3)$$

由式(3-24)得

$$K = \frac{2\Delta\mathscr{P}}{r\varphi\mu} = \frac{2\times0.12\times10^6}{1.82\times10^{13}\times6.34\times10^{-3}\times10^{-3}} = 2.1\times10^{-3}(m^2/s)$$

当 $q_e=0$ 时，由式(3-30)得到的过滤面积为

$$A = \frac{V}{\sqrt{K\tau}} = \frac{7.87}{\sqrt{2.1 \times 10^{-3} \times 1800}} = 4.05 (\text{m}^2)$$

已知过滤设备的过滤面积 A 和指定的操作压差 $\Delta \mathscr{P}$，计算过滤设备的生产能力，这是典型的操作型计算。叶滤机和压滤机都是典型的间歇式过滤机，每一操作周期由三部分组成：①过滤时间 τ；②洗涤时间 τ_w；③组装、卸渣及清洗滤布等辅助时间 τ_D。

一个完整的操作周期所需要的总时间为

$$\sum\tau = \tau + \tau_w + \tau_D \tag{3-44}$$

过滤时间 τ 及洗涤时间 τ_w 的计算方法如前文所述，辅助时间须根据具体情况而定。间歇过滤机的生产能力，即单位时间得到的滤液量可按下式计算。

$$Q = \frac{V}{\sum\tau} \tag{3-45}$$

对恒压过滤，过分延长过滤时间 τ 并不能提高过滤机的生产能力。由图 3-4 可知，过滤曲线上任何一点与原点连线的斜率即为生产能力。显然，对一定洗涤和辅助时间（$\tau_w + \tau_D$），必存在一个最佳过滤时间 τ_{opt}，过滤至此停止，可使过滤机的生产能力 Q（即图中切线的斜率）达最大值。这是设备操作最优化的课题。

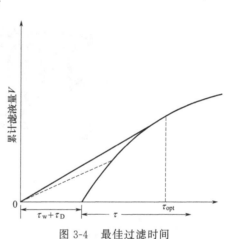

图 3-4　最佳过滤时间

3.3.4　过滤设备

各种生产工艺形成的悬浮液的性质有很大的差异，过滤的目的、原料的处理量也很不相同。长期以来，为适应各种不同要求而发展了多种形式的过滤机，这些过滤机可按产生压差的方式不同而分成两大类：第一类是压滤和吸滤，如叶滤机、板框压滤机、回转真空过滤机等；第二类是离心过滤，有各种间歇卸渣和连续卸渣离心机。

在生物工程生产中，涉及的悬浮液中固体多为细小颗粒，为提高过滤速度，常采用加压过滤或离心过滤。本节仅介绍几种常用的过滤设备。

3.3.4.1　叶滤机

叶滤机的主要构件是矩形或圆形滤叶。滤叶是由金属丝网组成的框架上覆以滤布所构成，参见图 3-5，多块平行排列的滤叶组装成一体并插入盛有悬浮液的滤槽中。滤槽可以是封闭的，以便加压过滤。

过滤时，滤液穿过滤布进入网状中空部分并汇集于下部总管中流出，滤渣沉积在滤叶外表面。根据滤饼的性质和操作压强的大小，滤饼层厚度可达 2～

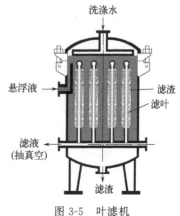

图 3-5　叶滤机

35mm。每次过滤结束后，可向滤槽内通入洗涤水进行滤饼的洗涤，也可将带有滤饼的滤叶移入专门的洗涤槽中进行洗涤，然后用压缩空气、清水或蒸汽反向吹卸滤渣。

叶滤机的操作密封，过滤面积较大（一般为 $20\sim100m^2$），劳动条件较好。在需要洗涤时，洗涤液与滤液通过的途径相同，洗涤比较均匀。每次操作时，滤布不用装卸，但一旦破损，更换较困难。对密闭加压的叶滤机，因其结构比较复杂，造价较高。

3.3.4.2 板框压滤机

板框压滤机（图 3-6）是一种具有较长历史但仍沿用不衰的间歇式压滤机，由多块带棱槽面的滤板和滤框交替排列组装于机架所构成。滤板和滤框的数量在机座长度范围内可自行调节，一般为 $10\sim60$ 块不等，过滤面积约为 $2\sim80m^2$。

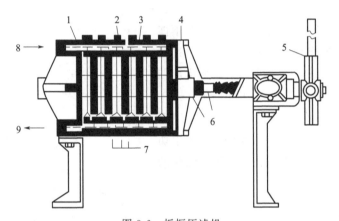

图 3-6　板框压滤机

1—固定板；2—滤框；3—滤板；4—压紧板；5—压紧手轮；

6—支承滑轨；7—滤布；8—滤浆入口；9—滤液出口

滤板和滤框的构造如图 3-7。板和框的四角开有圆孔，组装叠合后即分别构成供滤浆、滤液、洗涤液进出的通道（图 3-8）。操作开始前，先将四角开孔的滤布盖于板和框的交界面上，借手动、电动或液压传动使螺旋杆转动压紧板和框。悬浮液从通道 1 进入滤框，滤液穿过框两边的滤布，从每一滤板的左下角经通道 3 排出机外。待框内充满滤饼，即停止过滤。此时可根据需要，决定是否对滤饼进行洗涤。可洗式板框压滤机的滤板有两种结构：洗涤板与非洗涤板，两者应作交替排列。洗涤液由通道 2 进入洗涤板

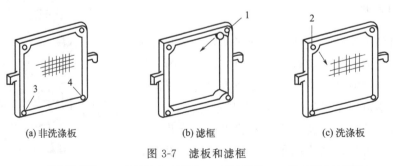

|（a）非洗涤板 | （b）滤框 | （c）洗涤板 |

图 3-7　滤板和滤框

1—悬浮液通道；2—洗涤液入口通道；3—滤液通道；4—洗涤液出口通道

的两侧，穿过整块框内的滤饼，在非洗涤板的表面汇集，由右下角小孔流入通道 4 排出。洗涤完毕后，即停车松开螺旋，卸除滤饼，洗涤滤布，为下一次过滤做准备。

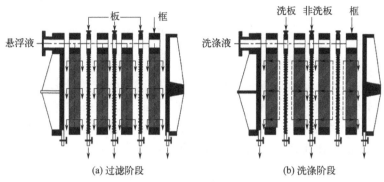

图 3-8　板框压滤机操作简图

板框压滤机的优点是结构紧凑，过滤面积大，主要用于过滤含固量多的悬浮液；可承受较高的压差，其操作压强一般为 0.3～1.0MPa，因此可用以过滤细小颗粒或液体黏度较高的物料。缺点是装卸、清洗大部分借手工操作，劳动强度较大。近代各种自动操作板框压滤机的出现，使这一缺点在一定程度上得到克服。

【例 3-4】　板框压滤机的生产能力

拟用一台板框压滤机过滤 $CaCO_3$ 悬浮液，已知过滤常数 $K = 7.43 \times 10^{-5} \, m^2/s$。滤框的容渣体积为 450mm×450mm×25mm，有 40 个滤框。过滤介质 $q_e = 0.0268 m^3/m^2$，操作温度为 20℃，在恒定压差 $\Delta p = 3 \times 10^5 Pa$ 下进行过滤。待滤框充满后在同样压差下用清水洗涤滤饼，洗涤水量为滤液体积的 1/10。已知 $1m^3$ 滤液可形成 $0.025m^3$ 的滤饼，试求：（1）过滤时间 τ；（2）洗涤时间 τ_w；（3）压滤机的生产能力（设辅助时间为 60min）。

解：（1）框内滤饼总体积：

$$40 \times 0.45^2 \times 0.025 = 0.203 (m^3)$$

滤液量：

$$V = \frac{0.203}{0.025} = 8.1 (m^3)$$

过滤面积：

$$A = 40 \times 0.45^2 \times 2 = 16.2 (m^2)$$

则

$$q = \frac{V}{A} = \frac{8.1}{16.2} = 0.5 (m^3/m^2)$$

过滤时间为：

$$\tau = \frac{1}{K}(q^2 + 2qq_e) = \frac{(0.5^2 + 2 \times 0.5 \times 0.0268)}{7.43 \times 10^{-5}} = 3725 (s)$$

（2）洗涤时间 τ_w：

$$V_w = 0.1V = 0.1 \times 8.1 = 0.81 (m^3)$$

$$V_e = q_e A = 0.0268 \times 16.2 = 0.434 (m^3)$$

$$\tau_w = \frac{8(V+V_e)V_w}{KA^2} = \frac{8 \times (8.1+0.434) \times 0.81}{7.43 \times 10^{-5} \times 16.2^2} = 2836(s)$$

（3）生产能力：

$$Q = \frac{V}{\tau + \tau_w + \tau_D} = \frac{8.1}{3725 + 2836 + 3600} = 7.97 \times 10^{-4}(m^3/s) = 2.87(m^3/h)$$

【例 3-5】 操作方式对过滤机生产能力的影响

现有从发酵工序出来的啤酒悬浮液，含有约 0.3%（质量分数）的悬浮物。利用 BAS16/450-25 型压滤机进行过滤。过滤面积为 $16m^2$，滤框长与宽均为 450mm，厚度为 25mm，共有 40 个框。原操作方式采用恒压过滤，滤饼体积与滤液体积之比 $c = 0.03m^3/m^3$，滤饼不可压缩，过滤介质当量滤液量 $q_e = 0.01m^3/m^2$，过滤常数 $K = 1.968 \times 10^{-5}m^2/s$。考虑到生产需要，要求在保证啤酒澄清度等产品质量的基础上，试通过改变操作方式，提高现有设备的生产效率（过滤时间短），提出几种不同的解决方案，并比较选择最优方案。

解： 恒压过滤时，滤框充满时所得滤饼体积为

$$V_1 = 0.45 \times 0.45 \times 0.025 \times 40 = 0.2025(m^3)$$

滤框充满时所得滤液量为

$$V = \frac{V_1}{c} = \frac{0.2025}{0.03} = 6.75(m^3)$$

$$V_e = Aq_e = 16 \times 0.01 = 0.16(m^3)$$

由恒压过滤方程

$$V^2 + 2VV_e = KA^2\tau$$

得过滤时间

$$\tau = \frac{V^2 + 2VV_e}{KA^2} = \frac{6.75^2 + 2 \times 0.16 \times 6.75}{1.968 \times 10^{-5} \times 16^2} = 9472(s) \approx 2.63(h)$$

① 方案一 恒速过滤，忽略 K 值变化：

由恒速过滤方程

$$V^2 + VV_e = \frac{K}{2}A^2\tau$$

得过滤时间

$$\tau = \frac{2(V^2 + VV_e)}{KA^2} = \frac{2 \times (6.75^2 + 0.16 \times 6.75)}{1.98 \times 10^{-5} \times 16^2} = 18404(s) \approx 5.11(h)$$

② 方案二 先恒速后恒压过滤：先恒速过滤 10min，压差增大，并在此压差下继续恒压过滤操作，忽略 K 值变化：

$$\tau_1 = 600s$$

由恒速过滤方程得

$$V_1^2 + 0.16V_1 = \frac{1.98 \times 10^{-5}}{2} \times 16^2 \times 600$$

$$V_1 = 1.156(m^3)$$

恒速 10min 后开始恒压过滤，则

$$(V^2-V_1^2)+2V_e(V-V_1)=KA^2(\tau-\tau_1)$$

$$\tau=\frac{(V^2-V_1^2)+2V_e(V-V_1)}{KA^2}+\tau_1$$

$$=\frac{(6.75^2-1.156^2)+2\times0.16\times(6.75-1.156)}{1.98\times10^{-5}\times16^2}+600=9678(s)$$

$$\tau_{恒压}=9078s\approx2.52h$$

综上所述，采用恒压过滤，在过滤初期，过滤速度太快，颗粒容易穿透滤布使滤液浑浊或滤布堵塞，而过滤末期，过滤速度又会太小。方案一采用恒速过滤，过滤末期的压力势必很高，会导致设备泄漏或动力负荷过大。方案二是工业上常用的操作方式，先以较低的速度进行恒速过滤，以免压力过早升高形成流道堵塞，当压力升高到定值后再采用恒压过滤。若不考虑恒速阶段的时间，恒压阶段的过滤时间最短，生产效率高，所以综合考虑选取方案二。

3.3.4.3　回转真空过滤机

回转真空过滤机是一种连续操作的过滤机械，广泛应用于各种工业中。设备的主体是一个能转动的水平圆筒，其表面有一层金属网，网上覆盖滤布，筒的下部浸入滤浆中，如图 3-9(a) 所示。圆筒沿径向分隔成若干扇形格，每格都有单独的孔道通至端面的分配头上。圆筒转动时，凭借分配头的作用使这些孔道依次分别与真空管及压缩空气管相通，每个格子在一定位置的工作由转鼓端面上的分配头控制。

分配头由紧密贴合着的转动盘［图 3-9(b)］与固定盘［图 3-9(c)］构成。转动盘随着筒体一起旋转，固定盘内侧面各凹槽分别与各种不同作用的管道相通，如图 3-9(c) 所示。在转动盘旋转一周的过程中，转筒表面的不同位置上同时进行过滤—吸干—洗涤—吹松—卸渣等操作，如此连续运转，整个转筒表面便构成了连续的过滤操作。

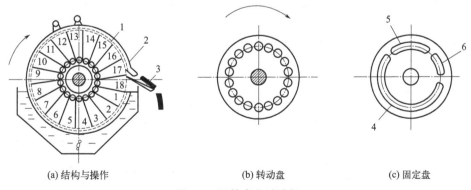

(a) 结构与操作　　　　　　(b) 转动盘　　　　　　(c) 固定盘

图 3-9　回转真空过滤机

1—转筒；2—滤饼；3—刮刀；4—吸走滤液的真空凹槽；5—吸走洗涤水的真空凹槽；6—通入压缩空气的凹槽

转鼓浸没于滤浆中的过滤面积约占全部面积的 30%～40%，转速为 0.1～3r/min。回转真空过滤机的过滤面积不大，压差也不高，但操作自动连续，适用于过滤处理量较大而压差不需很大的物料。在过滤细粒、黏物料时，采用助滤剂预涂的操作也比较方便，此时可将卸料刮刀略微离开转鼓表面一定的距离，以使转鼓表面的助滤剂层不被刮下而在较长的操作时间内发挥助滤作用。缺点是附属设备较多，投资费用较高，过滤面积较小，且由于是真空操作，所以过滤推动力有限，导致滤饼中的液体含量较高，滤饼的洗涤也不够充分。此外，回转真空过滤机不能过滤温度较高（饱和蒸气压高）的滤浆。

回转真空过滤机是在恒定压差下操作的。设转鼓的转速为 $n(r/s)$，转鼓浸入面积占全部转鼓面积的百分比为 φ（称为浸没度），则每转一周转鼓表面上任何一小块过滤面积所经历的过滤时间为

$$\tau = \frac{\varphi}{n} \tag{3-46}$$

这样就把回转真空过滤机部分转鼓表面的连续过滤，转换为全部转鼓表面的间歇过滤，使恒压过滤方程依然适用。

将式(3-30)改写成

$$q = \sqrt{q_e^2 + K\tau} - q_e \tag{3-47}$$

将 $\tau = \dfrac{\varphi}{n}$ 代入式(3-47)，设转鼓面积为 A，则回转真空过滤机的生产能力（单位时间的滤液量）为

$$Q = \frac{V}{T} = nAq = nA\left(\sqrt{q_e^2 + K\frac{\varphi}{n}} - q_e\right) \tag{3-48}$$

若过滤介质阻力忽略不计，则上式可写成

$$Q = \sqrt{KA^2\varphi n} \tag{3-49}$$

可见，转速越快，转筒旋转一周所得的滤液体积就越小，但生产能力越大。实际操作中，转筒的转速不能过高，否则，每一周期内的过滤时间太短，使滤饼太薄，难以卸除，也不利于洗涤，且功率消耗增大。适宜的转速一般可通过实验来确定。

3.3.5　生物加工中过滤操作的强化

3.3.5.1　过滤物料的预处理

为了提高过滤效率，增加微生物颗粒的刚性和粒径，往往在发酵液过滤前添加硅藻土（助滤剂）或聚丙烯酰胺（絮凝剂），然后进行过滤，可以避免小颗粒穿透过滤介质。有时候为了避免颗粒阻塞介质，采用絮凝的方法设法增大悬浮液中固体粒子大小后，还会增加沉降操作，将一些大颗粒物质优先沉降，然后再过滤。

3.3.5.2　过滤的清洗

过滤用的滤布、滤网等过滤介质，很容易受到污染，因此每过滤一批物料，就要进行清洗或反冲洗，以保证过滤介质干净，空隙不被颗粒物堵塞。

3.3.5.3　过滤压力和过滤介质的优选

过滤操作的压力和通量选择十分重要。过滤压力受到过滤介质的材料强度和设备强度的限制。压力过小，推动力会降低，则过滤速率下降；压力过大，过滤介质容易损坏或被击穿，导致过滤操作无法正常进行。

过滤介质的选择对于过滤效果至关重要。过滤介质耐压、耐酸碱、耐温等物理性能的好坏，对于过滤效果会产生直接影响。因此，在过滤操作设计中，要充分考虑过滤液体的流量、压力、被截留物质的物理化学性质等，综合考虑后选择合适的过滤介质。

3.4　沉降

在外力场作用下，利用分散相和连续相之间的密度差，使二者发生相对运动而实现非均相混合物分离的操作称为沉降分离。根据外力场的不同，沉降分离分为重力沉降和离心沉降。在地球引力的作用下，固体颗粒在重力方向上与流体做相对运动而分离的过程称为重力沉降。在惯性离心力作用下，固体颗粒与流体在离心力方向上做相对运动而分离的过程称为离心沉降。重力沉降和离心沉降都是非均相物系的常用沉降分离方法。许多生物工程生产都会涉及沉降分离，如除去排放废气中的有害颗粒，使其达到规定的排放标准；从喷雾干燥塔的排风中分离细粉微粒，回收再利用等。

3.4.1　重力沉降

3.4.1.1　颗粒与流体相对运动时所受的力

当流体绕过球形障碍物时，因流体具有黏度，会对颗粒产生曳力，或反过来说，颗粒对流体的流动产生阻力。当流体以一定流速流经颗粒表面时，会发生边界层分离，在球形颗粒背面形成旋涡，消耗能量，也就产生了一种阻力，称形体阻力或形体曳力。因而实际流体流过球形颗粒时，作用于颗粒上的总曳力由黏性曳力和形体曳力所组成。

总曳力与流体的密度 ρ、黏度 μ 和流动速度 u 有关，而且受颗粒的形状与定向的影响，问题较为复杂。至今，只有几何形状简单的少数例子可以获得曳力的理论计算式。斯托克斯（Stokes）定律中，连续流体以低速度（也称爬流）流过球形颗粒（直径为 d_p）所产生的曳力 F_D 符合式(3-50)。

$$F_\mathrm{D} = 3\pi\mu d_\mathrm{p}u \tag{3-50}$$

上式只适用于流体对球形颗粒的绕流属于层流的情况。为求速度范围更为广泛的曳力，由量纲分析可将式(3-50)改写为

$$F_\mathrm{D} = \zeta A_\mathrm{p}\frac{1}{2}\rho u^2 \tag{3-51}$$

式中，ζ 为曳力系数，与颗粒相对于流体运动时的雷诺数有关，颗粒雷诺数 $Re_\mathrm{p} = \dfrac{d_\mathrm{p}u\rho}{\mu}$；$A_\mathrm{p} = \dfrac{\pi}{4}d_\mathrm{p}^2$，为球形颗粒在运动方向上的投影面积。

式(3-51) 为可广泛使用的曳力公式。适用于层流和湍流等各种流动形态流体对球形颗粒的绕流，也适用于球形颗粒通过流体的运动，这时 F_D 就是流体对颗粒运动的阻力。

曳力系数 ζ 与雷诺数 Re_p 之间的关系要通过实验来确定，结果如图 3-10 所示。图中球形颗粒（$\psi=1$）的曲线，在不同的雷诺数范围内可用公式表示如下。

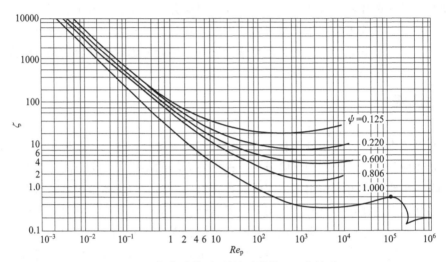

图 3-10　曳力系数 ζ 与颗粒雷诺数 Re_p 的关系

① $Re_p<2$ 为斯托克斯定律区：

$$\zeta=\frac{24}{Re_p} \tag{3-52}$$

此时式(3-50) 与式(3-51) 是相同的。

② $2 \leqslant Re_p \leqslant 500$ 为阿仑（Allen）区：

$$\zeta=\frac{18.5}{Re_p^{0.6}} \tag{3-53}$$

③ $500<Re_p \leqslant 2 \times 10^5$ 为牛顿定律区：

$$\zeta \approx 0.44 \tag{3-54}$$

3.4.1.2　静止流体中颗粒的自由沉降

一个颗粒与容器器壁和其他颗粒有足够的距离，使该颗粒的沉降不受它们的影响，这种沉降称为自由沉降。

当单个球形颗粒处于静止流体介质中，且颗粒密度 ρ_p 大于流体密度 ρ 时，则颗粒将在重力作用下作沉降运动。设颗粒的初速度为零，起初颗粒只受到重力 F_g 和浮力 F_b 的作用，颗粒受净向下作用力，颗粒将产生加速度。颗粒一旦开始运动，颗粒即受到流体的阻力 F_D。根据式(3-51)，颗粒向下运动速度越大，受到的阻力 F_D 越大，而 F_g 和 F_b 在沉降中是不变的，因而随沉降进行，颗粒最终所受三力将达平衡。此时颗粒下降速度将不变，这种匀速降落的速度 u_t 称为沉降速度。

由三力平衡（图 3-11）可得到

$$F_g - F_b = F_D$$

$$\frac{\pi}{6} d_p^3 \rho_p g - \frac{\pi}{6} d_p^3 \rho g = \zeta A_p \rho \frac{u_t^2}{2} = \zeta \frac{\pi}{4} d_p^2 \rho \frac{u_t^2}{2}$$

$$u_t = \sqrt{\frac{4(\rho_p - \rho) g d_p}{3 \zeta \rho}} \qquad (3-55)$$

式中

$$\zeta = \varphi\left(\frac{d_p \rho u_t}{\mu}\right) \qquad (3-56)$$

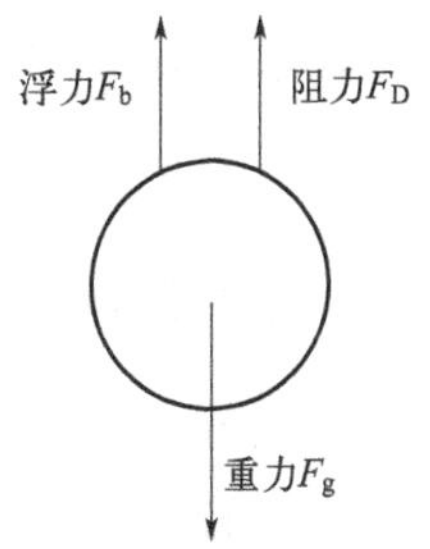

图 3-11　颗粒沉降受力

联立式(3-55)、式(3-56)可求解沉降速度 u_t。

当颗粒直径较小，处于斯托克斯区时

$$u_t = \frac{g d_p^2 (\rho_p - \rho)}{18 \mu} \qquad (3-57)$$

当颗粒直径较大，处于牛顿定律区时

$$u_t = 1.74 \sqrt{\frac{d_p (\rho_p - \rho) g}{\rho}} \qquad (3-58)$$

计算球形颗粒的沉降速度时，首先要知道 Re 的值以判断流型，然后才能选用相应的关系式来计算 u_t。若颗粒的直径较小，则可先假设沉降位于层流区，用斯托克斯公式计算 u_t 值，然后用所得的 u_t 值计算 Re 值，并检验所得 Re 值是否属于层流区。若 Re 值超出所设的流型范围，则应重新假设流型，并用相应的公式计算 u_t 值，直至按 u_t 值计算出的 Re 值符合所假设的流型范围为止。

【例 3-6】　颗粒大小的测定

已测得密度为 $\rho_p = 1800 \text{kg/m}^3$ 的塑料珠在 20℃的水中的沉降速度为 7.50×10^{-3} m/s，求此塑料珠的直径。

解： 20℃时水的密度 $\rho = 1000 \text{kg/m}^3$，黏度 $\mu = 0.001 \text{Pa·s}$。设小珠沉降在斯托克斯区，按式(3-57)可得

$$d_p = \left[\frac{18 \mu u_t}{g(\rho_p - \rho)}\right]^{1/2} = \left[\frac{18 \times 0.001 \times 7.50 \times 10^{-3}}{9.81 \times (1800 - 1000)}\right]^{1/2} = 1.31 \times 10^{-4} \text{(m)}$$

校验 Re_p：

$$Re_p = \frac{d_p u_t \rho}{\mu} = \frac{1.31 \times 10^{-4} \times 7.50 \times 10^{-3} \times 1000}{0.001} = 0.98$$

$Re_p < 2$，计算有效，小珠直径为 0.131mm。

可以用光滑小球在黏性液体中的自由沉降速度计算液体的黏度。这在高分子聚合物生产中常用来检测聚合度。

3.4.1.3　其他因素对沉降速度的影响

上述讨论都是基于表面光滑、刚性球形颗粒在流体中作自由沉降的简单情况。但多数实际情况中，分散相的体积分数较高、颗粒之间有显著的相互作用时所发生的沉降过程称为干扰沉降。如液态非均相物系中，往往分散相浓度较高，一般为干扰沉降。此

外，容器壁面能增加颗粒沉降时的曳力，使颗粒的实际沉降速度比自由沉降速度低，这种现象称为器壁效应。当容器尺寸远远大于颗粒尺寸时，器壁效应可忽略，否则需加以考虑。

3.4.1.4 重力沉降设备——降尘室

降尘室是利用重力沉降原理将颗粒从气流中分离出来的设备，常用于含尘气体的预处理。典型的水平流动型降尘室如图 3-12 所示。

含尘气体进入降尘室后流动截面增大，流速降低，在室内有一定的停留时间使颗粒能在气体离室之前沉至室底而被除去。显然，气流在降尘室内的均匀分布是十分重要的。若设计不当，气流分布不均甚至有死角存在，则必有部分气体停留时间较短，其中所含颗粒就来不及沉降而被带出室外。为使气流均匀分布，图 3-12 所示的降尘室采用锥形进出口。

图 3-12 降尘室

降尘室的容积一般较大，气体在其中的流速＜1m/s。实际上为避免沉下的尘粒重新被扬起，往往采用更低的气速。

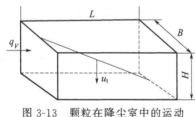

图 3-13 颗粒在降尘室中的运动

颗粒在降尘室内的运动情况如图 3-13 所示。设有流量为 q_V（m³/s）的含尘气体进入降尘室，降尘室的底面积为 A，高度为 H。若气流在整个流动截面上均匀分布，则任一流体质点进入至离开降尘室的停留时间 τ_r 为

$$\tau_r = \frac{设备内的流动容积}{流体流过设备的流量} = \frac{AH}{q_V} \qquad (3\text{-}59)$$

在流体水平方向上颗粒的速度与流体速度相同，故颗粒在室内的停留时间也与流体质点相同。在垂直方向上，颗粒在重力作用下以沉降速度向下运动。设大于某直径的颗粒必须除去，该直径的颗粒的沉降速度为 u_t。那么，位于降尘室最高点的该粒径颗粒降至室底所需时间（沉降时间）τ_t 为

$$\tau_t = \frac{H}{u_t} \qquad (3\text{-}60)$$

为达到除尘要求，气流的停留时间至少必须与颗粒的沉降时间相等，即应有 $\tau_r = \tau_t$。由式(3-59)与式(3-60)得

$$\frac{AH}{q_V} = \frac{H}{u_t}$$

或
$$q_V = A u_t \qquad (3\text{-}61)$$

式(3-61) 表明，对一定物系，降尘室的处理能力只取决于降尘室的底面积，而与高度无关。这是以上推导得出的重要结论。正因为如此，降尘室应设计成扁平形状，或在室内设置多层水平隔板即多层沉降器（见图 3-14）。

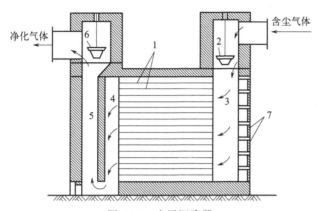

图 3-14　多层沉降器

1—隔板；2,6—调节闸阀；3—气体分配道；4—气体集聚道；5—气道；7—清灰口

式(3-61) 中的颗粒沉降速度 u_t 可根据不同的 Re_p 范围选用适当公式计算。细小颗粒的沉降处于斯托克斯定律区，其沉降速度可用式(3-57) 计算，即

$$u_t = \frac{g d_{min}^2 (\rho_p - \rho)}{18\mu}$$

或

$$d_{min} = \sqrt{\frac{18\mu u_t}{g(\rho_p - \rho)}} \qquad (3-62)$$

式中，d_{min} 为降尘室能 100% 除下的最小颗粒直径，称为临界粒径。

关于降尘室的计算问题的设计型问题中，给定生产任务，即已知待处理的气体流量 q_V，并已知有关物性（μ、ρ 和 ρ_p）及要求全部除去的最小颗粒尺寸，计算所需降尘室面积 A。

在操作型问题中，降尘室底面积一定，可根据物系性质及要求全部除去的最小颗粒直径，核算降尘室的处理能力；或根据物系性质及气体处理量计算能够全部除去的最小颗粒直径。

以上讨论均未考虑当流体做湍流流动时旋涡对颗粒沉降的影响，流体的湍流流动会使分离效果变劣。

降尘室的优点是结构简单，阻力小；缺点是体积庞大，分离效率较低。普通降尘室仅能分离粒径在 $50\mu m$ 以上的粗颗粒。

【例 3-7】　某药厂采用降尘室回收气体中所含的球形固体颗粒。已知降尘室的底面积为 $10m^2$，宽和高均为 2m；气体在操作条件下的密度为 $0.75kg/m^3$，黏度为 $2.6 \times 10^{-5}Pa \cdot s$；固体的密度为 $3000kg/m^3$，若降尘室的生产能力为 $4m^3/s$，试确定：（1）理论上能完全收集下来的最小颗粒直径；（2）粒径为 $40\mu m$ 的颗粒的回收率；（3）若要完全回收直径为 $15\mu m$ 的颗粒，对原降尘室应采取何种措施？

解：（1）由式(3-61) 得到降尘室完全分离出来的最小颗粒的沉降速度

$$u_t = \frac{q_V}{A} = \frac{4}{10} = 0.4(m/s)$$

设 100% 除去的最小颗粒沉降处于斯托克斯区，则由式(3-62) 得

$$d_{min} = \sqrt{\frac{18\mu u_t}{g(\rho_p - \rho)}} = \sqrt{\frac{18 \times 2.6 \times 10^{-5} \times 0.4}{9.81 \times (3000 - 0.75)}} = 8 \times 10^{-5}(m)$$

校验 Re_p：

$$Re_p = \frac{d_p u_t \rho}{\mu} = \frac{8 \times 10^{-5} \times 0.4 \times 0.75}{2.6 \times 10^{-5}} = 0.92 < 2$$

计算有效，即能完全收集下来的最小颗粒直径为 $80\mu m$。

（2）对于粒径小于临界粒径的颗粒，其回收率等于颗粒的沉降速度与临界粒径下颗粒的沉降速度之比，故粒径为 $40\mu m$ 的颗粒的回收率为

$$\eta = \frac{u'_t}{u_t} = \frac{d'^2_p}{d^2_{min}} = \frac{40^2}{80^2} = 0.25 = 25\%$$

（3）要完全回收直径为 $15\mu m$ 的颗粒，则可在降尘室内设置水平隔板，即将单层降尘室改为多层降尘室。

由（1）计算结果可知，直径为 $15\mu m$ 的颗粒，其沉降区必为斯托克斯区，由式(3-57) 得其沉降速度为

$$u_t = \frac{g d^2_p(\rho_p - \rho)}{18\mu} = \frac{9.81 \times (15 \times 10^{-6})^2 \times (3000 - 0.75)}{18 \times 2.6 \times 10^{-5}} = 0.0141(m/s)$$

所需沉降面积为

$$A = \frac{q_V}{u_t} = \frac{4}{0.0141} = 283.69(m^2)$$

则多层降尘室层数为

$$n = \frac{283.69}{10} = 28.4$$

经过圆整，可取 29 层，则隔板间距为

$$h = \frac{H}{N} = \frac{2}{29} = 0.069(m)$$

可见，在原降尘室内设置 28 层隔板，理论上可完全回收直径为 $15\mu m$ 的颗粒。

3.4.2 离心沉降

依靠惯性离心力的作用而实现的沉降过程称为离心沉降。两相密度差较小、颗粒粒度较细的非均相物系，在重力场中的沉降效率很低甚至完全不能分离，若改用离心沉降则可大大提高沉降速度，设备尺寸也可缩小很多。

通常，气固非均相物系的离心沉降在旋风分离器中进行，液固悬浮物系一般可在旋液分离器或沉降离心机中进行。

3.4.2.1 惯性离心力作用下的沉降速度

当流体围绕某一中心轴做圆周运动时，便形成了惯性离心力场。在与转轴距离为

r、切向速度为 u_T 的位置上，惯性离心力场强度为 u_T^2/r（即离心加速度）。显而易见，惯性离心力场强度不是常数，会随位置和切向速度而变，其方向是沿旋转半径从中心指向外周。重力场强度 g（即重力加速度）基本上可视作常数，其方向指向地心。

当流体带着颗粒旋转时，如果颗粒的密度大于流体的密度，则惯性离心力将会使颗粒在径向上与流体发生相对运动而飞离中心。与颗粒在重力场中受到三个作用力相似，惯性离心力场中颗粒在径向上也受到三个力的作用，即惯性离心力、向心力（与重力场中的浮力相当，其方向为沿半径指向旋转中心）和阻力（与颗粒径向运动方向相反，其方向为沿半径指向中心）。如果球形颗粒的直径为 d_p，密度为 ρ_p，流体密度为 ρ，颗粒与中心轴的距离为 r，切向速度为 u_T，则上述三个力分别为

$$\text{惯性离心力} = \frac{\pi}{6} d_p^3 \rho_p \frac{u_T^2}{r}$$

$$\text{向心力} = \frac{\pi}{6} d_p^3 \rho \frac{u_T^2}{r}$$

$$\text{阻力} = \zeta \frac{\pi}{4} d_p^2 \frac{\rho u_r^2}{2}$$

式中，u_r 为颗粒与流体在径向上的相对速度，m/s。

如果上述三个力达到平衡，则

$$\frac{\pi}{6} d_p^3 \rho_p \frac{u_T^2}{r} - \frac{\pi}{6} d_p^3 \rho \frac{u_T^2}{r} - \zeta \frac{\pi}{4} d_p^2 \frac{\rho u_r^2}{2} = 0$$

平衡时颗粒在径向上相对于流体的运动速度 u_r 便是它在此位置上的离心沉降速度。上式对 u_r 求解得

$$u_r = \sqrt{\frac{4 d_p (\rho_p - \rho) u_T^2}{3 \rho \zeta r}} \tag{3-63}$$

比较式（3-63）与式（3-55）可以看出，颗粒的离心沉降速度 u_r 与重力沉降速度 u_t 具有相似的关系式，若将重力加速度 g 改成离心加速度 u_T^2/r，则式（3-55）便变为式（3-63）。但是二者又有明显的区别，首先，离心沉降速度 u_r 不是颗粒运动的绝对速度，而是绝对速度在径向上的分量，且方向不是向下而是沿半径向外；再者，离心沉降速度 u_r 不是恒定值，随颗粒在离心力场中的位置（r）而变，而重力沉降速度 u_t 则是恒定的。

离心沉降时，如果颗粒与流体的相对运动属于层流，阻力系数 ζ 也可用式（3-52）表示，于是得到

$$u_r = \frac{d_p^2 (\rho_p - \rho) u_T^2}{18 \mu r} \tag{3-64}$$

3.4.2.2　离心沉降特征参数

离心沉降因为分离效果好，常常用于生物产品的分离。离心沉降的关键特征参数有离心分离因素。定义离心力与重力之比为离心分离因素 α，即

$$\alpha = \frac{\omega^2 r}{g} = \frac{u^2}{gr} \tag{3-65}$$

式中，$u = \omega r$，为流体和颗粒的切向速度；ω 为流体和颗粒离心时的角速度。

离心分离因数的大小是反映离心分离设备性能的重要指标。对某些高速离心机，分离因素 α 可高达数十万。离心沉降分离效果远远大于重力沉降设备，当然与简单重力沉降设备相比，其能耗也是比较高的，设备投资较大。

3.4.2.3　离心沉降设备

（1）碟式离心机

碟式离心机是利用高速回转的转鼓，借助惯性的作用，将两种不同密度、互不溶解的两种液体或液固分开的分离设备。该设备在酵母生长中运用十分广泛，可以使酵母发酵醪液的浓缩倍数达到 $5 \sim 7$ 倍，分离得到的浓缩液中压榨的酵母含量为 $500 \sim 700 \mathrm{g/L}$。

碟式离心机的结构如图 3-15 所示。转鼓内装有多层倒锥形碟片，直径一般为 $0.2 \sim 1.0 \mathrm{m}$，锥角一般为 $35° \sim 50°$，碟片数一般为 $30 \sim 150$ 片，相邻碟片的间隙为 $0.15 \sim 1.25 \mathrm{mm}$。转鼓的工作转速为 $4000 \sim 7000 \mathrm{r/min}$，分离因数可达 $4000 \sim 100000$。碟式离心机可用于乳浊液中轻、重液相的分离，也可用于含少量粒径小于 $0.5 \mu \mathrm{m}$ 的细小颗粒的悬浮液分离，以获得澄清液体。

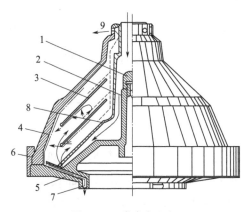

图 3-15　碟式离心机

1—大螺帽；2—轴套；3—碟片；4—转鼓盖；5—转鼓底；6—锁圈；7—排渣；8—分配器；9—清液

根据用途不同，碟式离心机的结构略有差异。分离乳浊液的碟式离心机的碟片上开有小孔，工作时料液由中心管加入，经小孔流至碟片的间隙，在离心力的作用下，重液沿各碟片的斜面沉降，并向转鼓外缘移动，汇集后由重液出口连续排出；而轻液则沿各碟片的斜面向上移动，汇集后由轻液出口排出。分离悬浮液的碟式离心机的碟片上不开孔，仅设一个清液排出口，料液从转动碟片的四周进入碟片间的通道并向轴心流动；同时固体颗粒逐渐沉降至碟片下方，并在离心力作用下向转鼓外缘移动，沉积于转鼓内壁上。

碟式离心机的分离时间较短，处理量大，整个生产过程可在密闭的管道和容器内进行，可实现封闭式全自动化的运行。其缺点则在于设备成本较高，需要专业的技术人员进行操作和维护，对混合物的处理要求也较高。

（2）旋风分离器

气固非均相物系的离心沉降一般在旋风分离器中进行，固体悬浮液的离心沉降一般在各种沉降式离心机中进行。图 3-16 所示为旋风分离器内气体的流动情况。

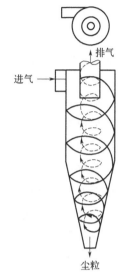

含固体颗粒的气体由矩形进口管切向进入器内，以造成气体与颗粒的圆周运动。颗粒被离心力抛至器壁并汇集于锥形底部的集尘斗中。被净化后的气体则从中央排气管排出。旋风分离器的构造简单，没有运动部件，操作不受温度、压强的限制。视设备大小及操作条件不同，旋风分离器的离心分离因数约为 5～2500，一般可分离气体中直径为 5～75μm 的粒子。

评价旋风分离器性能的主要有以下两个指标：

① 旋风分离器的分离效率。旋风分离器的分离效率有两种表示方法，即总效率 η_0 和粒级效率 η_i。总效率是指被除下的颗粒占气体进口总的颗粒的质量分率，即

图 3-16　气体在旋风分离器内的流动

$$\eta_0 = \frac{c_{进} - c_{出}}{c_{进}} \tag{3-66}$$

式中，$c_{进}$ 与 $c_{出}$ 分别为旋风分离器进、出口气体颗粒的质量浓度，g/m^3。

总效率并不能准确地代表旋风分离器的分离性能。因气体中颗粒大小不等，各种颗粒被除下的比例也不相同。颗粒尺寸越小，所受离心力越小。沉降速度也越小，所以被除下的比例也越小。因此，总效率相同的两台旋风分离器，其分离性能却可能相差很大，这是因为被分离的颗粒具有不同粒度分布的缘故。

为准确表示旋风分离器的分离性能，可仿照式(3-66)，对指定粒径 d_{pi} 的颗粒定义其粒级效率为

$$\eta_i = \frac{c_{i进} - c_{i出}}{c_{i进}} \tag{3-67}$$

式中，$c_{i进}$ 与 $c_{i出}$ 分别为旋风分离器进、出口气体中粒径为 d_{pi} 颗粒的质量浓度，g/m^3。

总效率与粒级效率的关系为

$$\eta_0 = \sum \eta_i x_i \tag{3-68}$$

式中，x_i 为进口气体中粒径为 d_{pi} 颗粒的质量分数。

通常将经过旋风分离器后能被除下 50% 的颗粒直径称为分割直径 d_{pc}，某些高效旋风分离器的分割直径可小至 3～10μm。

② 旋风分离器的压降。旋风分离器的压降大小是评价其性能好坏的重要指标。气体通过旋风分离器的压降应尽可能小，这是因为气体流过整个工艺过程的总压降有一定

的规定。因此，分离设备压降的大小不但影响日常的动力消耗，也往往受工艺条件所限制。旋风分离器的压降可表示成气体入口动能的某一倍数，即

$$\Delta \mathscr{P} = \zeta \frac{1}{2} \rho u^2 \tag{3-69}$$

式中，$\Delta \mathscr{P}$ 为压降，Pa；u 为气体在矩形进口管中的流速，m/s；ρ 为气体密度，kg/m³；ζ 为阻力系数，对给定的旋风分离器形式，ζ 值是一个常数。

实验表明，缩小旋风分离器的直径、采用较大的进口气速、延长锥体部分的高度（即相应地使出口管至器底的垂直距离加长），均可提高分离效率。粗短型旋风分离器可在规定的压降下具有较大的处理能力，而细长型旋风分离器的压降较大，但其分离效率较高。从经济角度出发，一般可取旋风分离器进口气速为 15～25m/s。如果气体处理量较大，则可采用两个或多个尺寸较小的旋风分离器并联操作，可获得比一个大尺寸旋风分离器更高的效率。同样原因，投入使用的旋风分离器处于低气体负荷下操作是不适宜的。各种旋风分离器的尺寸系列可查阅有关手册，一般可以按照气体处理量选用。

旋风分离器内的气流以内旋涡旋转上升时，会在锥底形成升力。即使在常压下操作，出口气直接排入大气，也会在锥底造成显著的负压。如果锥底集尘斗密封不良，少量空气窜入器内将使分离效率严重下降。

旋风分离器的设备简单，噪声小，分离效率高，但分离效率受颗粒物粒径限制。

3.5 离心机

离心机是利用惯性离心力分离液态非均相混合物的机械。与旋液分离器的主要区别在于离心力是由设备（转鼓）本身旋转而产生的。由于离心机可产生很大的离心力，故可用来分离用一般方法难以分离的悬浮液或乳浊液。

离心力与重力之比称为离心分离因素 α，如式(3-65)。根据 α 值可将离心机分为常速离心机（$\alpha < 3000$）、高速离心机（$\alpha = 3000 \sim 50000$）和超速离心机（$\alpha > 50000$）。

离心机的操作方式也有间歇与连续之分。此外，还可根据转鼓轴线的方向将离心机分为立式与卧式。根据分离方式，离心机还可分为过滤式、沉降式和分离式三种基本类型。

过滤式离心机于转鼓壁上开孔，在鼓内壁上覆以滤布，悬浮液加入鼓内并随之旋转，液体受离心力作用被甩出而颗粒被截留在鼓内。三足式离心机（图 3-17）是工业上采用较早的间歇操作、人工卸料的立式离心机，目前仍是国内应用最广、制造数目最多的一种离心机。

沉降式或分离式离心机的鼓壁上没有开孔。若被处理物料为悬浮液，其中密度较大的颗粒沉积于转鼓内壁而液体集于中央并不断引出，此种操作即为离心沉降；若被处理物料为乳浊液，则两种液体按轻重分层，重者在外，轻者在内，各自从适当的径向位置引出，此种操作即为离心分离。碟式离心机（图 3-15）即为沉降式离心机。

管式高速离心机是一种能产生高强度离心力场的离心机，具有很高的分离因数（15000～60000），转鼓的转速可达 8000～50000r/min。虽然生产能力小，但能分离普

通离心机难以处理的物料，如分离乳浊液及含有稀薄细颗粒的悬浮液。

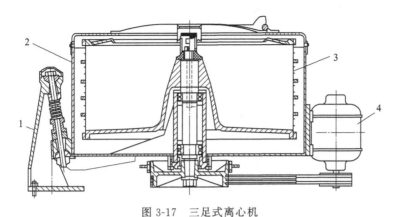

图 3-17　三足式离心机

1—支脚；2—外壳；3—转鼓；4—电动机

习题

思考题

1. 描述单个颗粒特性的参数有哪些？

2. 构建颗粒床层简化模型时，使用了哪些假定？

3. 比较量纲分析法和数学模型法各有何特点。

4. 板框过滤机主要由哪些部件组成？是如何组装起来的？

5. 简述回转真空过滤机工作时，滤液和洗涤液的行程。

6. 写出过滤基本方程。该方程描述了什么规律？

7. 过滤常数 K 包含了对过滤过程哪些方面的影响。说明 V_e 的物理含义。

8. 请说明如何把转筒过滤机的连续过滤过程看作间歇过滤过程。这样做有什么意义？

9. 颗粒沉降运动的阻力系数与哪些因素有关？是如何影响的？

10. 颗粒沉降速度的大小受哪些因素的影响？是如何影响的？

11. 简述降尘室的结构和工作原理。

12. 如何求降尘室的最大处理量？

13. 试讲述旋风分离器的结构和工作原理。

14. 给降尘室加水平隔板能提高除尘效果的原因是什么？

15. 如何求气流中某种粒径的颗粒被除去的质量分数？

选择题

1. 用于预涂的助滤剂应具有以下哪项所描述的性质？（　　　）

A. 颗粒均匀，柔软，可压缩

B. 颗粒均匀，坚硬，不可压缩

C. 粒度分布广，坚硬，不可压缩

D. 颗粒均匀，可压缩，易变形

2. 板框过滤机中，（   ）。

A. 板有两种不同的构造，框只有一种构造

B. 板只有一种构造，框有两种不同的构造

C. 板和框都只有一种构造

D. 板和框都有两种不同的构造

3. 叶滤机和板框压滤机的操作方式是（   ）。

A. 半连续

B. 连续

C. 间歇

D. 以上三个都不是

4. 一般来说，在板框过滤机过滤终了时刻，滤液穿过滤饼层的厚度为（   ）。

A. 滤框的厚度

B. 滤框厚度的 1/2

C. 滤框厚度的 2 倍

D. 滤框厚度的 1/4

5. 一般来说，在板框过滤机洗涤滤饼时，洗涤液穿过滤饼层的厚度为（   ）。

A. 滤框的厚度

B. 滤框厚度的 1/2

C. 滤框厚度的 2 倍

D. 滤框厚度的 1/4

6. 在转筒过滤机中，有若干个圆孔与扇形格相连通的是（   ）。

A. 转动盘

B. 固定盘

C. 平动盘

D. 振动盘

7. 转筒真空过滤机，与固定盘相连的各管线（   ）。

A. 都是正压的

B. 都是负压的

C. 两条正压、一条负压

D. 两条负压、一条正压

8. 下列选项（   ）是过滤速度的定义。

A. 单位时间内获得的滤饼体积

B. 单位时间内通过单位过滤面积获得的滤饼体积

C. 单位时间内获得的滤液体积

D. 单位时间内通过单位过滤面积获得的滤液体积

9. 压缩性指数越大，说明压差对滤饼比阻的影响（　　　）。

A. 越大

B. 越小

C. 压缩性指数不能表明可压缩性的大小

D. 不好说

10. 一般来说，在过滤压差、悬浮液的性质和颗粒浓度一定时，过滤介质在单位面积上当量滤液量 q_e 越大，则说明过滤介质的阻力（　　　）。

A. 越小

B. 越大

C. 两者之间没有关系

D. 不好说

11. 过滤基本方程是基于如下哪项假定推导出来的？（　　　）

A. 滤液在过滤介质中呈湍流流动

B. 滤液在过滤介质中呈层流流动

C. 滤液在滤饼中呈湍流流动

D. 滤液在滤饼中呈层流流动

12. 某恒压过滤过程的介质阻力可以忽略不计，经过滤时间 τ 获得了滤液量 V。若想再获得滤液量 V，还需要过滤多少时间？（　　　）

A. τ

B. 2τ

C. 3τ

D. 4τ

13. 恒压过滤方程和恒速过滤方程描述的是（　　　）。

A. 滤液总量与过滤总时间的关系

B. 过滤速度与过滤总时间的关系

C. 滤液总量与过滤速度的关系

D. 以上三个说法都不对

14. 过滤常数 K 与下列选项中的哪项无关？（　　　）

A. 过滤介质的特性

B. 滤液黏度

C. 滤饼的结构

D. 悬浮液中颗粒的浓度

15. 某板框过滤机有 n 个滤框，其长、宽分别为 a 和 b，则该过滤机的过滤面积为（　　　）。

A. $\left(\dfrac{1}{2}\right)nab$

B. nab

C. $2nab$

D. $4nab$

16. 颗粒群在静止液体中做重力自由沉降，当液体的温度降低时，沉降速度（　　　）。

A. 变大

B. 变小

C. 不变

D. 不好说

17. 小颗粒在流体中做重力沉降运动时，通常是（　　　）。

A. 从始至终做加速运动

B. 从始至终做匀速运动

C. 先做短暂的加速运动，然后在大部分行程中做匀速运动

D. 先做加速运动，然后做减速运动

18. 自由沉降的意思是（　　　）。

A. 颗粒在沉降过程中受到的阻力可忽略不计

B. 颗粒的起始降落速度为零，没有附加一个初始速度

C. 颗粒在降落的方向上只受重力作用，没有离心力等的作用

D. 颗粒的沉降运动不受周围其他颗粒（运动）的影响

19. 下列选项中，哪一项不是静止流体中重力沉降速度的含义？（　　　）

A. 等速运动阶段颗粒的降落速度

B. 加速运动段任一时刻颗粒的降落速度

C. 加速运动段结束时颗粒的降落速度

D. 净重力（重力减去浮力）与流体阻力平衡时颗粒的降落速度

20. 在重力场中，微小颗粒在流体中的沉降速度与下列各项中的哪项无关？（　　　）

A. 流体和颗粒的密度

B. 颗粒的几何尺寸

C. 颗粒的几何形状

D. 流体的流速

计算题

1. 某硫酸新霉素生产活性炭脱色后用板框压滤机共有 20 只滤框，框的尺寸为 $0.45m \times 0.45m \times 0.025m$，用以过滤某种水悬浮液。$1m^3$ 悬浮液中带有固体 $0.016m^3$，滤饼中水的质量分数为 50%。试求滤框被滤饼完全充满时，过滤所得的滤液量（m^3）。已知固体颗粒的密度 $\rho_p = 1500kg/m^3$，水的密度 $\rho = 1000kg/m^3$。

2. 某生产过程每年预计得滤液 $3800m^3$，年工作时间 5000h，采用间歇式过滤机，在恒压下操作周期为 2.5h，其中过滤时间为 1.5h，将悬浮液在同样操作条件下检测，得过滤常数 $K = 4 \times 10^{-6} m^2/s$；$q_e = 2.5 \times 10^{-2} m^3/m^2$。滤饼不洗涤，试求：（1）所需过滤面积（$m^2$）；（2）今有过滤面积为 $8m^2$ 的过滤机，需要几台？

3. 在恒压下对某种悬浮液进行过滤，过滤 10min 得滤液 4L。再过滤 10min 又得滤

液 2L。如果继续过滤 10min，可再得滤液多少（L）？

4. 某压滤机先在恒速下过滤 10min，得滤液 5L。此后即维持此最高压强不变，作恒压过滤。恒压过滤时间为 60min，又可得滤液多少（L）？（过滤介质阻力可略去不计。）

5. 某板框压滤机有 10 个滤框。框的尺寸为 635mm×635mm×25mm。料浆为 13.9% 的（质量分数）$CaCO_3$ 悬浮液，滤饼含水 50%（质量分数），纯 $CaCO_3$ 固体的密度为 $2710kg/m^3$。操作在 20℃、恒压条件下进行，此时过滤常数 $K=1.57×10^{-5}m^2/s$，$q_e=0.00378m^3/m^2$。试求：（1）该板框压滤机每次过滤（滤饼充满滤框）所需的时间；（2）在同样操作条件下用清水洗涤滤饼，洗涤水用量为滤液量的 1/10，求洗涤时间。

6. 某酵母生产企业有一回转真空过滤机每分钟转 2 转，每小时可得滤液 $4m^3$。若过滤介质的阻力可忽略不计，问每小时欲获得 $6m^3$ 滤液，转鼓每分钟应转几周？此时转鼓表面滤饼的厚度为原来的多少倍？（操作中所用的真空度维持不变。）

7. 某生物加工车间降尘室长 2m、宽 1.5m，在常压、100℃ 下处理 $2700m^3/h$ 的含尘气。设尘粒为球形，其密度 $\rho_p=2400kg/m^3$，气体的物性与空气相同。求：（1）可被 100% 除去的最小颗粒直径；（2）直径 0.05mm 的颗粒有百分之几能被除去。

8. 欲用降尘室净化温度为 20℃、流量为 $2500m^3/h$ 的常压空气，空气中所含灰尘的密度为 $1800kg/m^3$，要求净化后的空气不含有直径大于 $10\mu m$ 的尘粒，则所需的沉降面积为多少？若降尘室的底面宽 2m，长 5m，室内需要设多少块隔板？

第**4**章 生物加工过程中的传热

传热是工业生产中最常见的单元操作之一。凡是存在温度差的地方就会发生热量传递，热量从高温向低温传递，这一过程简称传热。生物产品生产中几乎所有的生物反应过程都要控制在一定的温度下进行，许多典型的单元操作，如蒸发、精馏、干燥等过程，都有一定的温度要求，需要对系统输入或输出热量，以维持过程所需的温度；此外，设备的保温、热能的合理利用、余热的回收等问题，都涉及传热过程，可见传热在生物产品的生产中，具有非常重要的意义。

4.1 概述

4.1.1 传热操作在生物加工中的重要作用

通常遇到的传热过程有两种情况（表 4-1）：一种是强化传热，要求传热速率要高，以缩短换热时间或减少设备投资；另一种是削弱传热，如高温设备及蒸汽管道保温层的敷设等，要求传热速率要尽可能低，以减少热量损失。

表 4-1　传热过程的两种情况

措施	目的	举例
强化传热	加热或冷却	培养基的灭菌及冷却 冷却饱和的结晶母液,使结晶析出
削弱传热	换热	精馏塔顶、塔底物料与进料的换热 固体物料的干燥
	保温	锅炉、热反应器、热管线的保温 冰箱的隔热层 发酵罐中发酵液的保温

例如，发酵过程需要对培养基进行高温灭菌，将配制好的培养基送入发酵罐，用饱和蒸汽加热，达到预定灭菌温度 121℃并保温维持 20～30min，然后再冷却到发酵温度 25～37℃，这种灭菌过程称作培养基实罐灭菌，也称为实消，就属于典型的传热过程，如图 4-1 所示。

酶制剂、活性干酵母等粉末状产品的干燥，燃料乙醇生产中精馏等单元操作过程均涉及传热过程。

4.1.2　传热的基本类型

根据传热机理的不同，传热有三种基本方式：热传导、对流传热和辐射传热。实际生产中，这三种方式既可以单独存在也可能几种方式并存。

（1）热传导

当物体内部或两个直接接触的物体间有温度差时，热能将从高温部分自发地向低温部分

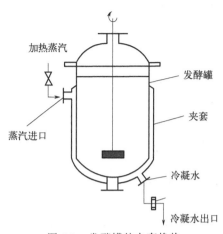

图 4-1　发酵罐的夹套换热

传递，直至各部分温度相等为止，这种传热方式称为热传导或导热，热传导是借助于分子、原子和自由电子等微观粒子的热运动而进行的，常发生于固体或静止流体的内部，在热传导过程中，没有物质的宏观位移。

（2）对流传热

流体质点发生相对位移而引起的传热过程称为对流传热或对流，在对流过程中。流体质点之间产生了宏观运动，在运动中发生碰撞和混合，从而引起热量传递。若流体的宏观运动是由于各部分之间的温度不同所产生的密度差异而引起的（密度轻者上浮，密度重者下沉），则称为自然对流；若流体的宏观运动是由于外力的作用（如泵、风机或其他外界压力等）而引起的，则称为强制对流。

在对流过程中往往伴随着热传导，且两者很难区分，在工程上常将流体与固体壁面的传热称为对流传热，其特点是靠近壁面附近的流体层中主要依靠热传导方式传热，而在流体主体中主要依靠对流方式传热，因此，在对流传热过程中流体内部进行着热对流和热传导的综合过程。

（3）辐射传热

辐射传热是一种通过电磁波进行的能量传递。任何物体，只要其温度在绝对零度以上，都会以电磁波的形式向外界辐射能量，习惯上，仅将和温度有关的辐射称为热辐射，其能量由热转化而来，物体将热变成辐射能，以电磁波的形式在空间传播，并且被物体吸收后又重新变成热。辐射传热过程不仅是能量的传递，还伴随着能量形式的转化，波长为 $0.1 \sim 40 \mu m$ 的射线（电磁波）就具有这种性质，这一范围内的射线称为热射线。辐射传热不需要任何介质做媒体，可以在真空中传播。

实际的热量传递过程常常是上述三种传热过程组合而成的复合过程。例如对发酵罐中培养基灭菌时，传导、对流和辐射三种方式同时存在。

4.1.3　常用的载热体及其选择

载热体通常是指能够提供或取走热量的流体。其中起加热作用的载热体叫加热剂

（加热介质）；起冷却作用的载热体叫冷却剂（冷却介质）。

生物过程中所用的载热体多为流体，常用的加热剂主要有水蒸气、烟道气、热水等，常用的冷却剂主要有空气、冷水、冷盐水、液氨等。一些常用加热剂和冷却剂适用温度范围见表 4-2 和表 4-3。

表 4-2　常用加热剂及其适用范围

加热剂	热水	饱和蒸汽	矿物油	烟道气
适用温度/℃	40～100	100～180	180～250	约 1000

表 4-3　常用冷却剂及其适用范围

冷却剂	水	空气	盐水	氨蒸气
适用温度/℃	0～80	>30	−15～0	−30～−15

4.1.4　典型换热器

生物产品生产过程中最常使用的是间壁式换热器，冷热流体没有直接接触，通过固体壁面（间壁）隔开，冷、热两流体同时通过间壁两侧进行热量直接交换。按结构特征分，间壁式换热器又可分为套管式、列管式、板式等。图 4-2 是间壁两侧流体间传热过程示意图，由于壁面两侧流体存在温差，热量将从热流体通过壁面传递给冷流体，整个传热过程可以看成由三个传热过程串联而成：

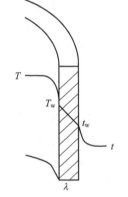

图 4-2　间壁换热示意图

① 热流体以对流传热方式将热量传递至固体壁面一侧；

② 热量以热传导方式从固体壁面一侧传递至另一侧；

③ 间壁另一侧以对流传热方式将热量传递至冷流体。

间壁式换热器的热量通过间壁面进行传热，与热流方向垂直的间壁表面称为传热面。

4.1.4.1　典型间壁式换热器

（1）套管式换热器

套管式换热器（图 4-3）是由直径不同的两根管子同心套合在一起构成的。当温度不同的两流体分别在内管和套管环隙内流动，热流体放出的热量将通过内管壁面传递给冷流体。由于两流体间的传热是通过内管壁面进行的，传热面积即为内管壁壁面的面积，传热面积 A 可按下式计算：

$$A = \pi d L \qquad (4\text{-}1)$$

当管径采用管内径的 d_i 时，所得的换热面积为管内侧面积，以 A_i 表示，当管径采用管外径的 d_o 时，所得的换热面积为管外侧面积，以 A_o 表示，对一定的传热任务，应选择传热面积

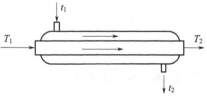

图 4-3　套管式换热器示意图

的基准，没有特别指明，一般以管外表面为基准。

（2）列管式换热器

列管式换热器由一个圆筒形壳体及其内部的管束组成。列管固定在管板上，管板固定在壳体上，管板两侧分别设有封头。整个换热器分为管程和壳程两部分，各换热管内的通道和两端相贯通处称为管程，两管板间壳体内换热管外的通道及相贯通处称为壳程。管板将壳程和管程流体分开。壳程内一般设有折流挡板，以引导流体流动并支承管子，如图 4-4 所示。

若用管板将一个换热器的分配室一分为二，则构成双程列管式换热器，如图 4-5 所示。管程流体先流过一半的管束，再折回流经另一半管束，由于管程流体在管束内流经两次，故称为双程列管式换热器。若流体在管束来回流过多次，则称为多程列管式换热器，如四程、六程列管式换热器。含 n 根换热管的列管式换热器传热面积可按下式计算：

$$A = n\pi dL \tag{4-2}$$

式中的管径 d 也可分别采用管内径 d_i 或管外径 d_o。

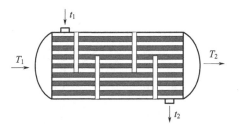

图 4-4　带挡板的列管式换热器示意图

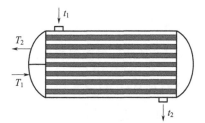

图 4-5　双管程列管式换热器示意图

4.1.4.2　换热器的主要性能指标

评价换热器性能的主要指标有传热速率与热通量。

传热速率又称热流量，是指单位时间传过整个传热面的热量，以 Q 表示，单位为 W(J/s)。

热通量也称热流密度，是指单位时间通过单位传热面的热量，以 q 表示，单位为 W/m^2。

$$q = \frac{dQ}{dA} \tag{4-3}$$

4.1.4.3　定态传热与非定态传热

定态传热时，传热系统中各点的温度不随时间而变化，仅随位置而变化，对套管或列管式换热器，热量通过管壁进行定态传热，热量沿径向各点的传热速率必相等，温度沿管长变化。

非定态传热的传热系统中各点温度不仅随时间而变化，而且随位置而变化；在生物制品生产中，连续生产中所涉及的传热多为定态传热，间歇操作及设备开车、停车时多为非定态传热，例如培养基高温灭菌及冷却均为非定态传热。

4.2 热传导

4.2.1 傅里叶定律和热导率

4.2.1.1 温度场

某一瞬间，物系或系统内各点的温度分布称为温度场。对非定态传热，温度场内各点的温度随时间而变，相应的温度场称为非稳态温度场；而定态传热时，温度场内各点的温度不随时间而变，相应的温度场称为定态温度场。若温度场中的温度仅按一个坐标方向变化，则此温度场称为一维温度场；若一维温度场中的温度不随时间而变，则称为一维定态温度场。同一时刻，温度场中温度相同的点组成的面称为等温面。同一时刻，温度不同的等温面不会相交。

4.2.1.2 温度梯度

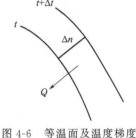

如图 4-6 所示，对等温面做法线，若法线方向两等温面之间的距离为 Δn，则温度梯度为 $\mathrm{grad}t = \dfrac{\partial t}{\partial n}$，温度梯度是向量，其方向垂直于等温面，指向温度增加的方向，与传热方向正好相反，对一维定态热传导，温度梯度可简化为 $\mathrm{grad}t = \dfrac{\mathrm{d}t}{\mathrm{d}n}$。

图 4-6　等温面及温度梯度

4.2.1.3 傅里叶定律

傅里叶定律是描述热传导的基本定律，表述了热流密度和温度梯度的关系。这一定律认为：在温度场中，由于导热所形成的某点热流密度 q 正比于该时刻同一点的温度梯度，写成等式则为

$$q = \frac{\mathrm{d}Q}{\mathrm{d}A} = -\lambda\,\frac{\partial t}{\partial n} \tag{4-4}$$

式中，$\dfrac{\partial t}{\partial n}$ 为法向温度梯度，℃/m 或 K/m；λ 为热导率（导热系数），W/(m·K) 或 W/(m·℃)；负号表示温度梯度的方向与传热方向相反，对于一维定态热传导，也可写为

$$q = \frac{\mathrm{d}Q}{\mathrm{d}A} = -\lambda\,\frac{\mathrm{d}t}{\mathrm{d}x} \tag{4-5}$$

4.2.1.4 热导率 λ

热导率又称导热系数，是指某物质在单位温度梯度时所通过的热流密度。热导率是

表示物质导热能力的物性参数，不同物质的热导率各不相同，热导率的数值一般由实验确定，并可从有关的手册或参考书中查到。在一般情况下，金属的热导率最大，固体非金属次之，液体较小，气体最小。

一般物质的热导率均随温度而变化。金属材料的热导率随温度升高而减小。非金属材料的热导率则相反。

大多数均质固体材料的导热系数与温度呈线性关系：

$$\lambda = \lambda_0(1 + \alpha t) \tag{4-6}$$

式中，λ_0 为固体在 0℃的热导率，W/(m·℃)；α 为温度系数，℃$^{-1}$，对大多数金属为负值，而对大多数非金属为正值。

除水和甘油外，大多数液体的热导率随温度的升高而减小。水在非金属液体中热导率最大，水溶液的热导率随浓度增加而降低。金属的 λ 为 50～400W/(m·℃)，合金的 λ 为 10～120W/(m·℃)。非金属固体材料的 λ 为 0.06～3W/(m·℃)，其中 $\lambda <$ 0.17W/(m·℃) 的可用作保温或隔热材料，多孔性的泡沫混凝土和泡沫塑料常被用作保温材料。气体的热导率随温度的升高而增大。空气的热导率很小，故静止空气是良好的绝热材料，软木、玻璃棉等固体材料的导热系数很小也是因为其空隙存在大量的空气所致。冬天穿棉衣或羽绒服保暖，也是这个道理。

4.2.2　平壁的稳定热传导

4.2.2.1　单层平壁的稳定热传导

对于 y、z 方向无限长，x 方向的厚度为 δ 的均匀平板，其材料的热导率为 λ，两壁面的温度分别为 t_1 和 t_2，且 $t_1 >$ t_2。板内平行于壁面的平面都是等温面，导热只在 x 方向发生，这是典型的一维稳态热传导（图 4-7）。在板内 x 处，以两等温面为界，取厚度为 dx 的薄层，按傅里叶定律，通过薄层的热流密度为

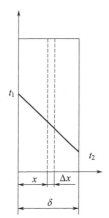

图 4-7　平壁的热传导

$$q = -\lambda \frac{\mathrm{d}t}{\mathrm{d}x} \tag{4-7}$$

因为是稳态导热，q 是常量，设 λ 不随 t 而变化。分离变量后积分得：

$$-\frac{q}{\lambda}\int_0^\delta \mathrm{d}x = \int_{t_1}^{t_2} \mathrm{d}t$$

$$q = \frac{Q}{A} = \frac{t_1 - t_2}{\dfrac{\delta}{\lambda}} = \frac{t_1 - t_2}{R} = \frac{推动力}{阻力} \tag{4-8}$$

或

$$Q = qA = \frac{t_1 - t_2}{\dfrac{\delta}{\lambda A}} = \frac{t_1 - t_2}{R'} \tag{4-9}$$

上式表明，热流密度与传热推动力成正比，与导热热阻 R 或 R' 成反比。

在热传导计算中，物体内部不同位置温度不同，导热系数也不同，工程上常取固体两侧温度的平均值计算导热系数，若忽略温度对导热系数的影响，将 λ 视为定值，可看出温度沿着壁厚呈线性下降趋势。

4.2.2.2 多层平壁的稳定热传导

多层平壁是指由几层不同材质平板组成的平壁，例如烤箱、冰箱、冷库壁等都属多层平壁。现以三层为例讨论多层平壁的导热。如图 4-8 所示，各层壁的厚度分别为 δ_1、δ_2、δ_3，导热系数分别为 λ_1、λ_2、λ_3，两外侧平面的温度分为 t_1 和 t_4，并且 $t_1 > t_4$。两分界面的温度分别为 t_2 和 t_3，当稳态导热时，通过各层的热流密度相等，则

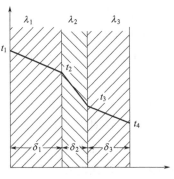

图 4-8 多层平壁温度分布

$$Q = \frac{t_1 - t_2}{\dfrac{\delta_1}{\lambda_1 A}} = \frac{t_2 - t_3}{\dfrac{\delta_2}{\lambda_2 A}} = \frac{t_3 - t_4}{\dfrac{\delta_3}{\lambda_3 A}} = \frac{t_1 - t_4}{\dfrac{\delta_1}{\lambda_1 A} + \dfrac{\delta_2}{\lambda_2 A} + \dfrac{\delta_3}{\lambda_3 A}}$$

$$Q = \frac{t_1 - t_2}{R_1} = \frac{t_2 - t_3}{R_2} = \frac{t_3 - t_4}{R_3} = \frac{t_1 - t_4}{R_1 + R_2 + R_3} \tag{4-10}$$

$$(t_1 - t_2) : (t_2 - t_3) : (t_3 - t_4) = R_1 : R_2 : R_3$$

由此可见，多层平板的总热阻为串联的各层热阻之和。各层的温差分配正比于各层热阻的大小，某层热阻愈大，该层的温差也就愈大，这与电学中电阻串联情况相似。

【例 4-1】 某冷库壁的内、外层砖壁厚各为 12cm，中间夹层填以绝热材料，厚 10cm。砖的热导率为 0.70W/(m·℃)，绝热材料的热导率为 0.04W/(m·℃)。壁外表面温度为 10℃，内表面温度为 −5℃。试计算进入冷库的热流密度及绝热材料与砖壁的两接触面上的温度。

解： 设外层砖两侧与内层砖两侧温度由高到低分别为 t_1、t_2、t_3、t_4，则

$$q = \frac{t_1 - t_4}{\dfrac{\delta_1}{\lambda_1} + \dfrac{\delta_2}{\lambda_2} + \dfrac{\delta_3}{\lambda_3}} = \frac{10 - (-5)}{\dfrac{0.12}{0.70} + \dfrac{0.1}{0.04} + \dfrac{0.12}{0.70}} = 5.28 (\text{W/m}^2)$$

$$t_2 = t_1 - q \frac{\delta_1}{\lambda_1} = 10 - 5.28 \times \frac{0.12}{0.70} = 9.1 (\text{℃})$$

$$t_3 = t_2 - q \frac{\delta_2}{\lambda_2} = 9.1 - 5.28 \times \frac{0.10}{0.04} = -4.1 (\text{℃})$$

可见，绝热层温差最大，热阻也最大，绝热层要采用热导率小的材料。

【例 4-2】 穿过三层等厚的平壁的稳定导热过程，已知 $t_1 = 200℃$，$t_2 = 150℃$，$t_3 = 120℃$，$t_4 = 100℃$，判断导热系数最大的一层为 （　　）。

A. 第一层　　B. 第二层　　C. 第三层　　D. 不能判断

解： 由于第三层温差最小（$\Delta t = 20℃$），故热阻 $\dfrac{\delta}{\lambda}$ 最小，导热系数最大，选择 C。

4.2.3　圆筒壁的稳定热传导

4.2.3.1　单层圆筒壁的稳定热传导

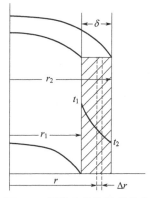

图 4-9　圆筒壁传热温度分布

圆筒壁在生物发酵、制药食品厂中更加多见，例如各种热管道、换热器的管子和外壳等都是圆筒形的。单层圆筒壁如图 4-9 所示。设圆筒长为 L，内壁半径为 r_1，外壁半径为 r_2，壁材热导率为 λ。内、外壁表面的温度分别保持为 t_1、t_2 不变，且 $t_1 > t_2$。假设 $L > 2r_2$，则温度只沿 r 变化，故温度场是一维稳态的，等温面为与管壁同轴的圆柱面。

对圆筒壁，稳态导热时通过各圆柱薄层保持常量的是热流量 Q，而不是热流密度 q，因为向外等温面的面积逐渐增加，q 逐渐减小。取半径 r 处厚度为 $\mathrm{d}r$ 的薄圆柱层，应用傅里叶定律，有

$$Q = qA = -\lambda 2\pi r L \frac{\mathrm{d}t}{\mathrm{d}r} = 常数 \tag{4-11}$$

分离变量积分，得

$$-\int_{t_1}^{t_2} \mathrm{d}t = \int_{r_1}^{r_2} \frac{Q}{2\pi r L \lambda} \mathrm{d}r$$

$$Q = \frac{t_1 - t_2}{\dfrac{1}{2\pi L \lambda} \ln \dfrac{r_2}{r_1}} \tag{4-12}$$

或变形为

$$t_2 = t_1 - \frac{Q \ln \dfrac{r_2}{r_1}}{2\pi L \lambda_1}$$

该式为单层圆筒壁热传导速率方程，由上式可看出温度沿着圆筒半径方向分布已不是线性关系了，而是呈对数曲线分布；式(4-12) 也可写成与平壁热传导速率方程类似的形式

$$Q = \frac{t_1 - t_2}{\dfrac{r_2 - r_1}{2\pi L \lambda \dfrac{r_2 - r_1}{\ln \dfrac{r_2}{r_1}}}} = \frac{t_1 - t_2}{\dfrac{r_2 - r_1}{2\pi r_{\mathrm{m}} L \lambda}} = \frac{t_1 - t_2}{\dfrac{\delta}{A_{\mathrm{m}} \lambda}} = \frac{\Delta t}{R} = \frac{推动力}{热阻}$$

式中，$r_{\mathrm{m}} = \dfrac{r_2 - r_1}{\ln \dfrac{r_2}{r_1}}$，为对数平均半径；$A_{\mathrm{m}} = \dfrac{A_2 - A_1}{\ln \dfrac{A_2}{A_1}}$，为对数平均面积。

r_{m} 和 A_{m} 的关系为：

$$A_{\mathrm{m}} = 2\pi r_{\mathrm{m}} L$$

当 $r_2/r_1 < 2$ 时，可用算术平均值代替对数平均，即

$$r_m = \frac{r_1 + r_2}{2}$$

$$A_m = \frac{A_1 + A_2}{2}$$

4.2.3.2　多层圆筒壁的稳定热传导

仿照多层平壁导热计算式的推导方法，可列出三层圆筒壁定态热传导的计算式为

$$Q = \frac{2\pi L(t_1 - t_4)}{\dfrac{1}{\lambda_1}\ln\dfrac{r_2}{r_1} + \dfrac{1}{\lambda_2}\ln\dfrac{r_3}{r_2} + \dfrac{1}{\lambda_3}\ln\dfrac{r_4}{r_3}}$$

或

$$Q = \frac{t_1 - t_4}{\dfrac{\delta_1}{\lambda_1 A_{m1}} + \dfrac{\delta_2}{\lambda_1 A_{m2}} + \dfrac{\delta_3}{\lambda_1 A_{m3}}} = \frac{t_1 - t_4}{\displaystyle\sum_{i=1}^{3}\dfrac{\delta_i}{\lambda_i A_{mi}}} \tag{4-13}$$

推广到 n 层，可得

$$Q = \frac{t_1 - t_{n+1}}{\dfrac{1}{2\pi L}\displaystyle\sum_{i=1}^{n}\dfrac{1}{\lambda_i}\ln\dfrac{r_{i+1}}{r_i}}$$

或

$$Q = \frac{t_1 - t_{n+1}}{\displaystyle\sum_{i=1}^{n}\dfrac{\delta_i}{\lambda_i A_{mi}}} \tag{4-14}$$

其中

$$A_{mi} = \frac{A_{i+1} - A_i}{\ln\dfrac{A_{i+1}}{A_i}}$$

由于各层圆筒壁的内外表面积均不相同，所以定态传热时，单位时间通过各层的传热量 Q 相同，但单位时间通过各层内外壁单位面积的热通量 q 却不相同，其相互关系为：

$$Q = 2\pi r_1 L q_1 = 2\pi r_2 L q_2 = 2\pi r_3 L q_3$$

式中，q_1、q_2、q_3 分别为半径 r_1、r_2、r_3 处的热通量。

【例 4-3】　用 $\phi 89mm \times 4mm$ 的不锈钢管输送热油，管的热导率为 $17W/(m \cdot ℃)$，其内表面温度为 $130℃$。管外包 $4cm$ 厚的保温材料，其热导率为 $0.035W/(m \cdot ℃)$，其外表面温度为 $25℃$。试计算：(1) 每米管长的热损失；(2) 不锈钢管与保温材料交界处的温度。

解：(1) $r_1 = 0.0405m$，$r_2 = 0.0445m$，$r_3 = 0.0845m$，$\lambda_1 = 17W/(m \cdot ℃)$，$\lambda_2 = 0.035W/(m \cdot ℃)$，$t_1 = 130℃$，$t_3 = 25℃$，

热损失的热流量为

$$Q=\frac{2\pi L(t_1-t_3)}{\frac{1}{\lambda_1}\ln\frac{r_2}{r_1}+\frac{1}{\lambda_2}\ln\frac{r_3}{r_2}}=\frac{2\times3.14\times1\times(130-25)}{\frac{1}{17}\ln\frac{0.0445}{0.0405}+\frac{1}{0.035}\ln\frac{0.0845}{0.0445}}=36(\text{W})$$

（2）交界处的温度为

$$t_2=t_1-\frac{Q\ln\frac{r_2}{r_1}}{2\pi L\lambda_1}=139-\frac{36\times\ln\frac{0.0445}{0.0405}}{2\pi\times1\times17}=129.97(℃)$$

由上式可看出内表面温度与交界处的温度相近，因为不锈钢管的热导率远大于保温材料的热导率，温差主要发生在保温层，保温层热阻较大，可以有效避免热损失。

4.3　对流传热

4.3.1　对流传热分析

对流传热是指流体质点发生相对位移而引起的热量传递过程，流体质点之间产生了宏观运动，在运动中发生碰撞和混合，从而引起热量传递。在工程上常将流体与固体壁面的传热称为对流传热，其特点是靠近壁面附近的流体层中主要依靠热传导方式传热，而在流体主体中主要依靠对流方式传热，温度分布见图 4-10。当流体作层流流动时，各层流体沿壁面做平行流动，在与流动方向垂直的方向上，其热量传递方式为热传导。

当流体作湍流流动时，无论湍流主体的湍动程度有多大，紧邻壁面处总存在一层层流内层，在层流内层内，流体沿壁面做平行流动，在与流动方向垂直的方向上，其热量传递方式为热传导。由于多数流体的导热系数较小，因而热传导时的热阻很大，所以层流内层中的温差较大，即温度梯度较大。在层流内层与湍流主体之间有一个过渡层，其

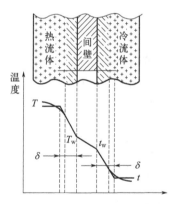

图 4-10　间壁式对流传热温度分布

温度发生较缓慢的变化，热量传递是热传导和对流传热共同作用的结果。在湍流主体中，由于流体质点的强烈混合与碰撞，温度差极小，基本没有温度梯度，可以认为没有热阻。工程上，将有温度梯度存在的区域称为传热边界层。

如图 4-10 所示，冷热流体沿间壁两侧平行流动时，传热方向与流动方向垂直，在与流动方向垂直的任一截面上，从热流体到冷流体必存在一个温度分布，其中热流体从其湍流主体温度 T 经过过渡区，层流内层降温至该侧的壁面温度 T_w，再经间壁降温至另一侧的壁面温度 t_w，又经冷流体的层流内层、过渡区降温至冷流体的主体温度 t。温度分布表现为在湍流主体区，无温度梯度，即温度分布很平坦，而靠近边壁的层流内层区温度梯度很大，即温度分布很陡峭。流体与壁面之间的传热推动力为湍流主体与壁面之间的温差，其中，热流体侧的推动力为 $(T-T_w)$，冷流体侧的推动力为 (t_w-t)。

4.3.2 对流传热速率方程

4.3.2.1 牛顿冷却定律

描述对流传热的速率方程称为牛顿冷却定律，只是一种推论，即假设热流量与温差成正比。

$$Q = \alpha A \Delta t \tag{4-15}$$

式中，α 为给热系数，$W/(m^2 \cdot ℃)$；A 为传热面积，m^2。

对于管式换热器，传热面积可用管内侧面积 A_i 或管外侧面积 A_o 表示，则对流传热速率方程可分别表示为

$$Q = \alpha_i A_i (t_w - t) = \frac{t_w - t}{\frac{1}{\alpha_i A_i}} \tag{4-16}$$

$$Q = \alpha_o A_o (T - T_w) = \frac{T - T_w}{\frac{1}{\alpha_o A_o}} \tag{4-17}$$

式中，t、T 为流体的平均温度，$℃$；T_w、t_w 为热流体侧和冷流体侧的壁温，$℃$；α_o、α_i 为管外和管内流体的对流传热系数，$W/(m^2 \cdot ℃)$。

4.3.2.2 对流传热系数

对流传热系数 α 的值不仅与流体的物性有关。而且与流体的状态，流动状况以及传热面的结构等因素有关。获得对流传热系数的方法广泛采用量纲分析法，再通过实验获得经验公式。表 4-4 为常见流体的对流传热系数的范围。

表 4-4　传热系数 α 的范围

换热方式	空气自然对流	气体强制对流	水自然对流	水强制对流	水蒸气冷凝	水沸腾
$\alpha/[W/(m^2 \cdot ℃)]$	5～25	20～100	20～1000	1000～15000	5000～15000	2500～25000

4.3.3 对流传热关联式

4.3.3.1 影响对流传热的因素

（1）流体的状态

流体是气态还是液态，在传热过程中有无相变，与对流传热系数 α 关系很大，例如，有相变时的 α 比无相变时大得多。

（2）流体的性质

对 α 影响较大的流体性质有密度 ρ、定压比热容 c_p、热导率 λ、黏度 μ 以及液体的体积膨胀系数 β。

液体受热后体积膨胀，密度减小。液体的体积膨胀系数 β 定义为

$$\beta = \frac{\mathrm{d}V}{V\mathrm{d}T} \tag{4-18}$$

式中，V 为比体积，m^3/kg。

（3）流体流动状况

主要是流速 u，流速是使流体呈层流或湍流流动的一个主要因素，而层流或湍流流动直接影响热边界层厚度 δ。流速 u 的大小取决于流体对流是强制对流还是自然对流，它们的对流程度又与 β、c_p、μ 和 ρ 等流体性质相关。

（4）传热壁面的形状、位置和大小

壁面是板还是管，板长和放置方式，管径、管长、管束排列方式及管的放置方式是水平还是垂直等，都会影响对流传热的效果。代表壁面影响的一个参量是定性尺寸 l，不同情况下 l 可能是壁长、管内径或外径等。这些影响因素可以采用量纲分析法得到四个无量纲数。

$$\alpha = f(\rho, \mu, c_p, \lambda, l, u, \beta \Delta t g) \tag{4-19}$$

$$\frac{\alpha l}{\lambda} = f\left(\frac{\rho l u}{\mu}\right)^a \cdot \left(\frac{c_p \mu}{\lambda}\right)^b \cdot \left(\frac{\beta g \Delta t l^3 \rho^2}{\mu^2}\right)^c \tag{4-20}$$

努塞特数：

$$Nu = \frac{\alpha l}{\lambda} \tag{4-21}$$

普朗特数：

$$Pr = \frac{c_p \mu}{\lambda} \tag{4-22}$$

雷诺数：

$$Re = \frac{\rho l u}{\mu} \tag{4-23}$$

格拉斯霍夫数：

$$Gr = \frac{\beta \Delta t g l^3 \rho}{\mu^2} \tag{4-24}$$

努塞特数 Nu 表示对流传热系数与纯导热方式进行传热系数之比。

普朗特数 Pr 反映流体对流传热物性对对流传热的影响，一般气体的 $Pr < 1$，液体的 $Pr > 1$。

雷诺数 Re 表征流体流动形态对对流传热的影响。

格拉斯霍夫数 Gr 表征自然对流时的流动状态：

$$Gr = \frac{\beta \Delta t g l^3 \rho}{\mu^2} \propto \frac{u_n^2 l^2 \rho^2}{\mu^2} = (Re_n)^2$$

式中，u_n 为自然对流的特征速度，$u_n \propto \sqrt{\beta g \Delta t l}$。

显然 Gr 是雷诺数的一种变形。

（5）定性温度

在传热过程中，流体的温度各不相同，确定各准数中流体的物性参数所依据的温度，称为定性温度。定性温度通常取流体进出口温度的算术平均值，也可取流体与壁面的平均温度（称为膜温）作为定性温度。

（6）特征尺寸

通常取对流体流动和传热有决定影响的尺寸。例如，流体在圆形管内进行对流传热时，特征尺寸取管内径；流体在非圆形管内进行对流传热时，特征尺寸取当量直径。当量直径按式(4-25)计算。

$$d_e = \frac{4A}{\Pi} = \frac{4 \times 流动截面积}{润湿周边} \tag{4-25}$$

4.3.3.2　无相变流体在圆形直管内作强制对流时的对流传热系数

在传热计算中，一般规定 $Re < 2000$ 为层流，$Re > 10000$ 为湍流，而 $2000 \leqslant Re \leqslant 10000$ 为过渡区，这与流体流动不同。

对于无相变的强制对流传热，表示自然对流的 Gr 可以忽略，则式(4-20)可简化为

$$Nu = ARe^a Pr^b \tag{4-26}$$

许多研究者进行了大量实验，得到了以下半理论半经验的关联式。

低黏度流体在圆直管内强制湍流流动的给热系数关联式为

$$\alpha = 0.023 \frac{\lambda}{d} Re^{0.8} Pr^b \tag{4-27}$$

此公式的应用范围为：

① $Re > 10000$，即流动是充分湍流的；

② $Pr = 0.7 \sim 160$，一般气体、液体皆可满足；

③ 黏度不大于水的两倍的流体；

④ $L/d > 30 \sim 40$，管内流动是充分发展的，一般换热器均能满足以上条件；

⑤ 流体被加热时 $n = 0.4$，流体被冷却时 $n = 0.3$；

⑥ 定性温度取平均温度，定性尺寸为管内径 d_i。

若不满足以上条件，可进行修正。若流体为 $L/d < 30 \sim 40$ 过渡流，要乘一个大于 1 的校正系数：

$$\alpha' = (1.02 \sim 1.08)\alpha$$

若流体在圆形直管内作过渡流，即 $Re = 2000 \sim 10000$，可先用式(4-27)计算，再乘一个大于 1 的校正系数，即 $\alpha' = f\alpha$，其中

$$f = 1 - \frac{6 \times 10^5}{Re^{1.8}} \tag{4-28}$$

流体在圆形弯管内作强制对流时，在离心力的作用下，流体的湍流程度加剧，从而使对流传热系数比直管的大，此时的对流传热系数按下式计算：

$$\alpha_{弯} = \alpha_{直}\left(1 + 1.77\frac{d}{R}\right) \tag{4-29}$$

其中 R 表示弯管的曲率半径。

流体在非圆形管内进行对流传热时，仍可用上述各关联式计算对流传热系数，但应将特征尺寸改为相应的当量直径。

例如套管的环隙，当量直径为

$$d_e = \frac{4A}{\Pi} = \frac{4 \times \frac{\pi}{4}(D_i^2 - d_o^2)}{\pi(D_i + d_o)} = D_i - d_o$$

对于套管的环隙，用水和空气进行试验，可得到如下经验关联式：

$$\alpha = 0.02 \frac{\lambda}{d_e}\left(\frac{D_i}{d_o}\right)Re^{0.8}Pr^{1/3} \tag{4-30}$$

式中，d_e 为套管的当量直径；D_i 为外管内径；d_o 为内管外径。

定性温度取流体进出口的平均温度，特征尺寸取当量直径，适用范围 $Re = 12000 \sim$ 220000，$1.65 < \dfrac{D_i}{d_o} < 17$。

由式（4-27）加以变换可得

$$\alpha = 0.023 \frac{\rho^{0.8} c_P^{0.4} \lambda^{0.6}}{\mu^{0.4}} \times \frac{u^{0.8}}{d^{0.2}} \tag{4-31}$$

当流体的种类和管径一定时，对流传热系数 α 与 $u^{0.8}$ 成正比，反比于 $d^{0.2}$，说明管径 d 对 α 的影响不大。

【例 4-4】 一列管换热器，有 38 根 ϕ20mm×2.5mm 钢管，甲苯在管中流过，进口温度为 20℃，出口为 80℃。甲苯的流量为 10kg/s，环隙中为蒸汽，试求管壁对甲苯的对流传热系数。甲苯流量提高一倍，给热系数如何变化？

解： 此题为甲苯在圆形直管内流动，定性温度 $t_m = \dfrac{20+80}{2} = 50$（℃）

查 50℃ 时甲苯的物性数据得 $\rho = 840\text{kg/m}^3$，

$c_p = 1.82\text{kJ/(kg·℃)}$，$\mu = 0.45\text{mPa·s}$，$\lambda = 0.129\text{W/(m·℃)}$。则

$$u = \frac{q_V}{n\frac{\pi}{4}d^2} = \frac{10/840}{38 \times \frac{\pi}{4} \times 0.02^2} = 1(\text{m/s})$$

$$Re = \frac{du\rho}{\mu} = \frac{0.02 \times 1 \times 840}{0.45 \times 10^{-3}} = 37333$$

$$p_r = \frac{c_p\mu}{\lambda} = \frac{1.82 \times 10^3 \times 0.45 \times 10^{-3}}{0.129} = 6.35$$

流体被加热时，$n = 0.4$

$$\alpha = 0.023 \frac{\lambda}{d} Re^{0.8} Pr^{0.4}$$

$$\alpha = 0.023 \times \frac{0.129}{0.02} \times 37333^{0.8} \times 6.35^{0.4} = 1413[\text{W/(m}^2·℃)]$$

$$\alpha' = \alpha \left(\frac{u}{\mu}\right)^{0.8} = 2^{0.8} \alpha = 2460 [W/(m^2 \cdot \text{℃})]$$

4.4 有相变的流体传热过程

蒸汽冷凝和液体沸腾都是典型的有相变的对流传热过程。此类传热的特点是相变流体要吸收或放出大量的潜热，但流体的温度不变。流体在相变时产生气液两相流动，剧烈搅拌，即在靠近壁面的层流底层存在较大的温度梯度，因而对流传热系数要远大于无相变时的对流传热系数。

4.4.1 蒸汽冷凝

饱和水蒸气是生物医药生产中常用的加热剂，当饱和蒸汽与低于其温度的壁面接触时，即发生冷凝，冷凝释放出的热量等于其潜热，冷凝过程达到稳态，压力可视为恒定，故气相中不存在温差，即不存在热阻，饱和蒸汽冷凝时的热阻主要集中于冷凝液中。

4.4.1.1 蒸汽冷凝类型

蒸汽在壁面上冷凝可以分为膜状冷凝和滴状冷凝两种，如图4-11所示。

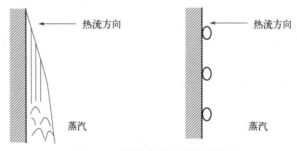

图 4-11 膜状冷凝和滴状冷凝

（1）膜状冷凝

冷凝液能润湿壁面，在壁面上形成一层完整的膜，称为膜状冷凝。由于冷凝液将壁面覆盖，隔开壁面与加热蒸汽，故冷凝液膜的存在增加了传热热阻。壁面越高或水平管直径越大，冷凝液向下流动形成液膜的平均厚度越大，热阻越大，整个壁面的平均对流传热系数就越小。

（2）滴状冷凝

冷凝液不能润湿壁面，在壁面上形成许多液滴，并沿壁面落下，此种冷凝称为滴状冷凝。滴状冷凝部分壁面直接暴露于蒸汽中，可供蒸汽冷凝，与膜状冷凝相比，传热系数大大增加，通常滴状冷凝传热系数比膜状冷凝传热系数大几倍到十几倍。但是，工业设备中大多数冷凝是膜状冷凝，即使是滴状冷凝，大部分表面在蒸汽中暴露一段时间后会被蒸汽润湿，很难维持滴状冷凝，所以，工业冷凝器设计总是按膜状冷凝来处理。

4.4.1.2　冷凝给热系数的影响因素

（1）不凝性气体

在蒸汽冷凝时，不凝性气体会在液膜表面形成一层气膜，使传热阻力加大，冷凝对流传热系数降低。当蒸汽中含有 1％空气时，冷凝传热系数降低约 60％，因此在换热器设计时，应考虑设计不凝性气体排出管。

（2）蒸汽流速及流向

若蒸汽和液膜流向相同，蒸汽将加速冷凝液的流动，使液膜厚度减小，冷凝传热系数增大；若蒸汽与冷凝液逆向流动时，则冷凝传热系数减小；若蒸气流速很大可冲散液膜使部分壁面直接暴露于蒸汽中，传热系数反而增大。

4.4.1.3　冷凝给热过程的强化

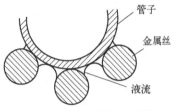

减小液膜厚度是强化给热的有效措施。对垂直壁面可开若干纵向沟槽或装若干条金属丝（图 4-12），可减薄其余壁面上的液膜厚度；对垂直管内冷凝，采用适当的内插物（如螺旋圈）可分散冷凝液，减小液膜厚度。

图 4-12　壁面安装金属丝

4.4.2　沸腾给热

液体与高温壁面接触被加热汽化并产生气泡的过程，称为沸腾。液体沸腾有两种情况，一种是液体在管内流动的过程中被加热沸腾，称为管内沸腾；另一种是将加热面浸入大容积的液体中，液体被壁面加热引起的无强制对流的沸腾现象，称为大容积沸腾。本节主要讨论大容积沸腾，如精馏塔的再沸器、蒸汽锅炉等的加热均属于大容积沸腾。当液体被加热面加热至沸腾时，首先在加热面上某些粗糙不平点产生气泡，这些产生气泡点称为汽化核心，如图 4-13 所示：粗糙加热面的凹缝或凸起有利于吸附气体或蒸汽，对气泡有吸附或依托的作用，汽化核心生成、长大、形成气泡，气泡在浮力的作用下脱离加热面，后续液体占据空位形成新的气泡，气泡的不断生成、长大、脱离加热面，使加热面附近的液体层（层流底层）受到强烈扰动，使沸腾热阻大大降低。因此，沸腾传热的对流传热系数比无相变对流传热系数要大得多。

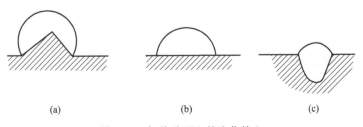

|　(a)　　　　　　　　(b)　　　　　　　　(c)|

图 4-13　加热壁面上的汽化核心

4.4.2.1　沸腾曲线

如图 4-14 所示，在常压下水发生大容积沸腾时，传热系数与沸腾温度差 $\Delta t = (t_w - t_s)$ 的关系曲线称为沸腾曲线。根据 Δt 的大小，可将图分为三个区域：

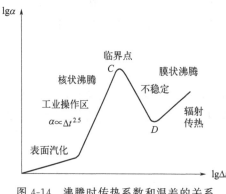

图 4-14　沸腾时传热系数和温差的关系

① 表面汽化阶段：此阶段温差小，气泡生长缓慢，热量传递方式主要是自然对流，无明显沸腾现象。此阶段 α 和 q 均很小，且随着温差增大而缓慢增加。

② 核状沸腾阶段：又称为泡状沸腾阶段，此阶段温差较大，由于气泡运动所产生的对流和扰动作用，α 和 q 均随着温差增大而迅速增加。温差越大，汽化核心越多，气泡脱离表面越多，沸腾越强烈。

③ 膜状沸腾阶段：此阶段温差更大，气泡生成速度过快，汽化核心过多而联结成不稳定气膜，此膜将加热面与液体隔开，所以，随温差增大，α 和 q 反而下降。但过 D 点后，随温差的增大，气膜趋于稳定，表面温度升高以后，辐射传热占主导地位，α 和 q 又随着温差增大而增大。

图 4-14 中 C 点是核状沸腾转变为膜状沸腾的转折点，称为临界点，临界点对应的温差、传热系数、热通量分别称为临界温差 Δt_c、临界传热系数 α_c，临界热通量 q_c，实际生产中要把沸腾控制在核状沸腾阶段，也就是要控制加热温差小于临界温差 Δt_c，此时传热系数最大，有利于提高传热速率。例如，水在常压下沸腾时的 Δt_c 约为 25℃。

4.4.2.2　沸腾传热过程的强化

粗糙表面可提供更多的汽化核心，使气泡运动加剧，传热过程可强化，因此，可采用机械加工或腐蚀的方法将金属表面粗糙化，提供更多的汽化核心，以提高沸腾传热速率。

在沸腾液体中加入少量添加剂（如乙醇、丙酮等），改变液体的表面张力，可提高沸腾传热系数，同时还可提高液体的临界热负荷。

4.5　传热过程的计算

4.5.1　热量衡算方程式

对一定态逆流操作的套管式换热器（图 4-15），若冷热流体均无相变，则

$$\text{热流体的放热量} = q_{m1}c_{p1}(T_1 - T_2)$$
$$\text{冷流体的吸热量} = q_{m2}c_{p2}(t_2 - t_1)$$

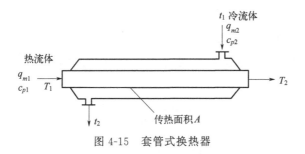

图 4-15 套管式换热器

若忽略热损失，则有：

热流体的放热量＝冷流体的吸热量

$$Q=q_{m1}c_{p1}(T_1-T_2)=q_{m2}c_{p2}(t_2-t_1) \tag{4-32}$$

式中，c_{p1} 和 c_{p2} 分别为热流体和冷流体的平均定压比热容，kJ/(kg·℃)；q_{m1} 和 q_{m2} 分别为热流体和冷流体的质量流量，kg/s。

若热流体一侧有相变化，如饱和蒸汽冷凝，则放出的热量为

$$Q=q_{m1}r \tag{4-33}$$

式中，r 为饱和蒸汽等的冷凝潜热，kJ/kg。

4.5.2 传热速率方程式

4.5.2.1 传热系数和热阻

在间壁式换热器中，冷热流体分别沿间壁两侧平行流动，现沿流动方向在间壁上任取一个微元 dA，若冷热流体在微元传热面两侧的平均温度分别为 t 和 T（参见图 4-16），则传热推动力 $\Delta t=T-t$，传热速率可写为：

$$dQ=K(T-t)dA=K\Delta t dA=\frac{T-t}{\dfrac{1}{KdA}} \tag{4-34}$$

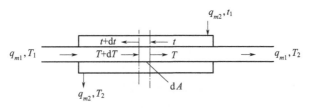

图 4-16 逆流操作的套管式换热器

式中，K 为总传热系数，$\dfrac{1}{KdA}$ 即为传热总热阻；$T-t$ 为传热过程总推动力。

圆筒壁管内侧和外侧传热面积分别为 dA_i 和 dA_o，平均传热面积为 dA_m，则相应的总传热速率方程可写为

$$dQ=K_i(T-t)dA_i$$

$$dQ=K_o(T-t)dA_o$$

$$dQ = K_m (T - t) dA_m \tag{4-35}$$

式中，K_i、K_o、K_m 分别为管内侧面积、外侧面积及平均面积为基准的总传热系数，$W/(m^2 \cdot ℃)$。总传热系数 K 表示温度差为 $1℃$ 时，单位时间内通过单位面积的传热量。

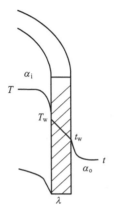

图 4-17 微元管段中的传热

由式(4-35) 可知，总传热系数应和传热面积相对应，对于定态传热，Q 为定值，所以 $K_i > K_m > K_o$，在传热计算中，习惯上常以外表面为基准，若无特别说明，总传热系数均以外表面为基准。

如图 4-17 所示的套管式换热器，热量从热流体通过壁面传递给冷流体，可以看成由三个传热过程串联而成，即热流体传给管壁内侧，再由管壁内侧传至外侧，最后由管壁外侧传给冷流体。

管内对流：$dQ = \alpha_i dA_i (T - T_w) = \dfrac{T - T_w}{\dfrac{1}{\alpha_i dA_i}}$

管壁热传导：$dQ = \dfrac{\lambda}{\delta} dA_m (T_w - t_w) = \dfrac{T_w - t}{\dfrac{\delta}{\lambda dA_m}}$

管外对流：$\qquad dQ = \alpha_o dA_o (t_w - t) = \dfrac{t_w - t}{\dfrac{1}{\alpha_o dA_o}}$

式中，T_w、t_w 分别为热流体和冷流体侧的壁温。

在定态条件下，各环节的传热速率相等，即

$$dQ = \frac{T - T_w}{\dfrac{1}{\alpha_i dA_i}} = \frac{T_w - t_w}{\dfrac{\delta}{\lambda dA_m}} = \frac{t_w - t}{\dfrac{1}{\alpha_o dA_o}} = \frac{T - t}{\dfrac{1}{\alpha_i dA_i} + \dfrac{\delta}{\lambda dA_m} + \dfrac{1}{\alpha_o dA_o}} = \frac{总推动力}{总热阻} \tag{4-36}$$

与式(4-34) 对比，可得

$$\frac{1}{K dA} = \frac{1}{\alpha_i dA_i} + \frac{\delta}{\lambda dA_m} + \frac{1}{\alpha_o dA_o} \tag{4-37}$$

对于传热面为平面或换热管壁厚较薄时，传热面积 $dA_i = dA_o = dA_m$，可得

$$\frac{1}{K} = \frac{1}{\alpha_i} + \frac{\delta}{\lambda} + \frac{1}{\alpha_o}$$

上式表明，间壁两侧流体间传热的总热阻等于两侧流体的对流传热热阻及管壁热传导热阻之和。

对于圆筒壁，传热面积以圆管外表面为基准进行计算，由式(4-37) 得，

$$\frac{1}{K_o} = \frac{dA_o}{\alpha_i dA_i} + \frac{\delta dA_o}{\lambda dA_m} + \frac{1}{\alpha_o}$$

其中 $dA = \pi dl$，可导出

$$\frac{1}{K_o} = \frac{1}{\alpha_i} \cdot \frac{d_o}{d_i} + \frac{\delta}{\lambda} \cdot \frac{d_o}{d_m} + \frac{1}{\alpha_o} \qquad (4\text{-}38)$$

式中，K_o 为以管外表面为基准的总传热系数，$W/(m^2 \cdot \text{℃})$；d_m 为换热管的对数平均直径。

$$d_m = \frac{d_o - d_i}{\ln \dfrac{d_o}{d_i}}$$

同理若以内表面为基准，则有

$$\frac{1}{K_i} = \frac{1}{\alpha_o} \cdot \frac{d_i}{d_o} + \frac{\delta}{\lambda} \cdot \frac{d_i}{d_m} + \frac{1}{\alpha_i} \qquad (4\text{-}39)$$

式中，K_i 为以管内表面为基准的总传热系数。

实际生产中，换热器使用一段时间后，其传热表面会产生污垢，从而对传热产生附加热阻，使传热系数下降。由于污垢的厚度及导热系数难以准确估计，因此常采用污垢热阻的经验值。

对于平壁，若壁面两侧的污垢热阻分别为 R_i 和 R_o，则总传热系数为

$$K_o = \frac{1}{\dfrac{1}{\alpha_i} + R_i + \dfrac{\delta}{\lambda} + R_o + \dfrac{1}{\alpha_o}} \qquad (4\text{-}40)$$

对于圆筒壁，若壁面两侧的污垢热阻分别为 R_i 和 R_o，以管外表面为基准的总传热系数为

$$K_o = \frac{1}{\left(\dfrac{1}{\alpha_i} + R_i\right)\dfrac{d_o}{d_i} + \dfrac{\delta}{\lambda}\dfrac{d_o}{d_m} + R_o + \dfrac{1}{\alpha_o}} \qquad (4\text{-}41)$$

由于污垢热阻随换热器操作时间的延长而增大，因此应根据实际情况定期对换热器进行清洗。

若管壁热阻和污垢热阻均可忽略，则有

$$\frac{1}{K_o} = \frac{1}{\alpha_i} + \frac{1}{\alpha_o} \qquad (4\text{-}42)$$

若
$$\alpha_o \gg \alpha_i$$

则
$$K_o \approx \alpha_i \qquad (4\text{-}43)$$

由此可知，总热阻是由热阻大的那一侧的对流传热所控制，即当两侧对流传热系数相差较大时，欲提高 K 值，关键在于提高对流传热系数较小一侧的 α；若两侧的 α 相差不大时，则必须同时提高两侧的 α，才能提高 K 值。若污垢热阻为控制因素，则必须设法减慢污垢形成速率或及时清除污垢。

【例 4-5】 热空气在冷却管外流过，$\alpha_o = 100 W/(m^2 \cdot \text{℃})$，冷却水在管内流过，$\alpha_i = 1200 W/(m^2 \cdot \text{℃})$，冷却管为 $\phi 16mm \times 1.5mm$ 的管子，$\lambda = 45 W/(m^2 \cdot \text{℃})$。试求：(1) 传热系数 K；(2) 管外给热系数增加一倍，传热系数有何变化？(3) 管内给热系数增加一倍，传热系数有何变化？

解： (1) 由式(4-38) 可得

$$K_o = \cfrac{1}{\cfrac{1}{\alpha_i} \times \cfrac{d_o}{d_i} + \cfrac{\delta}{\lambda} \times \cfrac{d_o}{d_m} + \cfrac{1}{\alpha_o}} = \cfrac{1}{\cfrac{1}{1200} \times \cfrac{16}{13} + \cfrac{0.0015}{2 \times 45} \times \cfrac{16}{14.5} + \cfrac{1}{100}} = 90.5 [\mathrm{W/(m^2 \cdot ℃)}]$$

（2） $K_o = \cfrac{1}{\cfrac{1}{1200} \times \cfrac{16}{13} + \cfrac{0.0015}{2 \times 45} \times \cfrac{16}{14.5} + \cfrac{1}{200}} = 165.5 [\mathrm{W/(m^2 \cdot ℃)}]$

传热系增加了 $\cfrac{165.5 - 90.5}{90.5} \times 100\% = 83\%$。

（3） $K_o = \cfrac{1}{\cfrac{1}{2400} \times \cfrac{16}{13} + \cfrac{0.0015}{2 \times 45} \times \cfrac{16}{14.5} + \cfrac{1}{100}} = 95.0 [\mathrm{W/(m^2 \cdot ℃)}]$

传热系数增加了 5%。

以上计算表明，要提高总传热系数值，提高 α 较小的一侧对流给热系数比较有效。

换热器的总传热系数 K 值主要取决于流体的性质、传热过程的操作条件以及换热器的类型，因而 K 值的变化范围很大，列管式换热器总传热系数 K 的经验值列于表 4-5。

表 4-5 列管式换热器的总传热系数 K 的经验值

冷流体	热流体	$K/[\mathrm{W/(m^2 \cdot ℃)}]$	冷流体	热流体	$K/[\mathrm{W/(m^2 \cdot ℃)}]$
水	水	850~1700	水	水蒸气冷凝	1420~4250
水	气体	17~280	气体	水蒸气冷凝	30~300
水	有机溶剂	280~850	气体	气体	10~40
水	轻油	340~910	有机溶剂	有机溶剂	115~340
水	重油	60~280	水沸腾	水蒸气冷凝	2000~4250
水	低沸点烃类冷凝	455~1140	轻油沸腾	水蒸气冷凝	455~1020

4.5.2.2 壁温的估算

由式(4-36) 可导出

$$q = \cfrac{T - T_w}{\cfrac{1}{\alpha_o}} = \cfrac{T_w - t_w}{\cfrac{\delta}{\lambda} \cfrac{d_o}{d_m}} = \cfrac{t_w - t}{\cfrac{1}{\alpha_i} \cfrac{d_o}{d_i}} = \cfrac{T - t}{\cfrac{1}{\alpha_o} + \cfrac{\delta}{\lambda} \cfrac{d_o}{d_m} + \cfrac{1}{\alpha_i} \cfrac{d_o}{d_i}} = \cfrac{T - t}{\cfrac{1}{K_o}}$$

$$\cfrac{T - T_w}{T - t} = \cfrac{K_o}{\alpha_o} = \cfrac{\cfrac{1}{\alpha_o}}{\cfrac{1}{K_o}} = \cfrac{\cfrac{1}{\alpha_o}}{\cfrac{1}{\alpha_o} + \cfrac{1}{\alpha_i} \cfrac{d_o}{d_i}} \tag{4-44}$$

忽略金属壁面热阻，$T_w = t_w$，壁温接近于 α 大的一侧的温度。

4.5.3 平均温度差法和传热过程基本方程

4.5.3.1 传热问题思路分析

对前述套管式换热器，沿流动方向在间壁上任取一个微元 dA，若冷热流体在微元

传热面两侧的平均温度分别为 t 和 T，传热推动力 $\Delta t = T - t$，则传热速率可写为

$$dQ = q_{m1}c_{p1}dT = K(T-t)dA \tag{4-45}$$

$$dQ = q_{m2}c_{p2}dt = K(T-t)dA \tag{4-46}$$

对传热过程作简化假定：①传热为稳态操作过程；②两流体的比热容均为常量（可取换热器进、出口下的平均值）；③总传热系数 K 为常量，即 K 值不随换热器的管长而变化；④换热器的热损失可以忽略。对整个传热面积分，可得

$$A = \int_0^A dA = \frac{q_{m1}c_{p1}}{K}\int_{T_2}^{T_1}\frac{dT}{T-t} \tag{4-47}$$

$$A = \int_0^A dA \frac{q_{m2}c_{p2}}{K}\int_{t_1}^{t_2}\frac{dt}{T-t} \tag{4-48}$$

设冷、热流体在换热器内无相变化，在换热器冷流体入口端和任意截面间作物料衡算可得

$$T = \frac{q_{m2}c_{p2}}{q_{m1}c_{p1}}t + \left(T_2 - \frac{q_{m2}c_{p2}}{q_{m2}c_{p1}}t_1\right) \tag{4-49}$$

若忽略比热容随温度的变化，则上式为直线方程，如图 4-18 所示，直线 AB 的两个端点分别代表换热器两端冷、热流体的温度，线上的每一点代表换热器某一截面上冷、热流体的温度，称为换热器的操作线。传热推动力是冷、热两流体间的温差 $(T-t)$，从图可以看出，推动力刚好等于操作线和对角线间的垂直距离。

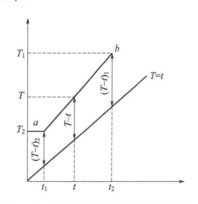

图 4-18　逆流换热器的操作线和推动力

4.5.3.2 平均温度差的计算

（1）恒温传热时的平均温度差

换热器的间壁两侧流体均有相变化时，例如蒸发器中，饱和蒸汽和沸腾液体间的传热就是恒温传热。此时，冷热流体的温度均不沿管长变化，两者间温度差处处相等，即 $\Delta t = T - t$，流体的流动方向对 Δt 也无影响。

（2）逆流和并流时的平均温度差

在换热器中，两流体若以相反的方向流动，称为逆流；若以相同的方向流动，称为并流，由图 4-19 可知，温度差是沿管长而变化的，故需求出平均温度差。下面以逆流为例，推导计算平均温度差的公式。

由换热器的热量衡算微分式得知

$$dQ = q_{m1}c_{p1}dT = q_{m2}c_{p2}dt$$

根据前述假定①和②，由上式可得

$$\frac{dQ}{dT} = q_{m1}c_{p1} = 常量$$

$$\frac{dQ}{dt} = q_{m2}c_{p2}$$

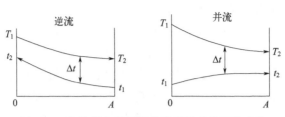

图 4-19　换热器中冷热流体温度沿传热面的变化

将 Q 对 T 及 t 作图可知 Q-T 和 Q-t 都是直线关系，分别表示为

$$T = mQ + k, \quad t = m'Q + k'$$

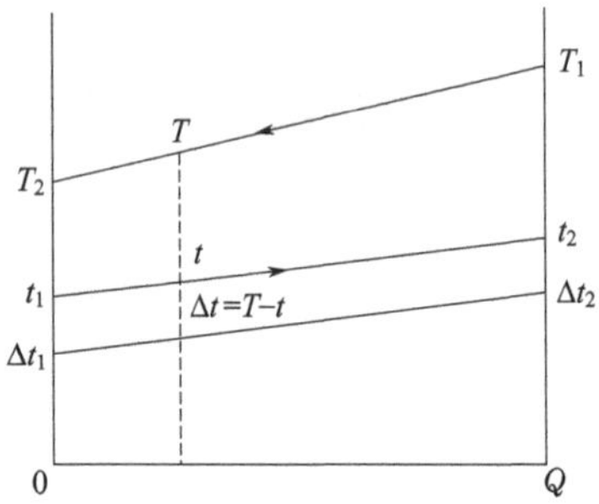

两式相减，可得

$$T - t = \Delta t = (m - m')Q + (k - k')$$

由上式可知 Δt 与 Q 也呈直线关系。将上述诸直线定性地绘于图中。由图 4-20 可以看出，Δt-Q 的直线斜率为

图 4-20　逆流换热器中冷热流体温度沿传热面的变化

$$\frac{\mathrm{d}\Delta t}{\mathrm{d}Q} = \frac{\Delta t_1 - \Delta t_2}{\mathrm{d}Q}$$

将式（4-34）代入上式，可得

$$\frac{\mathrm{d}\Delta t}{K \mathrm{d}A \Delta t} = \frac{\Delta t_1 - \Delta t_2}{\mathrm{d}Q}$$

K 为常量，积分得

$$\frac{1}{K} \int_{\Delta t_2}^{\Delta t_1} \frac{\mathrm{d}\Delta t}{\Delta t} = \frac{\Delta t_1 - \Delta t_2}{Q} \int_0^A \mathrm{d}A$$

$$\frac{1}{K} \ln \frac{\Delta t_1}{\Delta t_2} = \frac{\Delta t_1 - \Delta t_2}{Q} A$$

$$Q = KA \frac{\Delta t_1 - \Delta t_2}{\ln \dfrac{\Delta t_1}{\Delta t_2}} = KA \Delta t_\mathrm{m} \tag{4-50}$$

$$\Delta t_\mathrm{m} = \frac{\Delta t_1 - \Delta t_2}{\ln \dfrac{\Delta t_1}{\Delta t_2}} \tag{4-51}$$

式中，Δt_m 为对数平均温度差，其形式与 4.2 节中所述的对数平均半径相同。同理，在工程计算中，当 $\Delta t_1 / \Delta t_2 \leqslant 2$ 时，可用算术平均温度差代替对数平均温度差，其误差不大。应当说明的是，若换热器量流体呈并流流动，会得到相同的结果，因此式（4-51）亦适用于并流。

（3）错流和折流的平均温度差

在大多数管壳换热器中，两流体并非作简单的并流或逆流，而是比较复杂的多程流动，或是互相垂直的交叉流动，如图 4-21 所示。

两流体的流向互相垂直，称为错流；一流体只沿一个方向流动，而另一流体反复折流，称为简单折流。若两流体均作折流，或既有折流又有错流，则称为复杂折流。

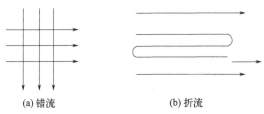

(a) 错流　　　　　　　　(b) 折流

图 4-21　复杂流动的流体走向

错流和折流的平均温度差可按逆流计算对数平均温度差，再乘以温差校正系数 ψ，具体方法可查阅有关手册。

$$\Delta t_\mathrm{m} = \psi \Delta t_\mathrm{m逆} \tag{4-52}$$

温差校正系数 ψ 与两流体的温度变化有关，是 P 和 R 的函数，即

$$\psi = f(P, R)$$

$$P = \frac{t_2 - t_1}{T_1 - t_1} = \frac{\text{冷流体的温升}}{\text{两流体的最初温差}}$$

$$R = \frac{T_1 - T_2}{t_2 - t_1} = \frac{\text{热流体的温降}}{\text{冷流体的温升}}$$

错流或折流的 ψ 值可参考各种传热书籍查得。由于 ψ 值恒小于 1，故错流或折流的平均温度差总小于逆流。设计换热器时，应使 ψ 值 ≥0.8，否则经济上不合理；若 ψ 值 ≤0.8，应考虑增加壳程数，或将多台换热器串联使用，使传热过程更接近于逆流。

【例 4-6】 稀糖液流量为 10000kg/h，经连续灭菌后，使用板式换热器，将物料由 140℃降至 85℃，冷却水进口温度 20℃，出口温度 70℃，求所需冷却水量以及逆流流动和并流流动时的对数平均温差。已知稀糖液的比热容为 3.18kJ/(kg·℃)，冷却水的比热容为 4.18kJ/(kg·℃)。

解：

$$q_{m1}c_{p1}(T_1 - T_2) = q_{m2}c_{p2}(t_2 - t_1)$$

$$q_{m2} = \frac{q_{m1}c_{p1}(T_1 - T_2)}{c_{p2}(t_2 - t_1)} = \frac{10000 \times 3.18 \times (140 - 85)}{4.18 \times (70 - 20)} = 8368 (\mathrm{kg/h})$$

逆流：$\Delta t_\mathrm{m} = \dfrac{\Delta t_2 - \Delta t_1}{\ln \dfrac{\Delta t_2}{\Delta t_1}} = \dfrac{(T_1 - t_2) - (T_2 - t_1)}{\ln \dfrac{T_1 - t_2}{T_2 - t_1}} = \dfrac{(140 - 70) - (85 - 20)}{\ln \dfrac{(140 - 70)}{(85 - 20)}} = 67.5 (\text{℃})$

并流：$\Delta t_\mathrm{m} = \dfrac{\Delta t_2 - \Delta t_1}{\ln \dfrac{\Delta t_2}{\Delta t_1}} = \dfrac{(T_1 - t_1) - (T_2 - t_2)}{\ln \dfrac{T_1 - t_1}{T_2 - t_2}} = \dfrac{(140 - 20) - (85 - 70)}{\ln \dfrac{(140 - 20)}{(85 - 70)}} = 50.5 (\text{℃})$

由此可见，逆流的温差更大，生产中多采用逆流操作。

4.5.4　总传热速率方程应用

确定传热面积是换热器设计计算的基本内容。对于设计型命题，将一定流量 q_{m1} 的流体从给定温度 T_1 加热到指定温度 T_2，可通过热量衡算式计算换热器的热流量 Q；

根据冷热流体的温度，计算对数平均温差 Δt_m；根据冷热流体对管壁的对流传热系数计算总传热系数 K；由总传热速率方程计算换热面积，根据换热面积进行换热器的选型。对现有的换热器，考察操作参数变化对传热的影响等，属于换热器的操作型计算。为此需用的基本公式与设计型计算的完全相同。

【例 4-7】 某厂用套管换热器每小时冷凝甲苯蒸气 1000kg，冷凝温度为 110℃，冷凝潜热为 363kJ/kg，冷凝给热系数 $\alpha_o = 2000$W/(m^2·℃)，冷却水初温为 16℃，以 2500kg/h 的流量进入内管内（ϕ57mm×3.5mm），作湍流流动，膜系数 $\alpha_i = 2160$W/(m^2·℃)，水的比热容取为 4.19kJ/(kg·℃)，忽略壁阻及污垢热阻。（1）求冷却水出口温度及管长；（2）如在夏季，冷却水入口温度将升至 25℃，使换热器传热能力下降，为此建议将水流量增加一倍，那么，该换热器的传热能力如何变化？请计算说明。

解： （1）先根据热量衡算计算冷却水出口温度：

由 $Q = q_{m1}r = q_{m2}c_{p2}(t_2 - t_1)$ 可得

$$t_2 = \frac{q_{m1}r}{q_{m2}c_{p2}} + t_1 = \frac{1000 \times 363 \times 10^3}{2500 \times 4.19 \times 10^3} + 16 = 50.7(℃)$$

则

$$\Delta t_m = \frac{t_2 - t_1}{\ln \dfrac{T - t_1}{T - t_2}} = \frac{50.7 - 16}{\ln \dfrac{110 - 16}{110 - 50.7}} = 75.35(℃)$$

$$K_o = \frac{1}{\dfrac{1}{\alpha_i} \times \dfrac{d_o}{d_i} + \dfrac{1}{\alpha_o}} = \frac{1}{\dfrac{1}{2160} \times \dfrac{57}{57 - 3.5 \times 2} + \dfrac{1}{2000}} = 973\left[W/(m^2 \cdot ℃)\right]$$

由 $q_{m1}r = K_o A \Delta t_m = K_o \pi d_o l \Delta t_m$ 可得

$$l = \frac{q_{m1}r}{K_o \pi d_o \Delta t_m} = \frac{\dfrac{1000}{3600} \times 363 \times 10^3}{973 \times 75.35 \times 3.14 \times 0.057} = 7.68(m)$$

（2）水流量提高一倍时，由 $Q' = q_{m1}r = q'_{m2}c_{p2}(t'_2 - t'_1)$ 得

$$t'_2 = \frac{q_{m1}r}{q'_{m2}c_{p2}} + t'_1 = \frac{1000 \times 363 \times 10^3}{5000 \times 4.19 \times 10^3} + 25 = 42.3(℃)$$

则

$$\Delta t'_m = \frac{t'_2 - t'_1}{\ln \dfrac{T - t'_1}{T - t'_2}} = \frac{42.3 - 25}{\ln \dfrac{110 - 25}{110 - 42.3}} = 76(℃)$$

水流量提高一倍，给热系数为原来的 $2^{0.8}$ 倍，则

$$K'_o = \frac{1}{\dfrac{1}{\alpha'_i} \times \dfrac{d_o}{d_i} + \dfrac{1}{\alpha_o}} = \frac{1}{\dfrac{1}{2^{0.8} \times 2160} \times \dfrac{57}{57 - 3.5 \times 2} + \dfrac{1}{2000}} = 1245[W/(m^2 \cdot ℃)]$$

传热面积为

$$A_o = \pi d_o l = 0.057 \times 7.68 \times \pi = 1.38 (m^2)$$

则

$$Q' = K'_o A_o \Delta t'_m = 1245 \times 1.38 \times 76 = 1.3 \times 10^5 (W)$$

$$Q = K_o A_o \Delta t_m = 793 \times 1.38 \times 75.35 = 1.008 \times 10^5 (W)$$

$Q' > Q$，故传热能力增强。

4.6 换热器类型

4.6.1 间壁式换热器

间壁式换热器的特点是冷、热两流体被固体壁面隔开，不相混合，通过间壁进行热量的交换。按结构特征分，间壁式换热器又可分为夹套式、管式、板式等类型。

4.6.1.1 夹套式换热器

夹套式换热器构造简单，如图 4-22 所示。换热器的夹套安装在容器的外部，夹套与器壁之间形成密闭的空间，为载热体（加热介质）或载冷体（冷却介质）的通路。夹套通常用钢或铸铁制成，可焊在器壁上或者用螺钉固定在容器的法兰或器盖上。夹套式换热器主要应用于反应过程的加热或冷却。

在用蒸汽进行加热时，蒸汽由上部接管进入夹套，冷凝水则由下部接管流出。作为冷却器时，冷却介质（如冷却水）由夹套下部的接管进入，而由上部接管流出。这种换热器的传热系数较低，传热面又受容器的限制，因此适用于传热量不太大的场合。为了提高其传热性能，可在容器内安装搅拌器，使器内液体作强制对流，为了弥补传热面的不足，还可在器内安装蛇管等。

图 4-22 夹套式换热器

4.6.1.2 蛇管式换热器

蛇管式换热器可分为以下两类。

（1）沉浸式蛇管换热器

蛇管多用金属管子弯制而成，或制成适应容器要求的形状，沉浸在容器中。两种流体分别在蛇管内、外流动而进行热量交换。这种蛇管换热器的优点是结构简单，价格低廉，便于防腐蚀，能承受高压；主要缺点是由于容器的体积较蛇管的体积大得多，故管外流体的 α 较小，总传热系数 K 值也较小。若在容器内增设搅拌器或减小管外空间，则可提高传热系数。图 4-23 为酒精厌氧发酵罐，酒精发酵放热，故在沉浸式蛇管内通入冷却水降温，维持发酵温度在 30℃左右。

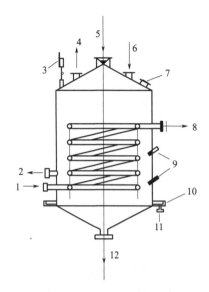

图 4-23　酒精厌氧发酵罐内设管结构
1—冷却水入口；2—取样口；3—压力表；
4—CO$_2$ 气体入口；5—喷淋水入口；
6—料液和接种口；7—人孔；8—冷却水出口；
9—温度计；10—喷淋水收集槽；11—喷淋
水出口；12—发酵液及污水排出口

（2）喷淋式蛇管换热器

喷淋式蛇管换热器如图 4-24 所示，多用作冷却器。固定在支架上的蛇管排列在同一垂直面上，热流体在管内流动，自下部的管进入，由上部的管流出。冷水由最上面的多孔分布管（淋水管）流下，分布在蛇管上，并沿其两侧下降至下面的管子表面，最后流入水槽而排出。冷水在各管表面上流过时，与管内流体进行热交换。这种设备常放置在室外空气流通处，冷却水在空气中汽化时可带走部分热量，以提高冷却效果。和沉浸式蛇管换热器相比，喷淋式蛇管换热器还具有便于检修和清洗、传热效果较好等优点；缺点是喷淋不易均匀，占地面积较大。

在氨基酸、谷氨酸、抗生素等发酵行业中，灭菌后的培养基需及时降温。否则会对培养基营养成分及生物素造成一定的破坏。因此，要对灭菌后的培养基降温，通常用喷淋冷却器（俗称冷排）。该装置效果明显，易维修，可任意增加减少降温面积；但对降温水需求量大，消耗多。

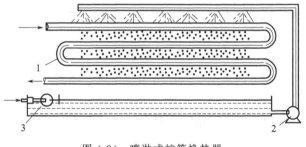

图 4-24　喷淋式蛇管换热器
1—弯管；2—循环泵；3—控制阀

4.6.1.3　管壳式换热器

管壳式换热器又称列管式换热器，是目前化工生产中应用最广泛的传热设备。与前述的各种换热器相比，其主要优点是单位体积具有的传热面积较大以及传热效果较好，结构简单，制造的材料范围较广、操作弹性也较大等。因此在高温、高压和大型装置上多采用管壳式换热器。

管壳式换热器中，由于两流体的温度不同，管束和壳体的温度也不相同，因此它们的热膨胀程度也有差别。若两流体的温度差较大（50℃以上），就可能由于热应力而引起设备变形，甚至弯曲或破裂，因此必须考虑这种热膨胀的影响。根据热补偿方法的不同，管壳式换热器有下面几种形式。

（1）固定管板式换热器

固定管板式即两端管板和壳体连接成一体，具有结构简单和造价低廉的优点。但是壳程不易检修和清洗，因此壳程流体应是较洁净且不易结垢的物料。当两流体的温度差较大时，应考虑热补偿。图4-25为具有补偿圈（或称膨胀节）的固定管板式换热器，即在外壳的适当部位焊上一个补偿圈，当外壳和管束热膨胀不同时，补偿圈发生弹性变形（拉伸或压缩），以适应外壳和管束不同的热膨胀程度。这种热补偿方法简单，但不宜用于两流体温度差太大（不大于70℃）和壳程流体压力过高（一般不高于600kPa）的场合。

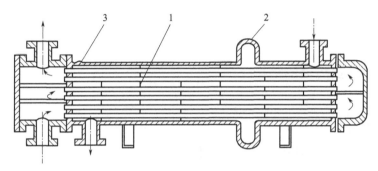

图4-25 具有补偿圈的固定管板式换热器

1—挡板；2—补偿圈；3—放气嘴

（2）U形管换热器

U形管换热器如图4-26所示。管子弯成U形，管子的两端固定在同一管板上，因此每根管子可以自由伸缩，而与其他管子及壳体无关。

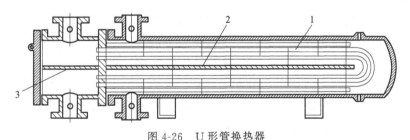

图4-26 U形管换热器

1—U形管；2—壳程挡板；3—壳程挡板

这种类型换热器的结构较简单，质量轻，适用于高温和高压的场合。主要缺点是管内清洗比较困难，因此管内流体必须洁净，且因管子需一定的弯曲半径，故管板的利用率较低。

（3）浮头式换热器

浮头式换热器如图4-27所示。两端管板不与外壳固定连接，该端称为浮头。当管子受热（或受冷）时管束连同浮头可以自由伸缩，而与外壳的膨胀无关。浮头式换热器不但可以补偿热膨胀，而且由于固定端的管板是以法兰与壳体相连接的，所以管束可从壳体中抽出，便于清洗和检修，故浮头式换热器应用较为普遍。但该类换热器结构较复杂，金属耗量较多，造价也较高。

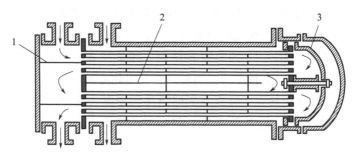

图 4-27　浮头式换热器

1—管程隔板；2—壳程隔板；3—浮头

4.6.2　管壳式换热器的结构

4.6.2.1　管程结构

流体流经换热管内的通道部分称为管程。

（1）管子

管子采用小管径，常用 $\phi19\text{mm}\times2\text{mm}$、$\phi25\text{mm}\times2.5\text{mm}$、$\phi38\text{mm}\times2.5\text{mm}$ 无缝钢管，标准管长有 1.5m、2m、3m、4.5m、6m、9m。小管径可增大单位体积传热面积，也可提高 α 值。管材除碳钢外，可采用低合金钢、不锈钢、铜以及石墨、玻璃、聚四氟乙烯等。

（2）管板

管板将管束连接在一起，并将管程和壳程流体分隔开。管板与管子的连接可胀接和焊接。胀接用胀管器将管头扩张，产生显著塑性变形，靠挤压力与管板孔密接。如要求严密性更高，或应用于温度>35℃、压力>4MPa 的场合，应采用焊接。管板与壳体的连接，有可拆与不可拆连接两种。可拆连接是将管板夹在壳体法兰和顶盖法兰之间。不可拆连接是管板直接焊在外壳上并兼作法兰。

管子在管板上的排列方式有多种，如图 4-28 所示。正三角形排列结构紧凑；正方形排列便于机械清洗；同心圆排列对小壳径换热器，外圈布管均匀，结构更加紧凑。我国换热器系列多采用正三角形排列。

（3）封头和分程

壳径较小时，常采用封头，封头与壳体用螺栓连

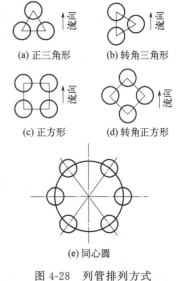

(a) 正三角形　　(b) 转角三角形

(c) 正方形　　(d) 转角正方形

(e) 同心圆

图 4-28　列管排列方式

接。壳径较大时，多采用管箱结构，管箱与封头的不同处是管箱具有一个可拆盖板。封头和管箱位于壳体两端，其作用是控制及分配管程流体。

换热器按流动方式分为单程及多程。程就是流体从进入到流出换热器经过管子全长度的次数。如流体一次经过管子全长度，称为单程。若流体进入换热器只流经一半的管子，到另端折转 180° 后再流经另一半管子，称为双程。多程可提高流体流速，增大 α，但流动阻力也会增大。多程需在封头或管箱中设置分程隔板。对常见的 2、4、6 程，管箱中分程隔板的布置方案如图 4-29 所示。

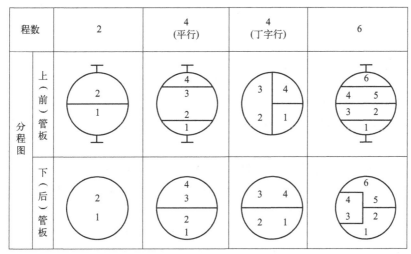

图 4-29　管箱分程布置方案

4.6.2.2　壳程结构

介质流经传热管外面与壳体之间的流道部分称为壳程。

（1）壳体

壳体是圆筒形容器。直径 $D<400\text{mm}$ 的壳体通常用钢管制造；$D>400\text{mm}$ 的壳体可用钢板卷焊而成。壳壁上焊有流体进、出接管。

（2）挡板

单壳程形式应用最普遍。如设置纵向挡板，可构成双壳程。为提高壳程流体 α，常设置横向折流挡板。折流板的形式有圆缺型、环盘型和孔流型等。圆缺型和环盘型挡板如图 4-30 所示。

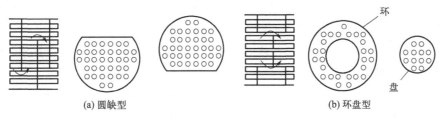

(a) 圆缺型　　　　　　　　　　　　　(b) 环盘型

图 4-30　折流挡板形式

4.6.3　管壳式换热器的设计和选型

管壳式换热器设计和选型的核心是计算换热器的传热面积，进而确定换热器的其他尺寸或选择换热器的型号。

由总传热速率方程可知，为计算换热器的传热面积，必须确定总传热系数 K 和平均温度差 Δt_m。由于总传热系数 K 值与换热器的类型、尺寸及流体流道等诸多因素有关，Δt_m 与两流体在换热器中的流向、加热（或冷却）介质终温的选择等有关，因此换热器的设计和选型需考虑许多问题，通过多次试算和比较才能设计出适宜的换热器。

4.6.3.1　管壳式换热器设计时应考虑的问题

（1）流体流动通道的选择

哪一种流体流经换热器的管程，哪一种流体流经壳程，下列各点可供选择时参考（以固定管板式换热器为例）。

① 不洁净和易结垢的流体宜走管内，因为管内清洗比较方便。

② 腐蚀性的流体宜走管内，以免壳体和管子同时受腐蚀，而且管子也便于清洗和检修。

③ 压力高的流体宜走管内，以免壳体受压，可节省壳程金属消耗量。

④ 饱和蒸汽宜走管间，以便于及时排出冷凝液，且蒸汽较洁净，对清洗无要求。

⑤ 有毒流体宜走管内，使泄漏机会较少。

⑥ 被冷却的流体宜走管间，可利用外壳向外的散热作用，增强冷却效果。

⑦ 黏度大的液体或流量较小的流体宜走管间，流体在有折流挡板的壳程流动时，由于流速和流向的不断改变，在低 Re 值（$Re > 100$）下即可达到湍流，以提高对流传热系数。

⑧ 对于刚性结构的换热器，若两流体的温度差较大，对流传热系数较大者宜走管间，因壁面温度与 α 大的流体温度相近，可以减小热应力。

在选择流体流动通道时，以上几点常不能同时兼顾，应视具体情况抓住主要矛盾。例如首先考虑流体的压力、防腐蚀和清洗等的要求，然后再校核对流传热系数和压力降，以便做出恰当的选择。

（2）流体流速的选择

增加流体在换热器中的流速，将加大对流传热系数，减少污垢在管子表面上沉积的可能，即降低了污垢热阻，使总传热系数增大，从而可减小换热器的传热面积。但是流速增加，又会使流动阻力增大，动力消耗就增多。所以适宜的流速要通过经济衡算才能确定。

此外，在选择流速时，还需考虑结构上的要求。例如，选择高的流速，使管子的数目减少，对一定的传热面积，不得不采用较长的管子或增加程数。管子太长不易清洗，且一般管长都有一定的标准，单程变为多程会使平均温度差下降。这些也是选择流速时应考虑的问题。

表 4-6 至表 4-8 列出了常用的流速范围,供设计时参考。所选择的流速应尽可能避免流体处于层流状态。

表 4-6 管壳式换热器常用的流速范围

流体的种类		一般流体	易结垢流体	气体
流速 /(m/s)	管程	0.5~3	>1	5~30
	壳程	0.2~1.5	>0.5	3~15

表 4-7 管壳式换热器中易燃易爆流体的安全允许速度

流体名称	乙醚,二硫化碳,苯	甲醇,乙醇,汽油	丙酮
安全允许速度/(m/s)	<1	<2~3	<10

表 4-8 管壳式换热器中不同黏度流体的常用的流速

流体黏度/(mPa·s)	>1500	1500~500	500~100	100~35	35~1	<1
最大流速/(m/s)	0.6	0.75	1.1	1.5	1.8	2.4

(3) 流体两端温度的确定

若换热器中冷、热流体的温度都由工艺条件确定,就不存在确定两端温度的问题。若其中一个流体仅已知进口温度,则出口温度应由设计者来确定。例如用冷水冷却某热流体,冷水的进口温度可以根据当地的气温条件做出估计,而换热器出口的冷水温度,便需要根据经济衡算来决定。为了节省水量,可提高水的出口温度,但传热面积就需要加大;反之,为了减小传热面积,则要增加水量。两者是相互矛盾的。一般来说,设计时冷却水两端温度差可取为 5~10℃。缺水地区选用较大的温度差,水源丰富地区选用较小的温度差。

(4) 管子的规格和排列方法

选择管径时,应尽可能使流速高些,但一般不应超过前面介绍的流速范围。易结垢、黏度较大的液体宜采用较大的管径。我国目前使用的管壳式换热器系列标准中仅有 $\phi25mm\times2.5mm$ 及 $\phi19mm\times2mm$ 两种规格的管子。管长的选择是以清洗方便及合理使用管材为原则。长管不便于清洗,且易弯曲。一般出厂的标准管长为 6m,合理的换热器管长应为 1.5m、2m、3m 和 6m。系列标准中也采用这四种管长。此外管长和壳径应相适应,一般取 L/D 为 4~6(直径小的换热器可取大些)。

如前所述,管子在管板上的排列方法有等边三角形、正方形直列和正方形错列等。等边三角形排列的优点有:管板的强度高,流体走短路的机会少,且管外流体扰动较大,因而对流传热系数较高,相同壳程内可排列更多的管子。正方形直列排列的优点是:便于清洗列管的外壁,适用于壳程流体易产生污垢的场合,但其对流传热系数比正三角形排列时低。正方形错列排列则介于上述两者之间,与直列排列相比,对流传热系数可适当地提高。

管子在管板上排列的间距 t(指相邻两根管子的中心距),随管子与管板的连接方法不同而异。通常,胀管法取 $t=(1.3\sim1.5)d_0$,且相邻两管外壁间距不应小于 6mm,即 $i\geqslant d_0+6$。焊接法取 $t=1.25d_0$,d_0 表示换热管外径。

（5）管程和壳程数的确定

当流体的流量较小或传热面积较大，所需管数很多时，有时会使管内流速较低，因而对流传热系数较小。为了提高管内流速，可采用多管程。但是程数过多，会导致管程流动阻力加大，增加动力费用，还会使平均温度差下降；此外多程隔板使管板上可利用的面积减少。设计时应考虑这些问题。管壳式换热器的系列标准中管程数有一、二、四和六程等四种。采用多程时，通常应使每程的管子数大致相等。管程数 m 可按下式计算，即

$$m = \frac{u}{u'} \tag{4-53}$$

式中，u 为管程内流体的适宜速度，m/s；u' 为单管程时管内流体的实际速度，m/s。

当温度差校正系数 ψ 低于 0.8 时，可以采用多壳程。如壳体内安装一块与管束平行的隔板，流体在壳体内流经两次，称为两壳程，但由于壳程隔板在制造、安装和检修等方面都有困难，故一般不采用多壳程的换热器，而是将几个换热器串联使用，以代替多壳程。例如当需两壳程时，即将总管数等分为两部分，分别安装在两个内径相同而直径较小的外壳中，然后把这两个换热器串联使用。

（6）折流挡板

安装折流挡板的目的，是为了加大壳程流体的速度，使湍动程度加剧，以提高壳程对流传热系数。图 4-30 已示出各种挡板的形式。最常用的为圆缺形挡板，切去的弓形高度为外壳内径的 $10\% \sim 40\%$，一般取 $20\% \sim 25\%$，过高或过低都不利于传热。两相邻挡板的距离（板间距）h 为外壳内径 D 的 $0.2 \sim 1$ 倍。系列标准中固定管板式采用的 h 值为 150mm、300mm 和 600mm 三种；浮头式的有 150mm、200mm、300mm、480m 和 600mm 五种。板间距过小，不便于制造和检修，阻力也较大。板间距过大，流体就难以垂直地流过管束，使对流传热系数下降。

（7）外壳直径

换热器壳体的内径应等于或稍大于（对浮头式换热器而言）管板的直径。根据计算出的实际管数、管径、管中心距及管子的排列方法等，可用作图法确定壳体的内径。但是，当管数较多又要反复计算时，用作图法就太麻烦。一般在初步设计中，可先分别选定两流体的流速，然后计算所需管程和壳程的流通截面积，于系列标准中查出外壳的直径。待全部设计完成后，仍应用作图法画出管子排列图。为了使管子排列均匀，防止流体走"短流"，可以适当增减一些管子。另外，初步设计中也按下式计算：

$$D = t(n_c - 1) + 2b' \tag{4-54}$$

式中，D 为壳体内径，m；t 为管中心距，m；n_c 为横过管束中心线的管数；b' 为管束中心线上最外层管的中心至壳体内壁的距离，m，一般取 $b' = (1 \sim 1.5)d_0$。

n_c 值可由下面公式估算。

管子按正三角形排列：

$$n_c = 1.1\sqrt{n} \tag{4-55}$$

管子按正方形排列：

$$n_c = 1.19\sqrt{n} \tag{4-56}$$

式中，n 为换热器的总管数。按上述方法计算得到的壳内径应圆整标准尺寸。

（8）主要附件

① 封头。有方形和圆形两种，方形用于直径小（一般小于 400mm）的壳体，圆形用于大直径的壳体。

② 缓冲挡板。为防止壳程流体进入换热器时对管束的冲击，可在进料管口装设缓冲挡板。

③ 导流筒。壳程流体的进、出口和管板间必存在有一段流体不能流动的空间（死角），为了提高传热效果，常在管束外增设导流筒，使流体进、出壳程时必然经过这个空间。

④ 放气孔、排液孔。换热器的壳体上常安有放气孔和排液孔，以排除不凝气体和冷凝液等。

⑤ 接管。换热器中流体进、出口的接管直径按下式计算，即

$$d = \sqrt{\frac{4V}{\pi u}} \tag{4-57}$$

式中，V 为流体的体积流量，m^3/s；u 为流体在接管中的流速，m/s。流速 u 的经验值可取为：对液体 $u = 1.5 \sim 2m/s$，对气体 $u = 20 \sim 50m/s$。

（9）流体流动阻力（压力降）

① 管程流动阻力。管程阻力可按一般摩擦阻力公式求得。对于多程换热器，其总阻力 $\sum\Delta p_i$ 等于各程直管阻力、弯头阻力及进出口阻力之和。一般进、出口阻力可忽略不计，故管程总阻力的计算式为

$$\sum\Delta p_i = (\Delta p_1 + \Delta p_2)F_t N_s N_p \tag{4-58}$$

式中，Δp_1、Δp_2 分别为直管及回弯管中因摩擦阻力引起的压力降，Pa；F_t 为结垢校正因数，量纲为 1，对 $\phi25mm \times 2.5mm$ 的管子，取 1.4，对 $\phi19mm \times 2mm$ 的管子，取 1.5；N_p 为管程数；N_s 为串联的壳程数。

式(4-58)中直管压力降 Δp_1 可按第 1 章中介绍的公式计算；回弯管的压力降 Δp_2 由下面的经验公式估算，即

$$\Delta p_2 = 3 \times \frac{\rho u^2}{2} \tag{4-59}$$

② 壳程流动阻力。现已提出的壳程流动阻力的计算公式虽然较多，但是流体的流动状况比较复杂，因此计算得到的结果相差很多。下面介绍埃索法计算壳程压力降 Δp_o 的公式，即

$$\sum\Delta p_o = (\Delta p_1 + \Delta p_2)F_S N_S \tag{4-60}$$

式中，Δp_1 为流体通过管束的压力降，Pa；Δp_2 为流体通过折流板缺口的压力降，Pa；F_s 为壳程压力降的结垢校正因数，量纲为 1，液体可取 1.15，气体可取 1.0。

流体通过管束及折流板缺口的实际压力降分别为：

$$\Delta p_1' = F f_o n_o (N_B + 1)\frac{\rho u_o^2}{2} \tag{4-61}$$

$$\Delta p_2' = N_B(3.5 - 2h)\frac{\rho u_\circ^2}{2} \qquad (4\text{-}62)$$

式中，F 为管子排列方法对压力降的校正因数，对正三角形排列 $F=0.5$，对正方形斜转 $45°$ 排列为 0.4，正方形排列为 0.3；$f_\circ$ 为壳程流体的摩擦系数，当 $Re>500$ 时，$f_\circ = 5.0 Re^{-0.228}$；$n_\circ$ 为横过管束中心线的管子数；N_B 为折流挡板数；h 为折流挡板间距，m；$u_\circ$ 为按壳程流通截面积 $A_\circ$ 计算的流速，m/s，而 $A_\circ = h(D - n_\circ d_\circ)$。

一般来说，液体流经换热器的压力降为 $10\sim100\text{kPa}$，气体的压降为 $1\sim10\text{kPa}$。设计时换热器的工艺尺寸应在压力降与传热面积之间予以权衡，使之既能满足工艺要求，又经济合理。

4.6.3.2　管壳式换热器的选用和设计计算步骤

（1）试算并初选设备规格

① 确定流体在换热器中的流动途径。

② 根据传热任务计算热负荷 Q。

③ 确定流体在换热器两端的温度，选择管壳式换热器的形式，计算定性温度，并确定在定性温度下的流体物性。

④ 计算平均温度差并根据温度差校正系数不应小于 0.8 的原则，决定壳程数。

⑤ 依据总传热系数的经验值范围或按生产实际情况选定总传热系数 K 值。

⑥ 由总传热速率方程 $Q = KA\Delta t_m$，初步算出传热面积 A，并确定换热器的基本尺寸（如 d、L、n 及管子在管板上的排列等）或按系列标准选择设备规格。

（2）计算管程、壳程压力降

根据初定的设备规格，计算管程、壳程流体的流速和压力降，检查计算结果是否合理或满足工艺要求。若压力降不符合要求，要调整流速，再确定管程数或折流板间距，或选择另一规格的换热器，重新计算压力降直至满足要求为止。

（3）核算总传热系数

计算管程壳程对流传热系数，确定污垢热阻 R' 和 R。再计算总传热系数的初设值 (K) 和计算值 (K')，若 $K'/K = 1.15\sim1.25$，则初选的换热器合适，否则需另设 K 值，重复以上计算步骤。上述计算步骤仅为一般原则，设计换热器时，视具体情况灵活变动。

4.6.4　生物医药领域常用的新型换热器

在生物医药领域，一般冷热流体的温差不大，操作压力不高，常采用结构紧凑、传热速率高的新型换热器，包括片式、螺旋板式和板壳式换热器等。其中片式换热器又称板式换热器，由光滑平板或波纹平板等制成，虽耐压不高，但因热交换速率高，紧凑灵活，在生物医药中的应用日益广泛。

4.6.4.1　板式换热器

板式换热器的示意图如图 4-31 所示。

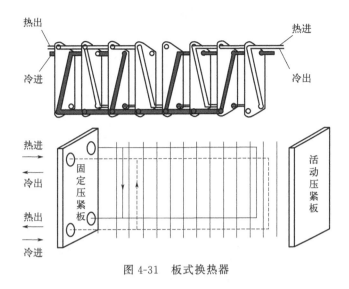

图 4-31　板式换热器

板式换热器主要由一组长方形的薄金属板平行排列、夹紧组装于支架上而构成。两相邻板片的边缘衬有垫片，压紧后可达到密封的目的，且可用垫片的厚度调节两板间流体通道的大小。每块板的 4 个角上各开 1 个圆孔，其中有 2 个圆孔和板面上的流道相通，另外 2 个圆孔则不相通，它们的位置在相邻板上是错开的，以分别形成两流体的通道。冷热流体交替地在板片两侧流过通过金属板片进行换热。金属板面冲压成凹凸规则的波纹，以使流体均匀流过板面，增加传热面积，并促使流体湍动有利于传热。

板式换热器的优点是结构紧凑，单位体积设备所提供的传热面积大；总传热系数高，如对低黏度液体的传热，K 值可高达 $7000W/(m^2 \cdot ℃)$；可根据需要增减板数以调节传热面积；检修和清洗都较方便。

板式换热器可处理从水到高黏度液体，用于加热、冷却、冷凝、蒸发等过程。在食品发酵工业中广泛用于物料的加热、杀菌和冷却。如图 4-32 所示，酵母发酵过程发酵液的冷却采用外循环板式换热器，通过发酵罐旁的循环泵将发酵罐内的发酵液泵送到板式换热器，进行罐外冷却后，再回到发酵罐内，如此往复，不断循环，直到发酵过程结束。发酵液是在发酵罐外循环管路中冷却的，发酵罐内既没有机械传动装置，又没有冷却夹套或冷却蛇管，结构简单、成本相对较低，而且罐内清洗容易、防染菌性能强，其传热系数比管式换热器高 3～5 倍，占地面积为管式换热器的三分之一，热回收率可高达 90%以上。

葡萄酒发酵过程中葡萄汁的加热冷却也采用板式换热器，葡萄汁的冷却采用乙二醇作为冷却剂，加热采用蒸汽进行巴氏灭菌。

4.6.4.2　螺旋板式换热器

如图 4-33 所示，螺旋板式换热器是由两块薄金属板焊接在一块分隔挡板（图中心的短板）上并卷成螺旋形而成的。两块薄金属板在器内形成两条螺旋形通道，在顶部和底部分别焊有盖板或封头。进行换热时，冷、热流体分别进入两条通道，在器内作严格的逆流流动。螺旋板换热器的直径一般在 1.6m 以内，板宽 200～1200mm，板厚 2～

4mm，两板间的距离为 5～25mm。常用材料为碳钢和不锈钢。

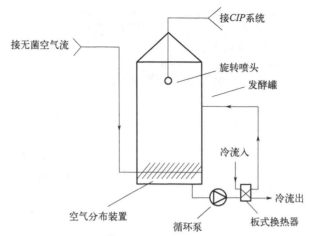

图 4-32　板式换热器在发酵降温中的应用

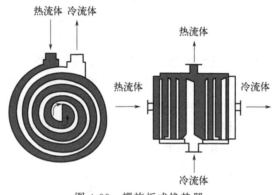

图 4-33　螺旋板式换热器

螺旋板式换热器的优点：

① 总传热系数高。由于流体在螺旋通道中流动，在较低的雷诺值（一般 $Re=1400$～1800，有时低到 500）下即达到湍流，并且可选用较高的流速（液体为 2m/s，气体为 20m/s），故总传热系数较大。

② 不易堵塞。由于流体的流速较高，流体中的悬浮物不易沉积下来，并且任何沉积物都将减小单流道的横断面，使速度增大，对堵塞区域又起到冲刷作用，故螺旋板换热器不易被堵塞。

③ 能利用低温热源和精密控制温度。这是由于流体流动的流道长及两流体完全逆流的缘故。

④ 结构紧凑。单位体积的传热面积为管壳式换热器的 3～5 倍。

螺旋板式换热器的缺点：

① 操作压力和温度不宜太高，目前最高操作压力为 2000kPa，温度约在 400℃以下。

② 不易检修。因整个换热器为卷制而成，一旦发生泄漏，修理内部很困难。

在生物发酵领域，螺旋板换热器既可以对培养基预热，也可以对其进行冷却。培养基在换热器通道内时，物料处于高度湍流，因此物料不会出现沉降沉积，适用于有黏性、有沉淀液体的热交换。在物料排出后对其彻底清洁即可保持换热器内清洁。

由于国内工业化微生物发酵培养基中固体含量较高，黏度较大，为了防止螺旋板换热器通道的堵塞，要求选用板间距在 5～18mm 的换热器。由于螺旋板式换热器的通道间距较小，热流体和冷却体的流速很大，故传热效果很好。据报道国外发酵企业大都采用螺旋板式换热器作为加热或冷却设备，传热系数 $K = 980～3000 \text{W}/(\text{m}^2 \cdot \text{℃})$。在培养基连续灭菌过程中，可以采用螺旋板换热器进行综合利用热能的连消工艺设计。用冷的培养基来冷却经灭菌后的高温培养基时，如图 4-34 所示，从管式维持器中流出的高温培养基经螺旋板式换热器 A，再经过螺旋板式换热器 B，灭菌后培养基温度基本可达到发酵工艺要求的温度。若培养基温度还太高，可以用发酵罐中的蛇管来冷却，直至发酵工艺规定温度。本设备系统要定期使用化学除水垢剂清洗，以免螺旋板换热器通道被堵塞。

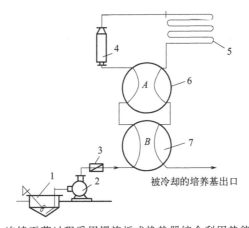

图 4-34　连续灭菌过程采用螺旋板式换热器综合利用热能工艺流程

1—配料罐；2—打料泵；3—流量计；4—加热器；5—管式维持器；6—螺旋板式换热器 A；7—螺旋板式换热器 B

4.6.4.3　翅片式换热器

（1）翅片管式换热器

如图 4-35 所示，翅片管式换热器的构造特点是在管子表面上装有径向或轴向翅片，外形类似于 U 形管换热器，但其内部结构差距较大。

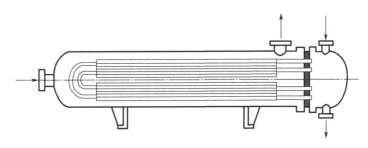

图 4-35　翅片管式换热器

常见的翅片如图 4-36 所示。当两种流体的对流传热系数相差很大时，例如用水蒸气加热空气，此传热过程的热阻主要在气体一侧。若气体在管外流动，则在管外装置翅片，既可扩大传热面积，又可增加流体的湍动，从而提高换热器的传热效果。一般来说，当两种流体的对流传热系数之比为 3：1 或更大时，宜采用翅片管式换热器。

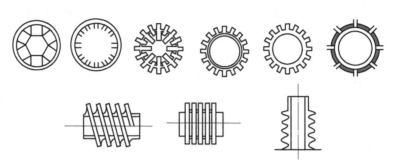

图 4-36　常见的翅片形式

翅片的种类很多，按翅片的高度不同，可分为高翅片和低翅片两种，低翅片一般为螺纹管。高翅片适用于管内、外对流传热系数相差较大的场合，现已广泛地应用于空气冷却器上。低翅片适用于两流体的对流传热系数相差不太大的场合，如对黏度较大液体的加热或冷却等。

在生物发酵领域，例如用喷雾干燥生产药物产品时，常用的空气加热器是由紫铜管或由钢管制成的蒸汽加热排管组成的，管外套有翅片，翅片与管子表面应接触紧密，这种加热器传热性能良好，管内蒸汽对管壁的传热系数为 $42000kJ/(m^2 \cdot h \cdot ℃)$，而管壁对加热空气的传热系数仅为 $21\sim210kJ/(m^2 \cdot h \cdot ℃)$。安装翅片管时，需照顾到空气的运动方向，切勿使空气仅仅从与翅片垂直的方向在翅片上掠过，应尽可能使空气从翅片空间的深处穿过。

（2）板翅式换热器

板翅式换热器的结构形式很多，但其基本结构元件相同，即在两块平行的薄金属板（平隔板）间，夹入波纹状的金属翅片，两边以侧条密封，组成一个单元体。将各单元体进行不同的叠积和适当的排列，再用钎焊给予固定，即可得到常用的逆流、并流和错流的板翅式换热器的组装件，称为芯部或板束，如图 4-37 所示。

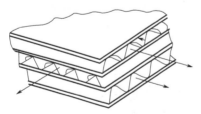

图 4-37　板翅式换热器的板束

将带有流体进、出口的集流箱焊到板束上，就成为板翅式换热器。目前常用的翅片形式有光直翅片、锯齿翅片和多孔翅片，如图 4-38 所示。

板翅式换热器的主要优点：

① 总传热系数高，传热效果好。由于翅片在不同程度上促进了湍流并破坏了传热边界层的发展，故总传热系数高。同时冷、热流体间换热不仅以平隔板为传热面，而且大部分热量通过翅片传递，因此提高了传热效果。

② 结构紧凑。单位体积设备提供的传热面积一般能达到 $2500m^2$，最高可达 $4300m^2$，而管壳式换热器一般仅有 $160m^2$。

(a) 光直翅片　　　　(b) 锯齿翅片　　　　(c) 多孔翅片

图 4-38　板翅式换热器的翅片形式

③ 轻巧牢固。因结构紧凑，一般用铝合金制造，故质量轻。在相同的传热面积下，其质量约为管壳式换热器的十分之一。波形翅片不仅是传热面的支撑，而且是两板间的支撑，故强度很高。

④ 适应性强，操作范围广。由于铝合金的导热系数高，且在零度以下操作时，其延性和抗拉强度都可提高，故操作范围广，可在 0～200K 的范围内使用，适用于低温和超低温的场合。该换热器适应性也较强，既可用于各种情况下的热交换，也可用于蒸发或冷凝，操作方式可以是逆流、并流、错流或错逆流同时并进等，还可用于多种不同介质在同一设备内进行换热。

板翅式换热器的缺点：①由于设备流道很小，故易堵塞，而且增大了压力降，换热器一旦结垢，清洗和检修很困难，所以处理的物料应较洁净或预先进行净制；②由于隔板和翅片都由薄铝片制成，故要求介质对铝不发生腐蚀。

4.6.4.4　热管换热器

以热管为基本传热单元的热管换热器是一种新型的高效换热器，由热管束、壳体和隔板构成，冷、热流体被隔板隔开。热管（图 4-39）是一种真空容器，基本部件为壳体容器和吸液芯，热管内充有工作液。化工行业中常用的工作液有水、氨、乙醇、丙酮液态钠和锂等。不同的工作液适用于不同的工作温度。对热管一端供热时，工作液自热源吸收热量而蒸发汽化，蒸气在压差作用下高速流动至热管的另一端，并向冷源放出潜热后凝结，冷凝液回至热端并被再次沸腾汽化。过程如此反复循环，热量不断地从热端传递至冷端。热管传热的特点是通过沸腾汽化、蒸气流动和蒸气冷凝三步进行。由于沸腾及冷凝的对流传热系数很大，而蒸气流动阻力又较小，所以热管两端的温度差很小，特别适用于低温差的传热。热管换热器具有结构简单、使用寿命长、工作可靠、应用范围广等特点，可用于气-气、气-液和液-液间的换热过程。

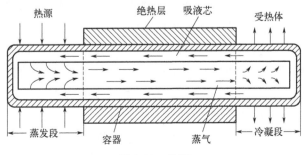

图 4-39　热管

热管换热器在航天技术领域得到了广泛应用，通过管壳内工作液体的蒸发与凝结进行热量交换，具有高热传导性，可以将热量从向阳面迅速传递至背阴面，实现航天器的等温化，保障舱内仪器顺利工作。我国航天热管可以满足在轨安全运行 15 年的需求，这使我国航天技术达到世界先进水平。

4.7 传热过程的强化

4.7.1 过程强化传热原理

所谓强化传热过程，就是指提高冷、热流体间的传热速率。从传热速率方程 $Q = KA\Delta t_m$ 不难看出，增大平均温度差 Δt_m、传热面积 A 和总传热系数 K 都可提高传热速率 Q。在换热器的设计和生产操作中，或在换热器的改进开发中，大多从这三方面来考虑强化传热过程的途径。

4.7.1.1 增大平均温度差 Δt_m

增大平均温度差，可以提高换热器的传热速率。平均温度差的大小取决于两流体的温度条件和两流体在换热器中的流动形式。一般来说，流体的温度由生产工艺条件所规定，因此 Δt_m 可变动的范围是有限的。但是在某些场合采用加热或冷却介质，这时因所选介质的不同，它们的温度可以有很大的差别。例如化工厂中常用的饱和水蒸气，若提高蒸汽的压力就可以提高蒸汽的温度，从而增大平均温度差。但是改变介质的温度必须考虑经济上的合理性和技术上的可行性。当换热器中两侧流体均变温时，采用逆流操作，可得到较大的平均温度差。在螺旋板式换热器和套管式换热器中可使两流体作严格的逆流流动，因而可获得较大的平均温度差。

4.7.1.2 增大传热面积 A

增大传热面积可以提高换热器的传热速率。但是增大传热面积不能依靠增大换热器的尺寸来实现，应从改进设备的结构入手，即提高单位体积的传热面积。工业上主要采用如下方法。

① 翅化面（肋化面）。用翅片来增大传热面积，并加剧流体的湍动，以提高传热速率。翅化面的种类和形式很多，前面介绍的翅片管式换热器和板翅式换热器均属此类。翅片结构通常用于传热面两侧中传热系数较小的一侧。

② 异形表面。将传热面制造成各种凹凸形、波纹形、扁平状等，板式换热器属于此类。此外常用波纹管、螺纹管代替光滑管，这不仅可增大传热面积，而且可增加流体的扰动，从而强化传热。例如板式换热器每立方米体积可提供传热面积为 $250 \sim 1500 m^2$，而管壳式换热器单位体积的传热面积为 $40 \sim 160 m^2$。

③ 多孔物质结构。将细小的金属颗粒涂结于传热表面，可增大传热面积。

④ 采用小直径传热管。在管壳式换热器中采用小直径管，可增加单位体积的传热面积。

4.7.1.3　增大总传热系数 *K*

增大总传热系数，可以提高换热器的传热速率。这是在强化传热中应重点考虑的。从总传热系数计算公式可见，欲提高总传热系数，就须减小管壁两侧的对流传热热阻、污垢热阻和管壁热阻。但因各项热阻在总热阻中所占比例不同，应设法减小对 *K* 值影响较大的热阻，才能有效地提高 *K* 值。一般来说，金属壁面较薄且其导热系数较大，故壁面热阻不会成为主要热阻。污垢热阻是可变的因素，在换热器使用初期，污垢热阻很小，随着使用时间增长，垢层逐渐增厚，可能成为主要热阻。对流传热热阻经常是主要控制因素。为减小热阻可采用如下方法。

（1）提高流体的流速

在管壳式换热器中增加管程数和壳程的挡板数，可提高换热器管程和壳程的流速。加大流速，加剧了流体的湍动程度，可减小传热边界层中层流内层的厚度，提高对流传热系数，减小对流传热热阻。

（2）增强流体的扰动

对管壳式换热器采用各种异形管或在管内加装螺旋圈、金属卷片等添加物，也可采用板式或螺旋板式换热器，均可增强流体的扰动。流体的扰动使层流内层减薄，可提高对流传热系数，减小对流传热热阻。

（3）防止垢层形成和及时清除垢层

增加流体的速度和加剧流体的扰动，可防止垢层的形成；让易结垢的流体在管程流动或采用可拆式换热器结构，便于清除垢层；采用机械或化学的方法，定期进行清垢。强化传热过程要权衡利弊，综合考虑。如提高流速和增强流体扰动，可强化传热，但都伴随有流动阻力的增加，或使设备结构复杂、清洗及检修困难等。因此，对实际的传热过程，要对设备结构、动力消耗、运行维修等方面予以全面考虑，选用经济且合理的强化方法。

4.7.2　过程强化传热的案例

换热器改造案例

【例 4-8】　某厂用 120℃的饱和蒸汽将流量为 $36\text{m}^3/\text{h}$ 的某稀溶液在列管换热器中从 80℃加热至 95℃。且以管外表面积为基准的传热系数 $K=2800\text{W}/(\text{m}^2\cdot\text{℃})$。操作一年后，换热器达不到设计要求，出口温度降低。试分析若维持溶液的原流量及进口温度，换热器传热效率降低的原因，并提出解决方案。已知溶液的密度及比热容与水近似，$\rho=1000\text{kg}/\text{m}^3$，$c_p=4.2\text{kJ}/(\text{kg}\cdot\text{℃})$

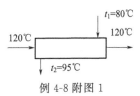

例 4-8 附图 1

解：由式 $Q=q_{m2}c_{p2}(t_2-t_1)=KA\Delta t_\text{m}$ 可知，q_{m2} 不变，t_2 降低，Q 下降。

可能是换热器结垢，污垢热阻的影响，使传热系数下降，也有可能是冷流体的给热系数太小，假设进口温度不变，出口温度降低，导致温差 Δt_m 变化。

原工况：

$$Q = q_{m2}c_{p2}(t_2-t_1) = \frac{36}{3600} \times 4.2 \times 10^6 \times (95-80) = 6.3 \times 10^5 (\text{W})$$

$$\Delta t_m = \frac{(T-t_1)-(T-t_2)}{\ln \frac{T-t_1}{T-t_2}} = \frac{(120-80)-(120-95)}{\ln \frac{120-80}{120-95}} = 31.9(\text{℃})$$

$$A = \frac{Q}{K\Delta t_m} = \frac{6.3 \times 10^5}{2800 \times 31.9} = 7.05(\text{m}^2)$$

蒸汽侧污垢热阻和管壁热阻可忽略不计，假设冷流体一侧污垢热阻为 0.00009（℃·m^2/W），则

$$K' = \frac{1}{R\frac{d_o}{d_i}+\frac{1}{\alpha_o}} = \frac{1}{0.00009 \times \frac{25}{20}+\frac{1}{2800}} = 2129[\text{W}/(\text{m}^2 \cdot \text{℃})]$$

$$Q = K'A\Delta t_m = q_{m2}c_{p2}(t_2'-t_1)$$

$$\ln \frac{T-t_1}{T-t_2'} = \frac{K'A}{q_{m2}c_p}$$

$$\ln \frac{120-80}{120-t_2'} = \frac{2128 \times 7.05}{\frac{36 \times 1000}{3600} \times 4200}$$

解得 $t_2' = 92$℃。

① 方案1：由计算可知，冷流体出口温度由 95℃ 降低到 92℃，若必须保证溶液原出口温度 95℃，q_{m2} 不变，只有提高 Δt_m。

$$\ln \frac{T-80}{T-95} = \frac{2128 \times 7.05}{\frac{36 \times 1000}{3600} \times 4200}$$

$$T = 130\text{℃}。$$

可以提高蒸汽温度即提高蒸汽压强。

② 方案2：冷流体出口温度由 95℃ 降低到 92℃，若必须保证溶液原出口温度 95℃，q_{m2} 不变，则应提高总传热系数 K，可清除污垢，降低热阻。

③ 方案3：若对换热器进行结构改造，冷流体流量 q_{m2} 不变，则单管程变双管程：

$$q_{m2} = \frac{n}{2}\rho\frac{\pi}{4}d^2u'，\text{则 } u'=2u$$

$$K \approx \alpha_{冷}，K' = 2^{0.8}K = 4872\text{W}/(\text{m}^2 \cdot \text{℃})$$

例 4-8 附图 2

$$\ln \frac{120-80}{120-t_2'} = \frac{4872 \times 7.05}{\frac{36 \times 1000}{3600} \times 4200}$$

$$t_2' = 102\text{℃}$$

单管程变双管程，冷流体出口温度可达到 102℃，即可以将冷流体加热到更高的

温度。

④ 方案 4：冷流体的流量不变。q_{m2} 不变，由于产生污垢，所以 K 降低，只有增大 A：

$$\ln\frac{120-80}{120-95}=\frac{2128\times A}{\dfrac{36\times 1000}{3600}\times 4200}$$

$$A=9.28\text{m}^2$$

四种方案对比见下表。

例 4-8 附表

方案	原理	方法	优缺点	备注
1	提高 Δt_m	采用高温蒸汽，提高蒸汽温度	设备压力等级提高	
2	提高总传热系数 K	清除污垢	简单易行，有效利用原设备	
3	单管程变双管程	—	预热温度提高，改造换热器有一定难度	流速提高,阻力大
4	增大换热面积	—	改造换热器有一定难度	

换热器强化传热案例

【例 4-9】 有一列管式换热器，外表面积为 40m^2，列管为 $\phi25\text{mm}\times2.5\text{mm}$ 的钢管，热导率 λ 为 $45\text{W}/(\text{m}\cdot\text{℃})$，用饱和水蒸气将处理量为 25000kg/h 的油，从 40℃ 加热到 80℃，油走管程，流动状态为高度湍流，蒸汽走壳程，水蒸气压力为 0.2MPa（绝对压力对应的饱和温度为 120℃），冷凝给热系数为 $12000\text{W}/(\text{m}^2\cdot\text{℃})$，油的比热容为 $2100\text{J}/(\text{kg}\cdot\text{℃})$，

试求：(1) 当油的处理量增加一倍时，油的出口温度为多少？若要保持油的出口温度 80℃，换热器是否够用？若不够用，可以采用哪些措施？

(2) 并联或串联多大的换热器才够用？要考虑哪些因素？

(3) 处理量增加一倍，若将蒸汽的压力提高到 0.3MPa（对应饱和温度为 133℃），能否保持油的出口温度？

(4) 油的处理量不变，如果油的黏度增大一倍，仍为高度湍流状态，其他物性参数不变，油的出口温度又为多少？

解：

(1) 由

$$\ln\frac{T-t_1}{T-t_2}=\frac{KA}{q_{m2}c_{p2}}$$

可得

$$\ln\frac{120-40}{120-80}=\frac{40K}{25000\times 2100/3600}$$

$$K=252.7\text{W}/(\text{m}^2\cdot\text{℃})$$

$$\frac{1}{K} = \frac{d_o}{\alpha_i d_i} + \frac{\delta d_o}{\lambda d_m} + \frac{1}{\alpha_o}$$

$$\frac{1}{252.7} = \frac{25}{\alpha_i \times 20} + \frac{0.0025 \times 25}{45 \times 22.5} + \frac{1}{12000}$$

$$\alpha_i = 327.9 \text{W/(m}^2 \cdot \text{℃)}$$

当油的流量增加一倍时，有

$$\alpha_i' = 2^{0.8} \alpha_i = 570.9 \text{W/(m}^2 \cdot \text{℃)}$$

$$\frac{1}{K} = \frac{d_o}{\alpha_i d_i} + \frac{\delta d_o}{\lambda d_m} + \frac{1}{\alpha_o}$$

$$\frac{1}{K'} = \frac{25}{570.6 \times 20} + \frac{0.0025 \times 25}{45 \times 22.5} + \frac{1}{12000}$$

$$K' = 427 \text{W/(m}^2 \cdot \text{℃)}$$

$$\ln \frac{120-40}{120-t_2'} = \frac{427 \times 40}{2 \times 25000 \times 2100/3600}$$

$$t_2' = 75.5 \text{℃}$$

由以上计算可知，当油的流量增加一倍时，油的处理温度降低，若要保持油的出口温度为 80℃，设新工况下的换热面积为 A'，管长为 l'，则

$$\ln \frac{120-40}{120-80} = \frac{427A}{2 \times 25000 \times 2100/3600}$$

$$A' = 47.3 \text{m}^2 > 40 \text{m}^2，即换热器不够用。$$

$$\frac{l'}{l} = \frac{A'}{A} = \frac{47.3}{40} = 1.18$$

增加换热面积 $47.3-40=7.3(\text{m}^2)$，管长增加为原来的 1.18 倍。

换热面积不够用，可以采取以下措施：串联或并联一个相同类型的换热器，也可以增加蒸汽压力以提高蒸汽温度。

（2）由以上计算可知，若串联一台换热器，需增加换热面积 7.3m^2，或换一台较原换热器管子更长的换热器；若并联一台相同类型的换热器，油的处理量加倍，新工况各有 50% 的油流入新旧换热器，每个换热器处理量为 25000kg/h，这两台换热器的工作情况与原工况旧换热器完全相同。

（3）油的处理量增加一倍，提高蒸汽压强，蒸汽的温度为 133℃。

$$\ln \frac{133-40}{133-t_2'} = \frac{427 \times 40}{2 \times 25000 \times 2100/3600}$$

$$t_2' = 81.2 \text{℃}$$

油的出口温度大于 80℃，故可以保持原有的出口温度。

（4）油的处理量不变，如果油的黏度增大一倍，仍为高度湍流状态，Re 为原来的 0.5 倍。

$$\alpha_i' = \left(\frac{1}{2}\right)^{0.8} \alpha_i = 188.3 \text{W/(m}^2 \cdot \text{℃)}$$

$$\frac{1}{K'} = \frac{25}{188.3 \times 20} + \frac{0.0025 \times 25}{45 \times 22.5} + \frac{1}{12000}$$

$$K' = 147.4 W/(m^2 \cdot ℃)$$

$$\ln \frac{120-40}{120-t_2'} = \frac{147.4 \times 40}{25000 \times 2100/3600}$$

$t_2' = 66.6℃$，即出口温度为 66.6℃。

习题

思考题

1. 傅里叶定律的内容是什么？

2. 试比较平壁和简壁热传导的 Q、q 和 t 在壁内的分布情况有何不同？

3. 什么是对流传热？描述对流传热的定律是什么？传热的热阻主要在哪里？

4. 一列管式换热器，若管内流体流动为强制湍流，管径 d 一定，问 q_V 增加一倍，对流传热系数 α 如何变化？若 q_V 一定，d 缩小为原来的一半，α 又如何变化？

5. 冷凝给热的热阻主要在哪里？卧式冷凝器和立式冷凝器的传热效果哪个更好？为什么换热器要设置不凝性气体排出阀？

6. 强化传热速率的途径有哪些？

选择题

1. 传热速率与热通量的关系为（　　）。

A. 两者之间没有关系

B. 传热速率＝热通量/传热面积

C. 传热速率＝热通量×传热面积

D. 热通量＝传热速率×传热面积

2. 热导率的物理含义是（　　）。

A. 单位温度梯度下的热流量

B. 单位温度梯度下的导热通量

C. 单位温度梯度下的导热速率

D. 不好说

3. 比较不同相态物质的热导率，以下排序正确的是（　　）。

A. 金属＞非金属固体＞液体＞气体

B. 非金属固体＞金属＞液体＞气体

C. 金属＞液体＞非金属固体＞气体

D. 金属＞非金属固体＞气体＞液体

4. 冬天，在室外，摸着铁的感觉比摸着树木凉，主要原因是（　　）。

A. 铁的温度比树的温度低

B. 铁的热导率比树木的大

C. 铁的表面比树木光滑

D. 铁的比热容比树木小

5. 用两种热导率不同的平壁材料包裹平面炉壁，若温度对保温材料热导率的影响可以忽略，则哪种保温平壁内的温度梯度较大？（   ）

A. 热导率较小的

B. 热导率较大的

C. 一样大

D. 不好说

6. 随着温度的升高，绝大多数金属的热导率（   ）。

A. 升高

B. 降低

C. 不变

D. 无法确定

7. 对于通过某一平壁的一维定态热传导过程，如果忽略材料热导率随温度的变化，则平壁内温度在热流方向上的分布规律是（   ）。

A. 直线上升

B. 抛物线上升

C. 直线下降

D. 抛物线下降

8.（多选）假定壁材料热导率不随温度而变化，对于一维平壁和一维圆筒壁的定态热传导，以下哪几方面是不同的？（   ）

A. 壁内沿热流方向的温度分布规律

B. 壁内沿热流方向的温度梯度分布规律

C. 壁内沿热流方向的热流量分布规律

D. 壁内沿热流方向的热通量分布规律

9.（多选）下列选项中，哪几项是多层平壁和多层圆筒定态热传导的共同点？（   ）

A. 某层的温差与热阻之比等于其他任意一层的温差与热阻之比

B. 通过各层的导热热通量相同

C. 通过各层的导热速率相同

D. 某层的温差与厚度之比等于其他任意一层的温差与厚度之比

10. 对流传热是指（   ）。

A. 在流体内部热量从高温处向低温处的传递

B. 流体运动时内部热量从高温处向低温处的传递

C. 运动着的流体与固体壁面之间的传热

D. 流体内部由于质点运动和混合造成热量从高温处向低温处的传递

11. 湍流流体中的对流传热，热阻最大的区域在（   ）。

A. 层流内层

B. 过渡区

C. 湍流主体

D. 以上都不是

12. 现有冷、热流体各一股分别流过金属壁面的两侧，则对流体内部温度梯度描述正确的是（ ）。

A. 冷流体内，越靠近壁处温度梯度越小；热流体内，越靠近壁面处温度梯度越大

B. 冷流体内，越靠近壁处温度梯度越大；热流体内，越靠近壁面处温度梯度越小

C. 冷、热流体内，越靠近壁处温度梯度越小

D. 冷、热流体内，越靠近壁处温度梯度越大

13. 自然对流传热产生的根本原因是（ ）。

A. 流体内部存在温度差

B. 流体内部存在压强差

C. 流体内部存在密度差

D. 流体内部存在速度差

14. 无相变强制对流传热系数的计算方程来自（ ）。

A. 纯经验方法

B. 纯理论方法

C. 量纲分析指导下的实验研究法

D. 数学模型法

15. 反映流体的物理性质对对流传热过程影响的数群是（ ）。

A. 努塞特数

B. 雷诺数

C. 普朗特数

D. 格拉斯霍夫数

16. 当流体处于强制湍流时，在对流传热系数关联式中可以略去的是（ ）。

A. 格拉斯霍夫数

B. 努塞特数

C. 普朗特数

D. 雷诺数

17. 流体的流量一定时，流体在圆管内强制湍流时的对流传热系数与管内径的关系是（ ）。

A. 与管内径的 1.8 次方成正比

B. 与管内径的 1.8 次方成反比

C. 与管内径的 0.2 次方成正比

D. 与管内径的 0.2 次方成反比

18. 流体在管外垂直流过管束时，比较管子直列排布和错列排布时的平均对流传热系数，（ ）。

A. 直列排布时较大

B. 错列排布时较大

C. 二者相同

D. 不好说

19. 大容积液体沸腾对流传热系数比无相变时大的主要原因是（　　）。

A. 气泡脱离加热面时对附近液体有搅动作用

B. 气泡在长大过程中吸收了大量热能

C. 气泡的产生和长大要求液体必须过热

D. 大量气泡连成片使加热面热损失减小

20. 工业生产希望将大容积沸腾控制在哪种状态？（　　）

A. 自然对流

B. 核状沸腾

C. 膜状沸腾

D. 控制在哪种状态无关紧要

21. 工业冷凝器的设计将饱和蒸汽冷凝考虑为（　　）。

A. 滴状冷凝

B. 膜状冷凝

C. 降膜冷凝

D. 湍动冷凝

22. 下列关于总传热系数的说法，哪一项不正确？（　　）

A. 两流体的换热热通量正比于其温差，其比例系数即为总传热系数

B. 两流体换热过程总热阻的倒数

C. 单位面积、单位温差下的传热速率

D. 总传热系数为冷、热两种流体的对流传热系数之和

23. 水和空气通过换热面进行传热，污垢热阻可以忽略，则该过程的控制热阻是（　　）。

A. 水侧的热阻

B. 管壁的热阻

C. 空气侧的热阻

D. 不存在控制热阻

24. 水和空气通过换热面进行传热，管壁热阻和污垢热阻可以忽略。若将水的对流传热系数提高至原来的 2 倍，则总传热系数（　　）。

A. 变化很小

B. 变为接近原来的 1.5 倍

C. 变为接近原来的 2 倍

D. 变为接近原来的 1.74 倍

25. 某一套管换热器在管间用饱和水蒸气加热管内空气，设饱和水蒸气温度为 100℃，空气进口温度为 20℃，出口温度为 80℃，则此套管换热器内管壁温度（　　）。

A. 接近空气平均温度

B. 接近饱和水蒸气和空气的平均温度

C. 接近饱和水蒸气温度

D. 不好说

26. 列管换热器中，用饱和蒸汽加热空气，判断以下两种说法的正确性。（　　）

①换热管的壁温将接近加热蒸汽温度；②换热器总传热系数 K 将接近空气侧的对流传热系数。

A.①和②都对

B.①和②都不对

C.①对、②不对

D.①不对、②对

27. 某换热器两端的温差 t_1 与 t_2（假定 $t_1 > t_2$）之和为一定值时，当 t_2 趋近于零时，该换热器的平均传热推动力（　　）。

A. 为某一定值不变

B. 趋近于无穷大

C. 趋近于零

D. 不好说

28. 冷、热流体进、出口温度一定的情况下，以下哪种流动型式的平均传热温差最大？（　　）

A. 并流

B. 逆流

C. 错流

D. 折流

29. 某列管换热器中用饱和蒸汽在壳程加热管内流动的空气。如果增大空气流量，则空气出口温度会（　　）。

A. 升高

B. 降低

C. 不变

D. 无法确定

30. 某列管换热器中用饱和蒸汽在壳程加热管内流动的空气。如果增大空气流量，则该换热器的热负荷（　　）。

A. 升高

B. 降低

C. 不变

D. 无法确定

31. 提高作为加热介质的饱和蒸汽的压强，将会使换热过程从以下哪个方面得到强化？（　　）

A. 提高总传热系数

B. 增大传热面积

C. 提高平均传热温差

D. 不会使换热过程得到强化

32. 下列选项中，换热管采用翅片管最合理的是（　　）。

A. 两侧均为液体

B. 两侧流体均有相变化

C. 一侧为气体，一侧为蒸汽冷凝

D. 一侧为液体沸腾，一侧为高温液体

33.（多选）并流换热的特点是（　　）。

A. 平均传热推动力小

B. 保护热敏性物质

C. 最高壁温较低

D. 节省加热剂或冷却剂

34.（多选）考虑饱和蒸汽与空气通过间壁进行换热的过程，为强化传热，下列方案中合理的是（　　）。

A. 提高空气流速

B. 提高蒸汽流速

C. 采用过热蒸汽以提高蒸汽温度；或在蒸汽一侧管壁上加装翅片，以增加冷凝面积并及时导走冷凝液

D. 提高饱和蒸汽的压强

35.（多选）将换热管由光管改为翅片管，将会使换热过程从哪几方面得到强化？（　　）

A. 提高对流传热系数，进而提高总传热系数

B. 减小污垢热阻

C. 增大传热面积

D. 提高平均传热温差

36. 为提高列管式换热器壳程的对流传热系数，通常在其壳程设置（　　）。

A. 隔板

B. 折流板

C. 管板

D. 膨胀节

37. 列管式换热器设置管程隔板的目的是（　　）。

A. 提高管程流体的流速

B. 降低管程流体的压强

C. 提高换热面积

D. 消除热应力

38. 一般来说，列管式换热器中两种流体温差超过（　　）时，就应考虑热补偿。

A. 20℃

B. 50℃

C. 80℃

D. 100℃

39. 对于固定管板列管式换热器，采用哪种方式进行热补偿？（　　）。

A. 在壳程内设置折流板

B. 在壳程内设置隔板

C. 采用浮头结构

D. 设置膨胀节

40. 以空气为冷却介质冷却液体时，工业生产中的空冷器常采用翅片管。空气应该流过哪一侧？（　　）

A. 没有翅片的一侧

B. 有翅片的一侧

C. 有翅片或没有翅片的一侧，传热效果没有差别

D. 不好说

41.（多选）列管式换热器的热补偿措施有（　　）。

A. 壳体上设置膨胀节

B. 封头内设置隔板

C. 采用浮头结构

D. 采用 U 形换热管

计算题

1. 面包炉的炉墙由一层耐火黏土砖、一层红砖，中间填以硅藻土填料层所组成。硅藻土层厚度为 50mm，热导率为 $0.14W/(m \cdot ℃)$。红砖层厚度为 250mm，热导率为 $0.7W/(m \cdot ℃)$。试求若不采用硅藻土，红砖层厚度必须增加多少倍，才能使炉墙与上述炉墙的热阻。

2. 用 $\phi170mm \times 5mm$ 钢管输送水蒸气，为减少热损失，钢管外包扎两层绝热材料，第一层厚度为 30mm，第二层厚度为 50mm，管壁及两层绝热材料的平均热导率分别为 $45W/(m \cdot ℃)$、$0.093W/(m \cdot ℃)$ 和 $0.175W/(m \cdot ℃)$，钢管内壁面温度为 300℃，第二层保温层外表面温度为 50℃，试求单位管长的热损失量和各层间接触界面的温度。

3. 冷却水在 $\phi19mm \times 1mm$，长为 2m 的钢管中以 1m/s 的流速通过。水温由 15℃ 升至 25℃。求管壁对水的对流传热系数。

4. 空气以 4m/s 的流速通过 $\phi75.5mm \times 3.75mm$ 的钢管，管长 20m。空气入口温度为 32℃，出口为 68℃，试计算空气与管壁间的对流传热系数。如空气流速增加一倍，其他条件不变，对流传热系数又为多少？

5. 牛奶在 $\phi32mm \times 3.5mm$ 的不锈钢管中流过，管外用蒸汽加热。管内牛奶的表面传热系数为 $500W/(m^2 \cdot ℃)$，管外蒸汽对管壁的对流传热系数为 $2000W/(m^2 \cdot ℃)$，不锈钢的热导率为 $17.5W/(m^2 \cdot ℃)$，求总热阻和传热系数。如管内有 0.5mm 厚的有机垢层，其热导率为 $1.5W/(m^2 \cdot ℃)$，热阻为原来的多少倍？

6. 在一板式换热器中，参加换热的热水进口温度为98℃，出口温度为75℃，冷流体的进口温度为5℃，出口温度为65℃。求两种流体并流和逆流时的平均温度差，并将两者作比较。

7. 用换热器将发酵培养基由80℃冷却到20℃，培养基的比热容为3187J/(kg·K)，流量为150kg/h。冷却水与培养基呈逆流进入换热器，进口和出口温度分别为6℃和16℃。传热系数为350W/(m²·℃)，计算换热面积和冷却水流量。

8. 用单程管壳式换热器将22℃的空气加热到100℃，空气平均比热容为1007J/(kg·℃)，换热器内装 $\phi19mm \times 2mm$ 的钢管237根，管长3.0m。管程空气流量7500kg/h，对流传热系数为85W/(m²·℃)。壳程加热蒸汽为120℃，对流传热系数为9500W/(m²·℃)。求：(1) 基于管外表面的总传热系数；(2) 该换热器能否满足需要。

9. 一单程管壳式换热器，内装 $\phi25mm \times 2.5mm$ 的钢管300根，管长为2m。流量为8000kg/h的常压空气在管内流动，温度由20℃加热到85℃。壳程为108℃，饱和蒸汽冷凝。若已知蒸汽冷凝传热系数为 1×10^4 W/(m²·℃)，换热器热损失及管壁、污垢热阻均可忽略，试求：(1) 管内空气的对流传热系数；(2) 基于管外表面积的总传热系数；(3) 该换热器能否满足要求。

CHAPTER 5

生物加工过程中的吸收操作 第**5**章

5.1 概述

随着我国"双碳"目标的实施，生物加工行业特别是生物发酵领域需要对尾气中的二氧化碳及挥发性有机物（volatile organic compounds, VOCs）加以处理或资源化利用才能排放，这就需要采用吸收操作。

吸收操作就是利用气体混合物在液体中溶解度的差异，实现分离的单元操作。吸收是个质量传递过程，即气相中的易溶组分向液相传递，简称传质。如图 5-1 所示，通常将混合气（A＋B）中的易溶组分 A 称为溶质，B 称为惰性组分，吸收剂 S 称为溶剂。在工业生产中，使用吸收操作的目的主要为：①从气体中分离出有价值的组分并回收，如

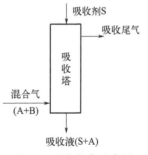

图 5-1 吸收操作示意图

挥发性香精；②将气体中无用或有害的组分除去，以免影响产品质量，腐蚀设备或污染环境，例如发酵尾气中 CO_2、有机酸性气体用碱液吸收；③使气体溶于液体制成溶液产品，例如在压力作用下使 CO_2 溶于液体饮料中制碳酸饮料。

在吸收过程中，若气体溶质与液体溶剂不发生明显的化学反应，则为物理吸收，上面提到的香精的回收和 CO_2 的吸收，都属于物理吸收。若气体溶质与液相组分在吸收过程中发生了化学反应，则为化学吸收。上例中碱液对 CO_2 等酸性气体的吸收属化学吸收。

在液体和气体的接触过程中，如发生液体组分向气体传递，则称为解吸或脱吸，解吸是吸收的逆过程。解吸与吸收的基本原理是相同的，只是传质方向相反而已，食用油加工中的脱臭就是解吸操作的实例。本节以讨论吸收为主，着重讨论单组分的等温物理吸收。

吸收操作是气、液两相之间的接触传质过程，吸收操作的成功与否在很大程度上取

决于所选吸收剂（溶剂）的性质，特别是溶剂与气体混合物之间的相平衡关系。结合物理化学中相关相平衡的知识，吸收剂的选取原则应该考虑以下几点。

① 溶解度。溶剂应对混合气体中被分离组分（溶质）有较大的溶解度，或者说在一定的温度与浓度下，溶质有较低的平衡分压。这样从平衡的角度来说，处理一定量混合气体所需溶剂的用量较少，气体中溶质的极限残余浓度也可降低；就过程速率而言，溶质平衡分压越低，过程推动力越大，传质速率越快，所需设备尺寸越小。

② 选择性。所选吸收剂应该对混合气体中其他组分的溶解度要小，即溶剂应该具有较高的选择性。如果溶剂的选择性不是很高，它将同时吸收气体混合物中的其他组分，这样的吸收操作只能实现某种气体在某种程度上的增浓而不能实现较为完全的分离。

③ 挥发度。在吸收过程中，吸收尾气往往被吸收剂蒸气所饱和，故在操作温度下，吸收剂的蒸气压要低些，即挥发度要小，以降低溶剂本身的损失，又可避免带入新的杂质。

④ 黏度。吸收剂应具有较低的黏度，且在吸收过程中不易产生泡沫，以实现吸收塔内良好的气、液接触和塔顶的气、液分离，通常可在溶剂中加入消泡剂。

⑤ 化学稳定性。所选取的吸收剂应具有良好的化学稳定性，以免在使用过程中发生反应，引入杂质。

⑥ 其他。所选溶剂应尽可能具备价廉、易得、无毒、不易燃易爆、无腐蚀性、不发泡、冰点低以及化学性质稳定等特点。

吸收设备以塔设备最为常见，按气液两相接触方式可分为级式接触与微分接触两大类。如图 5-2 所示，板式塔就是级式接触的典型例子，级式接触是在塔板上进行的，气体自下而上通过板上筛孔逐级上升，与每一块板下降的液体接触，其中可溶组分被部分溶解，气体每上升一块塔板，其可溶组分浓度逐级降低，溶剂逐级下降，吸收液浓度逐级升高。微分接触又称连续接触，是两相分别以连续方式引入设备，塔内充满填料，上升气体与塔顶喷淋的液体通过填料层的空隙连续逆流接触，不断地进行相际传质和分离，填料塔是常用的连续接触传质设备。

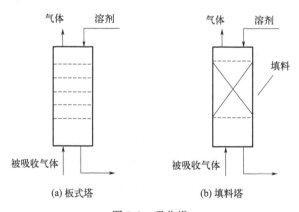

(a) 板式塔　　　(b) 填料塔

图 5-2　吸收塔

5.1.1　吸收操作在生物加工中的应用

生物加工过程的主要产品味精、有机酸、酶制剂等，主要以淀粉为原料，经过液化、糖化、发酵过程产生的废气主要成分含氨、胺、硫醇、硫醚、脂肪酸和硫酸盐类物质，并带有恶臭气味，早期一些企业选择以水为吸收剂，利用水吸收废气，但对于废气中溶解度较低的气体组分的吸收效果有限。当前研究利用生物法治理发酵过程中的废气，主要选择生物滴滤塔（图 5-3），以沸石为填料，液体从塔顶向下喷淋，经底部回流至贮液槽，完成循环。废气体从塔底通入，上升过程中与填料表面的生物膜接触，经生物净化后的气体从塔顶排出，生物滴滤塔废气的脱臭效率大于 95%。此外，对发酵尾气的处理也可以采用化学吸收，图 5-4 为某发酵企业尾气处理流程，发酵尾气中含有二氧化碳、VOCs 等，先经过氧化塔，采用次氯酸钠作为吸收剂，将尾气

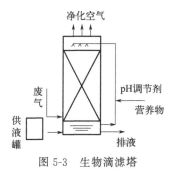

图 5-3　生物滴滤塔

中的菌体灭活，再经过碱洗塔用碱液吸收废气，去除酸性气体和挥发性有机物，净化的气体达到排放标准，经引风机排出。

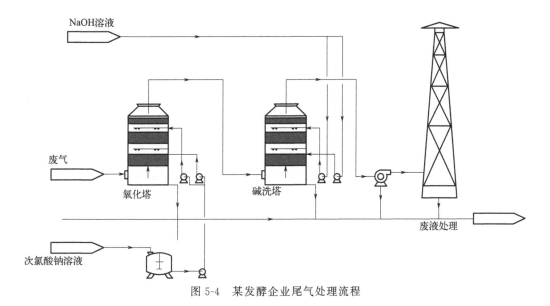

图 5-4　某发酵企业尾气处理流程

5.1.2　本章基本假定

为便于说明问题，本章讨论的气体吸收基于以下假定：

① 气体混合物中只有一种组分溶于溶剂，即单组分吸收，其余组分在溶剂中的溶解度很低，可忽略不计，可视为一个惰性组分；

② 溶剂的蒸气压很低，即不计气体中的溶剂蒸气；

③ 操作在连续、定态条件下进行。

5.2 气液相平衡

5.2.1 平衡时溶解度

在一定条件下（温度和压力），使气体和液体接触，气体中的可溶组分被液体吸收而溶解于液体中，经过相当长的接触时间，液相中溶质浓度不再增加而达饱和，此时达气液相平衡状态，溶质在液相中的含量称为溶解度，气相中溶质的分压称为平衡分压 p_e。

5.2.1.1 溶质组成的表示方法

溶质在液相中的组成可以用摩尔浓度 c_A 表示，也可以用摩尔分数 x 表示。

（1）摩尔浓度

$$c_A = \frac{n_A}{V} \tag{5-1}$$

式中　c_A——溶质 A 的摩尔浓度，$kmol/m^3$；

　　　n_A——溶质 A 的物质的量，$kmol$；

　　　V——吸收液的体积，m^3。

（2）摩尔分数

$$x = \frac{n_A}{n_A + n_s} \tag{5-2}$$

式中　x——溶质 A 的摩尔分数；

　　n_A，n_s——溶质 A、吸收剂 S 的物质的量。

溶质在气相中的组成可以用平衡分压 p_e 表示，也可以用摩尔分数 y 表示，根据分压定律：

$$y = \frac{p_e}{P} \tag{5-3}$$

式中　p_e——溶质 A 在气相中的平衡分压；

　　　P——总压。

c_A 常称为组分 A 的溶解度，溶解度的大小与气体溶质和溶剂性质有关，不同气体在同一溶剂中的溶解度有很大差异，同一气体在不同溶剂中的溶解度也不同。

气体的溶解度还与温度和总压有关。但总压若在低压范围内变化，对气体溶解度影响较小，常常可以忽略总压变化的影响。图 5-5 为 NH_3 在水中的溶解度曲线。可以看出，温度对气体溶解度影响较大，一般随温度升高，气体溶解度减小，故对于吸收操作，降低温度有利于吸收。

图 5-6 为一些常见气体的溶解度曲线，可以看出，T 一定，达到同样浓度，易溶气体的平衡分压小，难溶气体的平衡分压大。

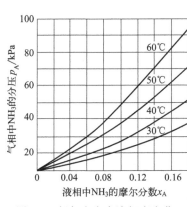

图 5-5　氨气在水中溶解度变化

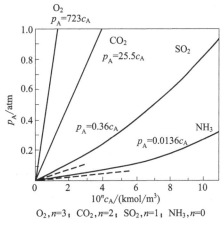

图 5-6　不同气体在水中溶解度

5.2.1.2　亨利定律

当总压不太高（<0.5MPa）时，一定温度下，稀溶液上方溶质的平衡分压和其液相中的浓度成直线关系，此关系称为亨利定律。因浓度表示方式的不同，亨利定律常有下列几种形式：

$$p_e = Ex \tag{5-4}$$

$$p_e = Hc \tag{5-5}$$

式中　c——溶液中溶质的摩尔浓度，$kmol/m^3$。

$$y_e = mx \tag{5-6}$$

式中　p_e——溶质在气相中的平衡分压，kPa；

　　　x——溶质在液相中的摩尔分数；

　　　E——亨利系数，kPa；

　　　H——溶解度系数，$kN·m/kmol$；

　　　y——与液相平衡的气相中溶质的摩尔分数；

　　　m——相平衡常数，无量纲。

E、H、m 为不同单位表示的亨利常数，亨利系数数值的大小可通过实验测定，也可在有关手册中查得，E 值随温度升高而增大，几乎不受压强的影响，易溶气体 E 较小，难溶气体 E 较大；H 称为溶解度系数，与亨利系数类似，H 值随温度升高而增大，几乎不受压强的影响，易溶气体 H 较小，难溶气体 H 较大；m 称为相平衡常数，无量纲，m 值随温度升高而增大。比较亨利定律的三种形式可以得出 E、H、m 间的关系。

设溶液总摩尔浓度为 c_M，$kmol/m^3$。溶液总摩尔浓度可用 $1m^3$ 溶液为基准来计算，即

$$c_M = \frac{\rho_m}{M_m} \tag{5-7}$$

式中 ρ_m——混合溶液的平均密度，kg/m^3；

　　 M_m——混合溶液的平均摩尔质量，$kg/kmol$。

则

$$c = c_M x \tag{5-8}$$

对稀溶液可近似为

$$c_M = \frac{\rho_s}{M_s}$$

式中 ρ_s——稀溶液中溶剂的密度，kg/m^3；

　　 M_s——稀溶液中溶剂的摩尔质量，$kg/kmol$。

将式(5-8) 代入式(5-7)，联立式(5-4)、式(5-5)，可得

$$E = H\frac{c}{x} = Hc_M = \frac{H\rho_s}{M_s} \tag{5-9}$$

$$m = \frac{E}{P} \tag{5-10}$$

式中，P 为总压，kPa。

由以上关系可知，温度升高，E、H、m 均增大；压力升高，m 减小，E、H 不变，故吸收应采用低温高压操作。

5.2.2　相平衡与吸收过程的关系

相平衡关系描述的是气、液传质过程中两相接触传质的极限过程，但在实际情况下，由于气、液两相在吸收塔中接触的时间有限，很难达到平衡状态。因此，将气、液两相传质过程中的实际组成与相应条件下的平衡组成进行比较，可以判断传质进行的方向，指明传质过程所能达到的极限，确定传质推动力的大小。

5.2.2.1　判别过程的方向

如图 5-7 所示，设在 101.3kPa、20℃下稀氨水的相平衡方程为 $y_e = 0.94x$，即把含氨 0.10（摩尔分数）的混合气和 $x = 0.05$ 的氨水接触，由相平衡关系可得气相浓度 y 大于与液相浓度相平衡的气相浓度 y_e，可计算得 $y_e = 0.94 \times 0.05 = 0.047$，由于 $y > y_e$，故两相接触时将有部分氨自气相转入液相，即发生吸收过程。同样也可以理解为液相浓度 x 小于与气相浓度 y 相平衡的液相浓度 x_e，$x_e = \dfrac{y}{m} = \dfrac{0.1}{0.94} = 0.106$，故两相接触时将有部分氨自气相转入液相。

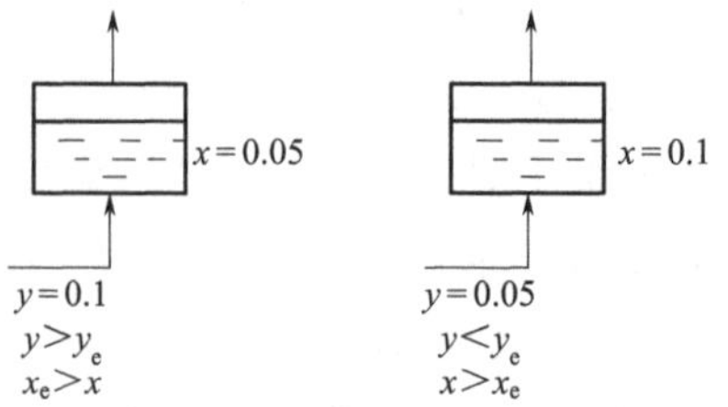

图 5-7　吸收过程的方向

反之，若以 $y = 0.05$ 的含氨混合气与 $x = 0.10$ 的氨水接触，则 $y < y_e$ 或 $x > x_e$，部分氨自液相转入气相，即发生解吸过程。

5.2.2.2　指明吸收过程的极限

如图 5-8 所示，浓度为 y_1 的混合气送入吸收塔底部，溶剂自塔顶加入作逆流吸收，若减少吸收剂用量，塔底出口浓度 x_1 将增大，但即使在塔很高、吸收剂用量很少的情况下，x_1 也不会无限增大，其极限 $x_{1,max}$ 是气相浓度 y_1 的平衡浓度 x_{1e}，即

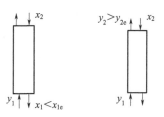

$$x_{1,max} = x_{1e} = \frac{y_1}{m}$$

反之，当吸收剂用量很大而气体用量较小时，即使在无限高的塔内进行逆流吸收，出口气体的溶质浓度也不会低于吸收剂入口浓度 x_2 的平衡浓度 y_{2e}，即

图 5-8　吸收过程的极限

$$y_{2,min} = y_{2e} = mx_2$$

由此可见，相平衡限制了吸收剂离塔的最高浓度和气体混合物离塔的最低浓度。

5.2.2.3　计算过程的推动力

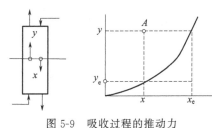

图 5-9　吸收过程的推动力

在吸收过程中，通常以实际浓度与平衡浓度的差值来表示吸收的推动力。推动力越大，吸收速率越快。图 5-9 为吸收塔某一截面，该处气相溶质浓度为 y，液相溶质浓度为 x，在 $y\text{-}x$ 相平衡图上，该截面的两相实际浓度可用 A 点表示，因相平衡关系的存在，气液两相的吸收推动力不是 $y-x$，而是 $y-y_e$ 或 x_e-x，$y-y_e$ 称为以气相浓度差表示的吸收推动力，x_e-x 称为以液相浓度差表示的吸收推动力。

【例 5-1】　在总压 500kPa、温度 27℃下使含 CO_2 3%（体积分数）的气体与含 CO_2 370g/m³ 的水相接触，在操作条件下，亨利系数 $E = 1.73 \times 10^5$ kPa，水溶液的密度可取 1000kg/m³，CO_2 的分子量为 44，试判断是发生吸收还是解吸，并计算以 CO_2 的分压差表示的总推动力。

解：CO_2 在液相中的浓度

$$c = \frac{370 \times 10^{-3}}{44} = 8.4 \times 10^{-3} (\text{kmol/m}^3)$$

对于稀溶液　$H = \dfrac{EM_m}{\rho_m} \approx \dfrac{EM_S}{\rho_S}$

$$p_e = Hc = \frac{EM_S}{\rho_S}c = \frac{1.73 \times 10^5 \times 18}{1000} \times 8.4 \times 10^{-3} = 26.16 (\text{kPa})$$

CO_2 在气相中的分压 $p = Py = 500 \times 0.03 = 15$ (kPa)

$p < p_e$，故发生解吸。

总推动力 $p_e - p = 26.16 - 15 = 11.16$ (kPa)

由本例可知，解吸操作中，气相浓度小于与液相平衡的浓度，A 点位于相平衡线的下方（见附图）。

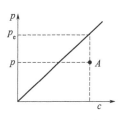

例 5-1 附图

5.3　扩散与单相传质

吸收过程涉及两相间的物质传递，包括三个步骤，即：溶质由气相主体传递到两相界面，溶质在相界面上的溶解，溶质自界面被传递至液相主体。通常，溶质在相界面上溶解的阻力很小，气液相界面上的溶质浓度满足相平衡关系。这样，总过程速率主要由单相传质速率所决定。

当系统内部存在浓度差时，物质总要由高浓度区向低浓度区转移，这种现象称为扩散。根据传质的机理，可分为分子扩散和对流传质两种。

分子扩散是只依靠微观的分子运动进行的扩散，而无宏观的混合作用。分子扩散与热传导过程相类似，是分子微观运动的宏观结果，混合物中存在浓度差、压强差时，都会产生分子扩散。

在流动的流体中，不仅有分子扩散，还有流体的宏观位移导致的物质传递，这种现象称为对流传质。对流传质与对流传热类似，通常指流体与某一界面间的传质。

5.3.1　双组分混合物的分子扩散

分子扩散的实质是分子的微观运动，对恒温恒压一维定态扩散，菲克通过实验总结出计算物质分子扩散量的基本定律，即当物质 A 在介质 B 中发生分子扩散时，扩散通量与该处的浓度梯度成正比。该定律称为菲克定律。

$$J_A = -D_{AB} \frac{\mathrm{d}c_A}{\mathrm{d}z} \tag{5-11}$$

式中　J_A——物质 A 在介质 B 中 z 方向上的分子扩散通量，$kmol/(m^2 \cdot s)$；

$\dfrac{\mathrm{d}c_A}{\mathrm{d}z}$——物质 A 的浓度在 z 方向的变化率，即浓度梯度；

c_A——物质 A 的摩尔浓度，$kmol/m^3$；

D_{AB}——物质 A 在介质 B 中的分子扩散系数，m^2/s。

式中负号表明，扩散方向与浓度梯度的方向相反。

对双组分混合物，若混合物总浓度 c_M 是定值，$c_M = c_A + c_B$ 或总压是定值，$P = p_A + p_B$。则有

$$\frac{\mathrm{d}c_A}{\mathrm{d}z} = \frac{\mathrm{d}(c_M - c_B)}{\mathrm{d}z} = -\frac{\mathrm{d}c_B}{\mathrm{d}z} \tag{5-12}$$

$$J_B = -D_{BA} \frac{\mathrm{d}c_B}{\mathrm{d}z}$$

对双组分混合物有

$$D_{AB} = D_{BA} = D$$
$$J_A = -J_B \tag{5-13}$$

式(5-13)表明，组分 B 的扩散流 J_B 与组分 A 的扩散流 J_A 大小相等，方向相反。

5.3.1.1 等分子反向扩散

设在气液界面的一侧有一厚度为 δ 的静止气层，气层内总压相等，组分 A 在界面及相距界面 δ 处的气相主体的浓度分别为 c_{Ai} 和 c_A，则如图 5-10 所示，组分 B 在此两处相应的浓度分别为

$$c_{Bi} = c_M - c_{Ai}, \quad c_B = c_M - c_A$$

因气相主体和界面间存在浓度差，$c_A >$
c_{Ai}，组分 A 将以 J_A 的速率由主体向界面扩散。为保持气层内总压相等，组分 B 必然以同样的速率 J_B 由界面向气相主体扩散。显然，只有当液相能以同一速率向界面供应组

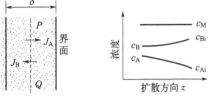

图 5-10　分子的扩散

分 B 时，界面上 c_{Bi} 方能保持定态，即通过截面 PQ 的净物质量为零，这种现象称为等分子反向扩散。

如图 5-11 所示。没有净物流，组分 A 的传递速率 N_A 等于扩散速率 J_A，若扩散为定态，传递速率 N_A 为常数

$$N_A = J_A = -D \frac{dc_A}{dz}$$

积分得

$$\int_0^\delta dz = \frac{D}{N_A} \int_{c_{A2}}^{c_{A1}} dc_A$$

$$N_A = \frac{D}{\delta}(c_{A1} - c_{A2}) \tag{5-14}$$

式中　N_A——扩散速率，$kmol/(m^2 \cdot s)$；

δ——扩散距离，m；

c_{A1}，c_{A2}——溶质 A 在两个截面的摩尔浓度。

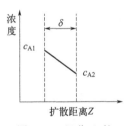

图 5-11　组分 A 的
等分子反向扩散

由此可见，定态条件下，若扩散系数 D 为常数，则组分 A 的浓度沿扩散距离呈线性分布（图 5-11）。

对于理想气体，组分的浓度若以分压差为推动力，则

$$c_A = \frac{n_A}{V} = \frac{p_A}{RT} \tag{5-15}$$

则有

$$N_A = \frac{D}{RT\delta}(p_{A1} - p_{A2}) \tag{5-16}$$

式中，p_{A1}、p_{A2} 为溶质 A 在扩散膜两侧的分压；R 为气体常数；T 为温度。

5.3.1.2 单向扩散

对吸收过程，组分 A 被液体吸收，B 为惰性组分，液相无组分 B，故吸收是单向扩散，组分 A 被液体吸收，且组分 B 反向扩散，都导致界面处气体总压降低，使气相主体与界面之间产生微小压差，这一压差促使混合气体向界面流动，此流动称为主体流动。主体流动同时携带组分 A 和 B，是宏观流动。

设在气液界面的一侧取一与气液界面平行的静止平面 PQ（图 5-12），通过 PQ 存在三个物流，两个扩散流 J_A、J_B 及主体流动 N_M。设通过静止考察平面 PQ 的净物流为 N，对平面 PQ 做物料衡算得：

$$N = N_M + J_A + J_B = N_M$$

对 A 组分做物料衡算，则有

$$N_A = J_A + N_M \frac{c_A}{c_M} = J_A + N \frac{c_A}{c_M} \tag{5-17}$$

式中，$N_M \dfrac{c_A}{c_M}$ 表示主体流动中 A 所占的传递速率。

对双组分物系，$N = N_A + N_B$。

在吸收过程中，惰性组分 B 的传递速率 $N_B = 0$，由式(5-17) 得

$$N_A \left(1 - \frac{c_A}{c_M}\right) = -D \frac{dc_A}{dz}$$

$$\int_0^\delta dz = \frac{Dc_M}{N_A} \int_{c_{A2}}^{c_{A1}} \frac{dc_A}{c_M - c_A}$$

$$N_A = \frac{Dc_M}{\delta} \ln \frac{c_M - c_{A2}}{c_M - c_{A1}} = \frac{Dc_M}{\delta} \ln \frac{c_{B2}}{c_{B1}}$$

或
$$N_A = \frac{Dc_M}{\delta c_{Bm}}(c_{A1} - c_{A2}) \tag{5-18}$$

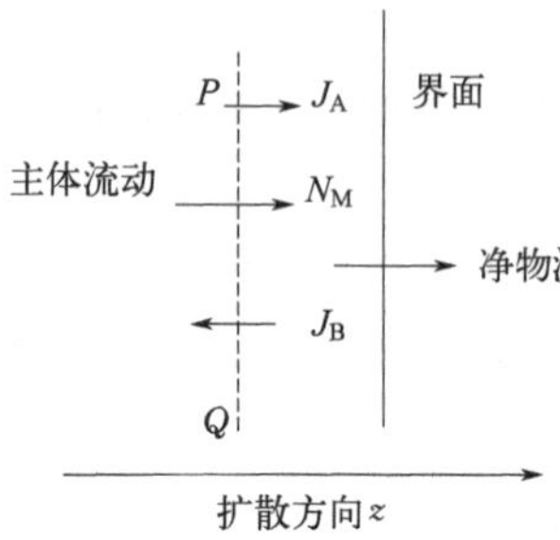

理想气体或总压不太高时，有

$$N_A = \frac{DP}{RT\delta} \ln \frac{p_{B2}}{p_{B1}} = \frac{D}{RT\delta} \frac{P}{p_{Bm}}(p_{A1} - p_{A2}) \tag{5-19}$$

$$c_{Bm} = \frac{c_{B2} - c_{B1}}{\ln \dfrac{c_{B2}}{c_{B1}}} \tag{5-20}$$

$$p_{Bm} = \frac{p_{B2} - p_{B1}}{\ln \dfrac{p_{B2}}{p_{B1}}} \tag{5-21}$$

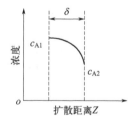

图 5-12 主体流动与扩散流

式中，c_{Bm} 或 p_{Bm} 表示在静止流体层两侧 B 组分的对数平均值。

比较式(5-14) 和式(5-18) 可知单向扩散速率是分子扩散速率的 $\dfrac{c_M}{c_{Bm}}$ 或 $\dfrac{P}{p_{Bm}}$ 倍，$\dfrac{c_M}{c_{Bm}}$ 或 $\dfrac{P}{p_{Bm}}$ 称为漂流因子，其值大于1，反映了总体流动对分子扩散的影响程度。如图 5-13 所示，单向扩散中组分 A 的浓度沿扩散方向的分布为向上凸的曲线。在实际生产中，吸收、解吸的溶剂向空气中汽化挥发均属于单向扩散。

图 5-13 单向扩散

利用单向扩散速率方程可进行扩散时间的计算：

$$N_A A d\tau = \frac{\rho_L A dz}{M_A} \tag{5-22}$$

式(5-22) 表明，对于单向扩散，溶质 A 扩散的物质的量等于液相汽化的物质的量，联立单向扩散速率方程 (5-19)，即可求出完成一定扩散量所需的扩散时间。

【例 5-2】 生物产品表面水 2mm，水温 20℃，水面上方有一层 0.2mm 厚的静止空

气层，水通过此层扩散进入大气。大气中的水蒸气分压为 1.33kPa，问多长时间后，产品表面上的水可以被蒸干。

解： 水通过静止气层的扩散为单向扩散，近似作为定态处理。

查 20℃水在空气中的扩散系数 $D = 0.25 \times 10^{-4} \, \text{m}^2/\text{s}$，

水蒸气在 20℃饱和蒸气压为 $p_{A1} = 2.34 \text{kPa}$，$p_{A2} = 1.33 \text{kPa}$，则

$$p_{B1} = P - p_{A1} = 101.3 - 2.34 = 98.96 (\text{kPa})$$
$$p_{B2} = P - p_{A2} = 101.3 - 1.33 = 99.97 (\text{kPa})$$

$$
\begin{aligned}
N_A &= \frac{Dp}{RT\delta} \frac{P}{p_{Bm}} (p_{A1} - p_{A2}) \\
&= \frac{0.25 \times 10^{-4}}{8.314 \times (273.15 + 20) \times 0.2 \times 10^{-3}} \\
&\quad \times \frac{101.3}{99.5} \times (2.34 - 1.33) = 5.27 \times 10^{-5} [\text{kmol}/(\text{m}^2 \cdot \text{s})]
\end{aligned}
$$

设水层厚度为 z，由式（5-22）得

$$N_A A \tau = \frac{\rho_L A z}{M_A}$$

则水通过气层扩散的物质的量等于水汽化的物质的量，可计算扩散时间为

$$\tau = \frac{\rho_L z}{M_A N_A} = \frac{1000 \times 2 \times 10^{-3}}{18 \times 5.27 \times 10^{-5}} = 2108(\text{s}) = 0.58(\text{h})$$

5.3.2　扩散系数

扩散系数是物质的特性常数之一，是计算分子扩散通量的关键。扩散系数反映了某组分在一定介质（气相或液相）中的扩散能力，其值随物系种类、温度、浓度或操作压强的不同而变化。

气体的扩散系数远大于液体的扩散系数，一般温度升高，分子动能增大；压强减小，分子间距加大，均能使气体的扩散系数增大；液体的扩散系数受温度和黏度影响较大，温度升高，黏度减小，均能使液体的扩散系数增大。常见物质的扩散系数可在相关资料中查到。

5.3.3　对流传质

对流传质通常指运动流体与界面（固体壁面或流体界面）间由于涡流或脉动作用所造成的质量传递，湍流脉动促进了横向（传质方向）的物质传递。流体主体的浓度分布被均化，其原因与对流传热相类似。

5.3.3.1　对流传质的双膜理论

对于相际间的对流传质问题，其机理往往是很复杂的，为了使问题得到简化，通常对传质过程做一些假设，也提出了多种传质理论，其中最具有代表性的是双膜理论。

双膜理论将两流体间的对流传质过程设想成为图 5-14 中的模式，其基本要点如下：

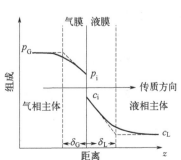

图 5-14　传质双膜理论

① 相界面两侧流体的对流传质阻力全部集中在界面两侧的两个停滞膜内，膜内传质方式为分子扩散。

② 相界面上没有传质阻力，即可认为所需的传质推动力为零，或气液两相在相界面处达到平衡。

5.3.3.2 对流传质速率

对流传质速率与对流传热速率类似，可以写成类似于牛顿冷却定律的形式。传质速率与浓度差成正比，因为气液相浓度的单位不同，对流传质速率方程可写成多种形式。气相与界面处的传质速率方程可写成

$$N_A = k_G(p - p_i) \tag{5-23}$$
$$N_A = k_y(y - y_i) \tag{5-24}$$

式中　p, p_i——溶质组分 A 在气相主体和界面处的分压；

　　y, y_i——溶质组分 A 在气相主体和界面处的摩尔分数；

　　k_G——以分压差为推动力的气相传质分系数；

　　k_y——以摩尔分数差为推动力的气相传质分系数。

界面与液相处的传质速率方程可写成

$$N_A = k_L(c_i - c) \tag{5-25}$$
$$N_A = k_x(x_i - x) \tag{5-26}$$

式中　c_i, c——为溶质组分 A 在界面处和液相主体的摩尔浓度；

　　x_i, x——溶质组分 A 在界面处和液相主体的摩尔分数；

　　k_L——以摩尔浓度差为推动力的液相传质分系数；

　　k_x——以摩尔分数差为推动力的液相传质分系数。

两式对比可得

$$k_y = P k_G \tag{5-27}$$
$$k_x = c_M k_L \tag{5-28}$$

5.4　相际传质

吸收过程的相际传质是由气相与界面的对流传质、界面上溶质组分的溶解、液相与界面的对流传质三个过程串联而成的，传质速率方程可按式（5-24）和式（5-26）计算，但界面浓度难以得到，为此，借鉴传热过程的处理方法，引入总传质系数，避开气液两相的传质分系数和界面浓度，可得相际传质速率方程。

5.4.1　相际传质速率方程

对于稀溶液，服从亨利定律：

$$y_i = m x_i$$

传质速率可以写成推动力与阻力之比，对定态过程，式（5-24）和式（5-26）可改

写为

$$N_A = \frac{y - y_i}{\dfrac{1}{k_y}} = \frac{x_i - x}{\dfrac{1}{k_x}} = \frac{m(x_i - x)}{\dfrac{m}{k_x}} = \frac{y - y_i + m(x_i - x)}{\dfrac{1}{k_y} + \dfrac{m}{k_x}} = \frac{y - y_e}{\dfrac{1}{k_y} + \dfrac{m}{k_x}} = K_y(y - y_e)$$

消去界面浓度，利用相平衡方程 $m(x_i - x) = y_i - y_e$ 或 $(y - y_i)/m = x_e - x_i$，可得

$$\frac{1}{K_y} = \frac{1}{k_y} + \frac{m}{k_x} \tag{5-29}$$

式中，K_y 表示以气相摩尔分数差 $(y - y_e)$ 为总推动力的气相总传质系数，同理可得

$$N_A = \frac{(y - y_i)/m + (x_i - x)}{\dfrac{1}{mk_y} + \dfrac{1}{k_x}} = \frac{x_e - x}{\dfrac{1}{k_y m} + \dfrac{1}{k_x}} = K_x(x_e - x) \tag{5-30}$$

$$\frac{1}{K_x} = \frac{1}{mk_y} + \frac{1}{k_x} \tag{5-31}$$

式中，K_x 表示以气相摩尔分数差 $(x_e - x)$ 为总推动力的液相总传质系数，比较式(5-29)和式(5-31)可知

$$mK_y = K_x \tag{5-32}$$

传质速率方程可用总传质系数或分传质系数两种方法表示，其相应的推动力也不同。此外，气相和液相中溶质的浓度采用分压 p 与摩尔浓度 c 表示时，传质速率方程中的传质系数与推动力自然也不同，表 5-1 列举了传质速率方程的各种形式。

表 5-1　传质速率方程的各种形式

相平衡方程	$y_e = mx$	$p = Hc$	备注
吸收传质速率方程	$N_A = k_y(y - y_i)$	$N_A = k_G(p - p_i)$	$k_y = Pk_G$
	$N_A = k_x(x_i - x)$	$N_A = k_L(c_i - c)$	$k_x = c_M k_L$
	$N_A = K_y(y - y_e)$	$N_A = K_G(p - p_e)$	$K_y = pK_G$
	$N_A = K_x(x_e - x)$	$N_A = K_L(c_e - c)$	$K_x = c_M K_L$
	$\dfrac{1}{K_y} = \dfrac{1}{k_y} + \dfrac{m}{k_x}$	$\dfrac{1}{K_G} = \dfrac{1}{k_G} + \dfrac{H}{k_L}$	
	$\dfrac{1}{K_x} = \dfrac{1}{mk_y} + \dfrac{1}{k_x}$	$\dfrac{1}{K_L} = \dfrac{1}{k_G H} + \dfrac{1}{k_L}$	
备注	$mK_y = K_x$	$HK_G = K_L$	

5.4.2　传质阻力的控制步骤

式(5-29)写成 $\dfrac{1}{K_y} = \dfrac{1}{k_y} + \dfrac{m}{k_x}$，即传质总阻力 $\dfrac{1}{K_y}$ 为气相阻力 $\dfrac{1}{k_y}$ 和液相阻力 $\dfrac{m}{k_x}$ 之和。当 $\dfrac{1}{k_y} \gg \dfrac{m}{k_x}$ 时，$K_y \approx k_y$，传质阻力主要集中于气相，称为气相阻力控制；反之，对式(5-31)，当 $\dfrac{1}{mk_y} \ll \dfrac{1}{k_x}$ 时，$K_x \approx k_x$，传质阻力主要集中于液相，称为液相阻力控制。

易溶气体的 m 很小，属于气相阻力控制，例如水对 NH_3、HCl 的吸收，要提高传质系数 K_y，应降低气相阻力，加大气相湍流程度。难溶气体的 m 很大，属液相阻力控制，例如，水吸收 CO_2、O_2 属于液相阻力控制，要提高传质系数 K_x 应加大液相湍流程度。在生物发酵过程中，对好氧微生物，O_2 是难溶气体，为了提高 O_2 在发酵液中的溶解度，满足微生物生长对 O_2 的需求，需要通过通气或提高搅拌转速以提高传质系数。

【例 5-3】　在压强为 101.33kPa 下，用清水吸收含溶质 A 的混合气体，平衡关系服从亨利定律。在吸收塔某截面上，气相主体溶质 A 的分压为 4.0kPa，液相中溶质 A 的摩尔分数为 0.01，相平衡常数 m 为 0.84，气膜传质分系数 k_y 为 2.776×10^{-5} kmol/$(m^2 \cdot s)$；液膜传质分系数 k_x 为 3.86×10^{-3} kmol/$(m^2 \cdot s)$。求：（1）气相总传质系数 K_y，并分析该吸收过程控制因素；（2）吸收塔截面上的吸收速率 N_A。

解：（1）由

$$\frac{1}{K_y} = \frac{1}{k_y} + \frac{m}{k_x}$$

可得总传质系数

$$K_y = \frac{1}{\dfrac{1}{k_y} + \dfrac{m}{k_x}} = \frac{1}{\dfrac{1}{2.776 \times 10^{-5}} + \dfrac{0.84}{3.86 \times 10^{-3}}} = 2.76 \times 10^{-5} [\text{kmol/}(m^2 \cdot s)]$$

气相阻力占总阻力的比例为

$$\frac{\dfrac{1}{k_y}}{\dfrac{1}{K_y}} = \frac{\dfrac{1}{2.776 \times 10^{-5}}}{\dfrac{1}{2.76 \times 10^{-5}}} = 99.4\%$$

故该过程为气相阻力控制。

（2） $N_A = K_y(y - y_e) = K_y(y - mx)$

$$= 2.76 \times 10^{-5} \times \left(\frac{4}{101.33} - 0.84 \times 0.01 \right) = 8.58 \times 10^{-7} [\text{kmol/}(m^2 \cdot s)]$$

5.5　低浓度气体吸收

下面分析连续定态逆流接触的填料塔的吸收操作，介绍其物料衡算及填料层高度的计算。

5.5.1　吸收塔的物料衡算

逆流微分接触式吸收塔如图 5-15 所示，被处理的气体从塔底进入，沿塔上升，而吸收剂液体则逆流从塔顶喷淋而下，气、液在塔内不断密切接触，溶质从气相被吸收而不断进入液相。气相浓度 y 自下而上不断降低，液相浓度 x 自上而下不断增加，设塔的横截面积为 A；定义单位体积内有效传质界面面积为 a，单位为 m^2/m^3；气相和液

相流率分别为 G、L，单位为 $\text{kmol}/(\text{m}^2 \cdot \text{s})$。若进塔混合气体溶质含量很低，$y_1 <$ $5\% \sim 10\%$，称为低浓度吸收。假设 G、L 为常数；吸收过程是等温的，取一微元塔段做物料衡算得到

$$G\,\mathrm{d}y = L\,\mathrm{d}x$$

积分得

$$G(y_1 - y_2) = L(x_1 - x_2) \tag{5-33}$$

式(5-33) 即为全塔物料衡算式。

对塔某一截面与塔顶间做物料衡算，可得式(5-34)

$$Gy + Lx_2 = Gy_2 + Lx$$

$$y = \frac{L}{G}(x - x_2) + y_2 \tag{5-34}$$

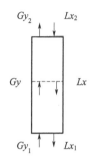

图 5-15　逆流微分接触式
吸收塔的物料衡算

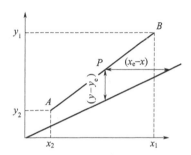

图 5-16　逆流吸收塔的操作线

此式在 y-x 图上为一直线，如图 5-16 中 AB 线所示，称为吸收塔的操作线方程。操作线方程的斜率 L/G 称为液气比，操作线两端点坐标为 $A(x_2, y_2)$、$B(x_1, y_1)$，A、B 分别表示吸收塔顶和塔底，操作线上任一点 $P(x, y)$ 的浓度对应塔的某一截面浓度，P 点距相平衡线的垂直距离表示以气相摩尔分数差 $(y - y_e)$ 表示的传质推动力，P 点距相平衡线的水平距离表示以液相摩尔分数差 $(x_e - x)$ 表示的传质推动力，操作线距相平衡线越远，说明吸收的推动力越大。

5.5.1.1　最小液气比

在吸收塔的设计型计算中，一般已知气体的处理量 G 和进气浓度 y_1 以及液体吸收剂的入塔浓度 x_2，按设计要求一般规定气体中溶质的回收率或直接规定出塔气体的浓度 y_2，需要确定的是吸收剂的流量 L，L 确定后，根据物料衡算，x_1 也就确定了。

选定液体流量 L，就确定了操作线的斜率，即液气比 L/G。若增大吸收剂用量 L，操作线斜率增大，吸收的推动力加大，但出塔吸收液 x_1 减小，吸收剂再生费用增大。若减小吸收剂用量 L，操作线斜率减小，吸收的推动力变小，吸收变得困难，需增加塔高。因此，采用何种液气比 L/G，是经济上最优化的问题。

若使液气比进一步减小到使操作线与平衡线相交或相切，如图 5-17 所示，在交点或切点处已达气液平衡，推动力为零，这是吸收操作的极限情况，此时的液气比 L/G

称为最小液气比。

$$\left(\frac{L}{G}\right)_{\min}=\frac{y_1-y_2}{x_{1e}-x_2}\tag{5-35}$$

最小液气比是吸收工艺设计需要的重要参数。通常设计计算时，可先求出最小液气比，然后乘以某一经验的倍数，作为适宜的液气比。一般取

$$\frac{L}{G}=(1.2\sim2)\left(\frac{L}{G}\right)_{\min}\tag{5-36}$$

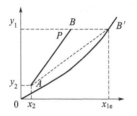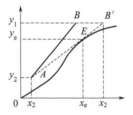

图 5-17　最小液气比的确定

若相平衡线是直线，$y=mx$，则

$$\left(\frac{L}{G}\right)_{\min}=\frac{y_1-y_2}{x_{1e}-x_2}=\frac{y_1-y_2}{\dfrac{y_1}{m}-x_2}\tag{5-37}$$

若定义回收率（吸收率）为

$$\eta=\frac{y_1-y_2}{y_1}\tag{5-38}$$

对于纯溶剂吸收，$x_2=0$，则

$$\left(\frac{L}{G}\right)_{\min}=m\eta\tag{5-39}$$

5.5.1.2　填料层高度

填料吸收塔的高度主要取决于填料层的高度。下面讨论填料层高度的计算。

设塔的横截面积为 A，定义单位体积内有效传质面积为 $a(\mathrm{m}^2/\mathrm{m}^3)$，$K_ya$ 称为气相体积传质系数，K_xa 称为液相体积传质系数，气相、液相流率分别为 G、L，单位为 $\mathrm{kmol}/(\mathrm{m}^2\cdot\mathrm{s})$。如图 5-18 所示，对任意截面 m 处的微元高度 $\mathrm{d}h$ 处作物料衡算，则可得到

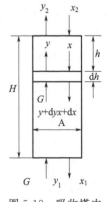

$$G\mathrm{d}y=N_Aa\,\mathrm{d}h=K_ya(y-y_e)\mathrm{d}h\tag{5-40}$$

$$L\mathrm{d}x=N_Aa\,\mathrm{d}h=K_xa(x_e-x)\mathrm{d}h\tag{5-41}$$

将物料衡算微分方程积分可得

图 5-18　吸收塔内两相浓度的变化

$$H=\frac{G}{K_ya}\int_{y_2}^{y_1}\frac{\mathrm{d}y}{y-y_e}\tag{5-42}$$

$$H = \frac{L}{K_x a} \int_{x_2}^{x_1} \frac{\mathrm{d}x}{x_e - x} \tag{5-43}$$

令

$$N_{OG} = \int_{y_2}^{y_1} \frac{\mathrm{d}y}{y - y_e} \tag{5-44}$$

$$H_{OG} = \frac{G}{K_y a} \tag{5-45}$$

可得

$$H = N_{OG} H_{OG} \tag{5-46}$$

同样

$$H = N_{OL} H_{OL} \tag{5-47}$$

$$N_{OL} = \int_{x_2}^{x_1} \frac{\mathrm{d}x}{x_e - x} \tag{5-48}$$

$$H_{OL} = \frac{L}{K_x a} \tag{5-49}$$

N_{OG} 表示以 $(y - y_e)$ 为总推动力的气相传质单元数,无量纲;N_{OL} 表示以 $(x_e - x)$ 为总推动力的液相传质单元数。传质单元数 N_{OG} 和 N_{OL} 只与相平衡和出口浓度有关,反映分离任务的难易程度。H_{OG} 和 H_{OL} 表示完成一个传质单元所需填料高度,称为传质单元高度。传质单元高度反映传质阻力的大小和填料性能的优劣,反映设备效能的高低,与设备型式、操作条件有关,H_{OG} 越小,设备传质效能越高,一般常用设备的传质单元高度约为 $0.15 \sim 1.5\text{m}$。塔高计算公式及传质单元数与传质单元高度的各种形式如表 5-2 所示。

表 5-2 塔高计算公式及传质单元数与传质单元高度的各种形式

塔高	传质单元高度	传质单元数	备注
$H = N_{OG} H_{OG}$	$H_{OG} = \dfrac{G}{K_y a}$	$N_{OG} = \int_{y_2}^{y_1} \dfrac{\mathrm{d}y}{y - y_e}$	$H_{OG} = H_g + \dfrac{mG}{L} H_L$
$H = N_{OL} H_{OL}$	$H_{OL} = \dfrac{L}{K_x a}$	$N_{OL} = \int_{x_2}^{x_1} \dfrac{\mathrm{d}x}{x_e - x}$	$H_{OL} = \dfrac{L}{mG} H_g + H_L$
$H = N_g H_g$	$H_g = \dfrac{G}{k_y a}$	$N_g = \int_{y_2}^{y_i} \dfrac{\mathrm{d}y}{y - y_i}$	$H_{OG} \dfrac{L}{mG} = H_{OL}$
$H = N_L H_L$	$H_L = \dfrac{L}{k_x a}$	$N_L = \int_{x_2}^{x_i} \dfrac{\mathrm{d}x}{x_i - x}$	

5.5.2 传质单元数的计算

5.5.2.1 对数平均推动力法

应用此方法计算传质单元数的条件是气液相平衡关系服从亨利定律,即相平衡线为直线。因为操作线与平衡线均为直线,则任意截面上的 y 与推动力 $\Delta y = (y - y_e)$ 呈直线关系。设塔底推动力为 Δy_1,塔顶推动力为 Δy_2,则有

$$\frac{\mathrm{d}(\Delta y)}{\mathrm{d}y} = 常数 = \frac{(y-y_e)_1 - (y-y_e)_2}{y_1 - y_2} = \frac{\Delta y_1 - \Delta y_2}{y_1 - y_2}$$

$$\mathrm{d}y = \frac{y_1 - y_2}{\Delta y_1 - \Delta y_2} \mathrm{d}(\Delta y) \tag{5-50}$$

将式（5-50）代入式（5-44）可得

$$N_{OG} = \int_{y_2}^{y_1} \frac{\mathrm{d}y}{y-y_e} = \frac{y_1 - y_2}{\Delta y_1 - \Delta y_2} \int_{\Delta y_2}^{\Delta y_1} \frac{\mathrm{d}(\Delta y)}{\Delta y}$$

$$= \frac{y_1 - y_2}{\Delta y_1 - \Delta y_2} \ln \frac{\Delta y_1}{\Delta y_2} = \frac{y_1 - y_2}{\dfrac{\Delta y_1 - \Delta y_2}{\ln \dfrac{\Delta y_1}{\Delta y_2}}} \tag{5-51}$$

$$\Delta y_m = \frac{\Delta y_1 - \Delta y_2}{\ln \dfrac{\Delta y_1}{\Delta y_2}} \tag{5-52}$$

式中，Δy_m 为气相对数平均推动力。联立式（5-51）与式（5-52）可得

$$N_{OG} = \frac{y_1 - y_2}{\Delta y_m} \tag{5-53}$$

同样

$$N_{OL} = \int_{x_2}^{x_1} \frac{\mathrm{d}x}{x_e - x} = \frac{x_1 - x_2}{\dfrac{\Delta x_1 - \Delta x_2}{\ln \dfrac{\Delta x_1}{\Delta x_2}}} = \frac{x_1 - x_2}{\Delta x_m} \tag{5-54}$$

$$\Delta x_m = \frac{\Delta x_1 - \Delta x_2}{\ln \dfrac{\Delta x_1}{\Delta x_2}} \tag{5-55}$$

式中，Δx_m 为液相对数平均推动力。联立式（5-54）和式（5-55）可得

$$N_{OL} = \frac{x_1 - x_2}{\Delta x_m} \tag{5-56}$$

当 $\dfrac{1}{2} < \dfrac{\Delta y_1}{\Delta y_2} < 2$ 或 $\dfrac{1}{2} < \dfrac{\Delta x_1}{\Delta x_2} < 2$ 时，可用算术平均值计算对数平均推动力，即

$$\Delta y_m = \frac{\Delta y_1 + \Delta y_2}{2}$$

$$\Delta x_m = \frac{\Delta x_1 + \Delta x_2}{2}$$

5.5.2.2　吸收因数法

传质单元数的计算也可以采用吸收因数法。当相平衡线是直线时，将操作线方程 $x = x_2 + \dfrac{G}{L}(y-y_2)$ 带入式（5-44），可得

$$N_{OG} = \int_{y_2}^{y_1} \frac{\mathrm{d}y}{y-y_e} = \int_{y_2}^{y_1} \frac{\mathrm{d}y}{y - m\left[x_2 + \dfrac{G}{L}(y-y_2)\right]}$$

$$N_{OG} = \frac{1}{1 - \frac{1}{A}} \ln \left[\left(1 - \frac{1}{A}\right) \frac{y_1 - mx_2}{y_2 - mx_2} + \frac{1}{A} \right] \tag{5-57}$$

式中，$\frac{1}{A} = \frac{mG}{L}$，称为解吸因数，是相平衡线斜率 m 与操作线斜率 L/G 的比值，当 $\frac{1}{A} \neq 1$ 时可用此式计算，该式包含 N_{OG}、$\frac{y_1 - mx_2}{y_2 - mx_2}$ 与 $\frac{1}{A}$ 三个数群，可将其绘制成图 5-19。

同样，可导出液相浓度差为推动力的传质单元数：

$$N_{OL} = \frac{1}{1 - A} \ln \left[(1 - A) \frac{y_1 - mx_2}{y_2 - mx_2} + A \right] \tag{5-58}$$

式中，A 为吸收因数。

N_{OL}、A 及 $\frac{y_1 - mx_2}{y_2 - mx_2}$ 三者关系也类似于图 5-19 的曲线，利用图 5-19，可以对吸收操作型问题进行定性分析，从图可知：

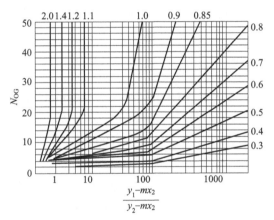

图 5-19　传质单元数

① $\frac{1}{A}$ 一定，随着 $\frac{y_1 - mx_2}{y_2 - mx_2}$ 的增大，N_{OG} 增大，即吸收要求提高，吸收率越高，塔高 H 越大。

② 若 $\frac{y_1 - mx_2}{y_2 - mx_2}$ 一定，$\frac{1}{A}$ 越大，曲线越陡峭，N_{OG} 增大，则塔高 H 提高，不利于吸收。

对逆流吸收塔，当 $\frac{1}{A} = \frac{mG}{L} = \frac{m}{L/G} = 1$，即 $m = \frac{L}{G}$ 时，推动力处处相等，可用对数平均推动力法计算 N_{OG}：

$$N_{OG} = \frac{y_1 - y_2}{\Delta y_m}$$

此时

$$\Delta y_\mathrm{m} = y_1 - mx_1 = y_2 - mx_2$$

【例 5-4】 25℃、101.325kPa 下 0.4kg/(m² · s) 的空气混合气体中含氨 2%（体积分数），密度为 1.20kg/m³。拟用逆流吸收以回收其中 95% 的氨，塔顶淋入浓度为 0.0004 的稀氨水。设计采用的液气比为最小液气比的 1.5 倍，操作范围内物系服从亨利定律：$y = 1.2x$，所用填料的总体积传质系数 $K_ya = 0.052\mathrm{kmol/(m^3 \cdot s)}$。试求：（1）稀氨水的用量；（2）塔底排出的液相浓度；（3）全塔的平均推动力；（4）所需的塔高。

解： 出塔气体中含氨量为

$$y_2 = y_1(1 - \eta) = 0.02 \times (1 - 0.95) = 0.001$$

最小液气比为

$$\left(\frac{L}{G}\right)_\mathrm{min} = \frac{y_1 - y_2}{x_{1e} - x_2} = \frac{0.02 - 0.001}{\dfrac{0.02}{1.2} - 0.0004} = 1.168$$

实际液气比

$$\frac{L}{G} = 1.5\left(\frac{L}{G}\right)_\mathrm{min} = 1.5 \times 1.168 = 1.75$$

空气的摩尔质量 $M = 29\mathrm{kg/kmol}$，则入塔气体的摩尔流率为

$$G = \frac{0.4}{29} = 0.014(\mathrm{kmol/m^2 \cdot s})$$

稀氨水的用量：

$$L = 1.75G = 1.75 \times 0.014 = 0.024(\mathrm{kmol/m^2 \cdot s})$$

塔底排出的液相浓度：

$$x_1 = \frac{G}{L}(y_1 - y_2) + x_2 = \frac{0.02 - 0.001}{1.75} + 0.0004 = 0.011257$$

$$\Delta y_\mathrm{m} = \frac{(y_1 - mx_1) - (y_2 - mx_2)}{\ln\dfrac{(y_1 - mx_1)}{(y_2 - mx_2)}} = \frac{(0.02 - 1.2 \times 0.011257) - (0.001 - 1.2 \times 0.0004)}{\ln\dfrac{(0.02 - 1.2 \times 0.011257)}{(0.001 - 1.2 \times 0.0004)}}$$

$$= 2.35 \times 10^{-3}$$

传质单元数：

$$N_\mathrm{OG} = \frac{y_1 - y_2}{\Delta y_\mathrm{m}} = \frac{0.02 - 0.001}{2.35 \times 10^{-3}} = 8.1$$

传质单元高度：

$$H_\mathrm{OG} = \frac{G}{K_ya} = \frac{0.014}{0.052} = 0.269(\mathrm{m})$$

塔高：

$$H = H_\mathrm{OG}N_\mathrm{OG} = 8.1 \times 0.269 = 2.18(\mathrm{m})$$

5.5.2.3　吸收塔的操作和调节

吸收塔气体入口条件 y_1 由前一工序决定，不能随意改变，因此，吸收塔操作调节的手段只能是改变吸收剂入口条件，吸收剂入口条件包括吸收剂流率 L、温度、吸收剂进口浓度三大要素。

由式(5-38)可看出，吸收塔气体入口条件 y_1 不能随意改变；降低气体出塔浓度 y_2，可以有效提高吸收率。

① 若气体入口流量 G、气体入口条件 y_1 不变，增加吸收剂流率 L，L/G 增加，y_2 减小，则吸收率提高，如图 5-20 所示。

② L/G、y_1 不变，吸收剂进口浓度 x_2 减小，塔顶推动力增加，总推动力增加，y_2 减小，吸收率增加。如图 5-21 所示。

③ 降低吸收剂入口温度，使气体的溶解度增大，m 减小，相平衡线下移，吸收推动力增大，有利于吸收，如图 5-22 所示。

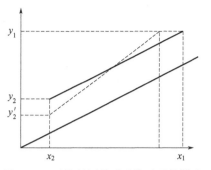

图 5-20　吸收剂用量对吸收过程的影响

此外，还可以通过增加塔压强、对填料塔进行改造、增加塔高、更换更优质性能的填料等方法来提高吸收率。

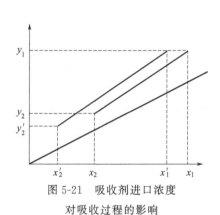

图 5-21　吸收剂进口浓度
对吸收过程的影响

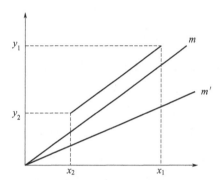

图 5-22　吸收剂入口温度对吸收过程的影响

【例 5-5】　某吸收塔用 25mm×25mm 的瓷环作填料，填充高度为 5m，塔径 1m，用清水逆流吸收 2250m³/h 的混合气，混合气中含有丙酮 5%（体积分数），塔顶逸出废气中含丙酮 0.26%（体积分数），塔底 1kg 水带走 60g 丙酮，操作在 25℃、101.3kPa 下进行，物系的平衡关系为 $y=2x$。试求：（1）该塔的传质单元高度；（2）体积传质系数 K_ya；（3）每小时回收的丙酮量。

解：（1）塔底液相浓度为

$$x_1 = \frac{\dfrac{60}{58}}{\dfrac{60}{58} + \dfrac{1000}{18}} = 0.0183$$

$$n = \frac{PV}{RT} = \frac{101.3 \times 2250}{8.314 \times (273.15 + 25)} = 92(\text{kmol/h})$$

气体流率为

$$G = \frac{n}{\dfrac{\pi}{4}d^2} = \frac{92}{0.785 \times 1^2} = 117(\text{kmol/m}^2 \cdot \text{h}) = 0.0325(\text{kmol/m}^2 \cdot \text{s})$$

$$\frac{L}{G} = \frac{y_1 - y_2}{x_1} = \frac{5\% - 0.26\%}{0.0183} = 2.59$$

$$\frac{1}{A}=\frac{mG}{L}=\frac{2}{2.59}=0.772$$

$$N_{OG}=\frac{1}{1-\frac{1}{A}}\ln\left[\left(1-\frac{1}{A}\right)\frac{y_1-mx_2}{y_2-mx_2}+\frac{1}{A}\right]$$

$$=\frac{1}{1-0.772}\ln\left[(1-0.772)\frac{0.05}{0.0026}+0.772\right]=7.19$$

传质单元高 $\qquad H_{OG}=\frac{H}{N_{OG}}=\frac{5}{7.19}=0.695(\text{m})$

（2）体积传质系数

$$K_ya=\frac{G}{H_{OG}}=\frac{0.0325}{0.695}=0.0468(\text{kmol/m}^3\cdot\text{s})$$

（3）每小时回收的丙酮量

$$m_A=M_AAG(y_1-y_2)=58\times\frac{\pi}{4}\times1^2\times117\times(0.05-0.0026)=253(\text{kg/h})$$

【例 5-6】 填料塔的改造及讨论

某厂在生产工艺中的氨吸收塔，其直径为 0.6m，内部装填 3.8m 高的 DN38 金属环矩鞍填料，在常压和 22℃ 条件下，用纯水吸收出洗涤塔气体中的氨。现场测得一组组成数据为 $y_1=0.023$、$y_2=0.0002$，$x_1=0.006$，操作条件下的气液平衡关系为 $y=0.846x$。

现因环保要求的提高，要求出塔气体组成低于 5×10^{-5}，提出了以下几种不同的改造方案，试通过计算，对不同的方案进行比较。

方案 1：保持 L/G 不变，将原塔填料层加高。

方案 2：保持 L/G 不变，串联相同直径的塔 B。

方案 3：保持 L/G 不变，换比表面积大的填料。

方案 4：保持 L/G 不变，提高操作压力。

解： 因环保要求 y_2 减小，分离要求提高，则 N_{OG} 提高。

① 若 H_{OG} 不变，则 H 增高；

② 若 H 不变，则 H_{OG} 减小，可以增大 K_y，即增大吸收剂流量或增大 a，更换填料来实现；

③ 加压，降温。

方案 1： 保持 L/G 不变，则 H_{OG} 不变，将原塔填料层加高，见附图 1。

原工况 $\qquad H=H_{OG}N_{OG}$

新工况 $\qquad H'=H'_{OG}N'_{OG}$

$$\frac{H'}{H}=\frac{N'_{OG}}{N_{OG}}$$

纯溶剂吸收 $\qquad\qquad x_2=0$

$$\frac{L}{G}=\frac{y_1-y_2}{x_1}=\frac{0.023-0.0002}{0.006}=3.8$$

例 5-6 附图 1

原工况
$$\frac{1}{A}=\frac{mG}{L}=\frac{0.846}{3.8}=0.223$$

$$N_{OG}=\frac{1}{1-0.223}\ln\left[(1-0.223)\times\frac{0.023}{0.0002}+0.223\right]=5.785$$

$$H_{OG}=\frac{H}{N_{OG}}=\frac{3.8}{5.785}=0.657(m)$$

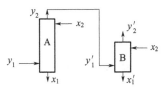

例 5-6 附图 2

$$\frac{H'}{H}=\frac{N'_{OG}}{N_{OG}}=\frac{\ln\left[\left(1-\dfrac{1}{A}\right)\dfrac{y_1}{y'_2}+\dfrac{1}{A}\right]}{\ln\left[\left(1-\dfrac{1}{A}\right)\dfrac{y_1}{y_2}+\dfrac{1}{A}\right]}=\frac{\ln\left[(1-0.223)\ \dfrac{0.023}{0.00005}+0.223\right]}{\ln\left[(1-0.223)\ \dfrac{0.023}{0.0002}+0.023\right]}=1.308$$

塔高　　$H'=1.308\times3.8=4.97(m)$

填料层应增加的高度为　$\Delta H=4.97-3.8=1.17(m)$

方案 1 原塔填料层加高 1.17m，施工有一定的难度，工程造价较高。

方案 2：保持 L/G 不变，串联相同直径的塔 B，见附图 2。

$$\frac{H_B}{H_A}=\frac{N'_{OG}}{N_{OG}}=\frac{\ln\left[\left(1-\dfrac{1}{A}\right)\dfrac{y_2}{y'_2}+\dfrac{1}{A}\right]}{\ln\left[\left(1-\dfrac{1}{A}\right)\dfrac{y_1}{y_2}+\dfrac{1}{A}\right]}=\frac{\ln\left[(1-0.223)\ \dfrac{0.0002}{0.00005}+0.223\right]}{\ln\left[\left(1-\dfrac{1}{A}\right)\dfrac{0.023}{0.0002}+0.223\right]}=0.268$$

$$H_B=0.268\times3.8=1.018(m)$$

$$H=H_A+H_B=3.8+1.018=4.818(m)$$

方案 2 串联新塔高为 1.018m，受场地条件限制，工程造价较高。

方案 3：保持 L/G 不变，换比表面积大的填料。

$$N_{OG}=\frac{1}{1-0.223}\ln\left[(1-0.223)\frac{0.023}{0.0002}+0.223\right]=5.785$$

$$N'_{OG}=\frac{1}{1-0.223}\ln\left[(1-0.223)\frac{0.023}{0.00005}+0.223\right]=7.567$$

$$\frac{H_{OG}}{H'_{OG}}=\frac{N'_{OG}}{N_{OG}}=\frac{7.567}{5.785}=1.308$$

$$\frac{H_{OG}}{H'_{OG}}=\frac{\dfrac{G}{K'_y a}}{\dfrac{G}{K_y a}}=\frac{a'}{a}=1.308$$

$$a'=1.308a$$

改用新填料的有效比表面积应为原填料的 1.308 倍。不同规格填料的性能见附表 1。

例 5-6 附表 1

规格	密度/(kg/m³)	比表面积/(m²/m³)	空隙率/%	填料因子/m⁻¹
$DN38$	365	112	96	137
$DN25$	409	185	96	209

原填料为 $DN38$ 金属环矩鞍填料 $a_t=112(m^2/m^3)$

新料改用 $DN25$ 金属环矩鞍填料 $a'_t=112\times1.308=147(m^2/m^3)$

$$a_t' > 185 \text{m}^2 / \text{m}^3，可满足要求。$$

方案 3 改用高性能填料，施工方便，容易实施，工程造价较低。

方案 4：保持 L/G 不变，提高操作压力。

$$K_y = P K_G$$

$$H_{OG} = \frac{G}{K_y a} = \frac{G}{P K_G a}$$

$$\frac{H_{OG}'}{H_{OG}} = \frac{P}{P'}$$

原工况：

$$H_{OG} = \frac{H}{N_{OG}} = \frac{3.8}{5.785} = 0.657$$

假设压力提高一倍，$P' = 2P$ 则

$$m' = \frac{P}{P'} m = \frac{m}{2} = 0.423$$

$$H_{OG}' = \frac{P}{P'} H_{OG} = \frac{1}{2} \times 0.657 = 0.329$$

$$\frac{1}{A'} = \frac{mG}{L} = \frac{0.423}{3.8} = 0.111$$

$$N_{OG}' = \frac{1}{1 - 0.111} \ln \left[(1 - 0.111) \frac{0.023}{0.00005} + 0.111 \right] = 6.765$$

$$H' = H_{OG}' N_{OG}' = 0.329 \times 6.765 = 2.226 (\text{m})$$

$H' < H$ 可达到要求。

方案 4 提高操作压力便于实施，但对设备压力等级要求提高，加压需要更换压缩机，设备费、操作费均会增加。

由以上四种方案可知，吸收塔的优化要考虑设备费和操作费最低，方便施工，安全可靠，计算选型是基础，同时要考虑经济核算，四种改造方案对比见附表 2。

例 5-6 附表 2

	方案	$H = 3.8$m	优缺点
1	填料层加高	H 增加 1.17m	工程造价高
2	串联相同直径的塔 B	H 增加 1.018m	场地限制
3	更换填料	H 不变	简单易行
4	提高操作压力	H 不变	设备压力等级提高,操作费用高

5.6　吸收操作的强化及应用

利用生物发酵技术进行生产过程中必然会伴随着发酵尾气的产生，这些尾气具有风

量大、高温高湿、含尘量大等特点，且其成分组成非常复杂，主要是未被利用的空气、生产菌在初级代谢和次级代谢中的各种中间物和产物、发酵过程中的酸碱废气以及有机挥发物 VOCs 等。这种含有多组分混合物的发酵尾气的排放，会对人体及生态环境产生较为严重的危害，因此，需对生物发酵工程的发酵尾气进行治理，治理技术可分为以下几方面。

① 吸收技术：吸收采用水或有机溶剂作吸收剂，利用废气相似相溶原理，使有害气体被吸收，从而达到净化废气的目的。必要时可添加化学药品以中和反应消耗氨或硫化氢一类酸碱性废气。吸收技术多用于易溶于水/有机溶剂以及酸/碱性质废气，对有机/难溶性废气处理效果不佳。

② 吸附技术：吸附剂发达的多孔结构可对废气中的污染分子形成过滤作用，废气中的大分子物质在吸附床内发生物理/化学吸附作用，从而达到废气处理效果。高温下，绝大部分吸附剂效果不佳。吸附技术多用于大风量，低浓度温度低于 50℃。

③ 催化燃烧技术：废气在催化剂作用下，在 200～400℃ 情况下，发生无焰燃烧（氧化反应），废气中有机组如烃类、苯类有机物质快速氧化为无害的二氧化碳和水，进而排入大气。该技术适用于小风量、高浓度、高热值的有机废气；根据使用情况不同，或需添加助燃剂。

④ 光催化：紫外线光解催化氧化主要是利用高能紫外线光束与空气、TiO_2 反应产生的臭氧、·OH（羟基自由基），对废气进行协同分解氧化反应，使大分子污染气体链结构断裂，从而转化为无害的小分子化合物，生成水和 CO_2。

传统废气处理工艺难以应对复杂工况下的废气，尤其对于发酵废气这类大风量、异味大、成分复杂且含氨的废气。在此类工况下，应使用复合废气处理工艺图 5-23，即针对废气组成中含量较多的成分做针对处理，必要时需要投加化学药品等。

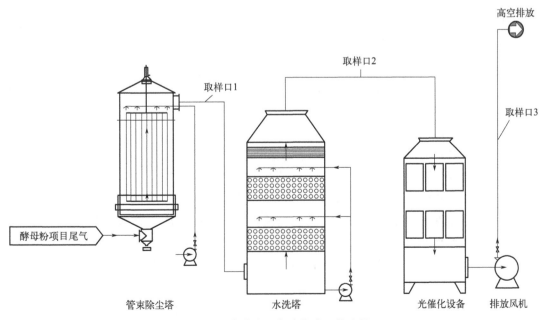

图 5-23　多种处理方法集成工艺流程

习题

思考题

1. 吸收的分离依据是什么？吸收操作在生物与医药行业主要有哪些实际应用？

2. 亨利定律适用对象是什么？三个表达式中的三个系数之间存在怎样的关系？三个系数各自与温度、压强的关系又是怎样的？

3. 写出等分子反向扩散速率表达式，有与之接近的实际过程吗？

4. 写出单向扩散速率表达式，漂流因子有什么含义？有与之接近的实际过程吗？

5. 简述双膜理论的基本论点。

6. 什么是气相阻力控制？什么是液相阻力控制？举例说明。

7. 用对数平均推动力法来计算传质单元数的应用条件是什么？

8. 吸收剂进塔条件有哪三个要素？调节这三个要素对吸收结果有何影响？

选择题

1. 吸收操作的作用是分离（   ）。

A. 气体混合物

B. 液体均相混合物

C. 气液混合物

D. 部分互溶的液体混合物

2. 有利于吸收操作的条件是（   ）。

A. 温度下降，总压上升

B. 温度上升，总压下降

C. 温度、总压均下降

D. 温度、总压均上升

3. 关于溶质在水中的溶解度，排序正确的是（   ）。

A. $CO_2 > O_2 > NH_3 > SO_2$

B. $NH_3 > SO_2 > O_2 > CO_2$

C. $NH_3 > CO_2 > SO_2 > O_2$

D. $NH_3 > SO_2 > CO_2 > O_2$

4. 总压加倍而其他条件不变时，（   ）。

A. 亨利系数 E 和相平衡常数 m 保持不变，溶解度系数 H 变为原来的 1/2

B. 亨利系数 E 和溶解度系数 H 保持不变，相平衡常数 m 变为原来的 1/2

C. 相平衡常数 m 和溶解度系数 H 保持不变，亨利系数 E 变为原来的 1/2

D. 以上说法均不正确

5. 气相中的溶质溶于液态溶剂时，亨利系数 E 越大，则（   ）。

A. 溶质越易溶

B. 溶质越难溶

C. 溶质是难溶还是易溶与亨利系数无关

D. 以上说法均不正确

6. 已知 SO_2 水溶液在三种温度 t_1、t_2、t_3 下的亨利系数分别为 $E_1 = 0.354kPa$，$E_2 = 1.11kPa$，$E_3 = 0.660kPa$，则（　　）。

A. $t_1 > t_3$

B. $t_3 > t_2$

C. $t_1 > t_2$

D. $t_3 > t_1$

7. 漂流因子反映了以下哪一项对传质的贡献？（　　）

A. 分子扩散

B. 总体流动

C. 涡流扩散

D. 以上选项都不正确

8. 单向扩散不可能发生于哪一过程中？（　　）

A. 雨后路面逐渐变干

B. 解吸

C. 蒸馏

D. 容器中溶剂向空气中挥发

9. 哪一项不是对流传质系数的影响因素？（　　）

A. 流体的运动黏度

B. 体系的相平衡常数

C. 流体在传质设备内的特征流速

D. 传质设备的特征尺寸

10. 下面各组中的两个物理量，没有相似性的一组是（　　）。

A. 努塞特数与舍伍德数

B. 雷诺数与施密特数

C. 分子扩散系数与热导率

D. 对流传热系数与对流传质系数

11. 吸收操作中，吸收塔某一截面上的总推动力（以液相组成差表示）为（　　）。

A. $x_e - x$

B. $x - x_e$

C. $x_i - x$

D. $x - x_i$

12. 液膜控制吸收过程的条件是（　　）。

A. 易溶气体，气膜阻力可忽略

B. 难溶气体，气膜阻力可忽略

C. 易溶气体，液膜阻力可忽略

D. 难溶气体，液膜阻力可忽略

13. 在有关低浓度气体吸收塔的计算中，全塔物料衡算式的用途是（　　）。

A. 确定液气比

B. 确定塔径

C. 确定尾气组成

D. 确定吸收液组成

14. 一般来说，并流吸收时（　　）。

A. 气体和液体都从塔顶进料

B. 气体和液体都从塔底进料

C. 气体从塔底进料，液体从塔顶进料

D. 气体从塔顶进料，液体从塔底进料

15. 在低浓度气体吸收塔中，相际传质推动力从下向上（　　）。

A. 逐渐减小

B. 逐渐增大

C. 处处相等

D. 无法确定

16. 在逆流吸收塔中，用清水吸收混合气中溶质组分。其液气比为 2.7，平衡关系可表示为 $y=1.5x$（x，y 为摩尔分数），溶质的回收率为 90%，则液气比与最小液气比的比值为（　　）。

A. 1.5

B. 1.8

C. 2

D. 3

17. 吸收率越大，则气相总传质单元数（　　）。

A. 越大

B. 越小

C. 不变

D. 无法确定

18. （多选）下列选项中，属于实现解吸基本手段的有（　　）。

A. 通入惰性气体

B. 加热

C. 减压

D. 搅拌

19. 在填料塔中用清水吸收混合气中的氨，但用水量减少时，气相总传质单元数 N_{OG}（　　）。

A. 增加

B. 减少

C. 不变

D. 不确定

20. 传质过程受液膜控制的逆流吸收塔中，若入塔混合气流量有所增加，则（　　）。

　　A. H_{OL} 和 H_{OG} 都增大

　　B. H_{OL} 和 H_{OG} 都减小

　　C. H_{OL} 基本不变，H_{OG} 增大

　　D. H_{OL} 增大，H_{OG} 基本不变

21. 对于传质过程受气膜控制的逆流填料吸收塔，操作温度提高时，气相总传质单元高度（忽略温度对扩散系数等流体基本物理性质的影响）（　　）。

　　A. 增大

　　B. 减小

　　C. 不变

　　D. 无法确定

22. 在填料吸收塔的设计工作中，若操作线和平衡线均为直线，且前者的斜率较大，则吸收剂浓度的上限值（　　）。

　　A. 不存在

　　B. 取决于吸收率或尾气组成

　　C. 需要根据所用填料的材质和结构而定

　　D. 以上说法均不正确

23. 设计填料吸收塔时，若选择的吸收剂用量趋于最小值时，（　　）。

　　A. 吸收率趋向最低

　　B. 设计结果趋向最经济

　　C. 传质推动力趋向最大

　　D. 达到分离要求所需填料层高趋向无穷

24. 逆流填料吸收塔中，如操作线和平衡线都为直线，且前者的斜率小于后者，当塔高为无穷时，该塔的气、液两相在何处达到相平衡？（　　）

　　A. 塔中间的某一处

　　B. 塔顶

　　C. 塔底

　　D. 无法确定

计算题

1. 在总压为 101.33kPa 和温度为 20℃ 的条件下，测得氨在水中的溶解度数据为：溶液上方氨平衡分压为 0.8kPa 时，气体在液体中的溶解度为 $1g(NH_3)/100g(H_2O)$。假设该溶液遵守亨利定律，求：（1）亨利系数 E；（2）溶解度系数 H；（3）相平衡常数 m。

2. 在压力为 101.3kPa、温度为 30℃ 的条件下，使 CO_2 的体积分数为 0.30 的混合气体与一定量水不断接触，若 30℃ 时的 CO_2 水溶液的亨利系数为 191MPa，求水中 CO_2 的平衡浓度（单位为 mol/m^3）。

3. 压强为 101.33kPa，温度为 25℃，溶质组成为 0.05（摩尔分数）的 CO_2-空气混合物与浓度为 1.1×10^{-3}kmol 的 CO_2 水溶液接触，判断传质过程方向。已知在 101.33kPa、25℃下 CO_2 在水中的亨利系数 E 为 1.660×10^5kPa。

4. 在压强为 101.33kPa，温度为 20℃下，SO_2-空气某混合气体缓慢地流过某种液体表面。空气不溶于该液体中。SO_2 透过 2mm 厚静止的空气层扩散到液体表面，并立即溶于该液体中，相界面中 SO_2 的分压可视为零。已知混合气中 SO_2 组成为 0.15（摩尔分数），SO_2 在空气中的分子扩散系数为 $0.115cm^2/s$。求 SO_2 的分子扩散速率 N_A [单位 kmol/(m·h)]。

5. 对于某低浓度气体吸收过程，已知相平衡常数 $m=2.0$，气液两相的体积分传质系数 $k_ya=2\times10^{-3}$kmol/(m³·s)，$k_xa=0.1$kmol/(m³·s)，试求出总传质系数并判断该吸收过程属于何种控制。

6. 在总压 101.3kPa、温度 20℃下，填料塔内用清水吸收空气中的甲醇蒸气，若测得塔内某一截面处的液相组成为 2kmol/m³，气相甲醇分压为 4kPa，气相传质分系数 $k_y=1.56\times10^{-3}$kmol/(m²·s)，液相传质分系数 $k_x=2.1\times10^{-5}$m/s 在操作条件下平衡关系符合亨利定律，相平衡关系为 $p_e=0.5c$，其中 p_e 的单位 kPa，c 的单位 kmol/m³，试求该截面处（1）总传质系数 K_y；（2）液相阻力占总传质阻力的百分数；（3）吸收速率。

7. 常压逆流操作的吸收塔中，用清水吸收混合气中溶质组分 A。已知操作温度为 27℃，混合气体处理量为 1100m³/h，清水用量为 2160kg/h。若进塔气体中组分 A 的体积分数为 0.05，吸收率为 90%。求塔底吸收液的组成。

8. 某工厂用清水吸收空气中的丙酮，空气中丙酮的体积分数为 0.01，要求回收率达 99%，若水用量为最小用量的 1.5 倍，在操作条件下平衡关系为 $y=2.5x$，计算总传质单元数。

9. 在填料塔中用清水逆流吸收空气-氨混合气中的氨。混合气质量流量为 0.035kmol/(m²·s)，进塔气体浓度 $y_1=0.04$，回收率 0.98，平衡关系为 $y=0.92x$，气相总传质系数 $K_ya=0.043$kmol/(m³·s)，操作液气比为最小液气比的 1.2 倍。求塔底液相浓度和填料层高度。

10. 用清水吸收原料气中的甲醇在填料吸收塔中以连续式逆流操作进行。气体流量为 1000m³/h，原料气中含甲醇 0.1kg/m³，吸收后水中含甲醇等于与原料气相平衡时浓度的 2/3，塔在标准情况下操作，吸收的平衡关系为 $y=1.15x$，甲醇的回收率为 0.98，$K_y=0.134$mol/(m²·s)，塔内填料有效面积为 190m²/m³，气体的空塔流速为 0.5m/s，试求：（1）水的用量；（2）塔径；（3）填料层高度。

11. 在直径为 0.8m 的填料吸收塔中用清水吸收空气与氨的混合气中的氨。已知空气流量为 0.381kg/s，混合气中氨的分压为 1.33kPa，操作温度为 20℃，压力为 101.3kPa，在操作条件下平衡关系为 $y=0.75x$ 若清水流量为 14.4mol/s，要求氨吸收率为 99.5%，已知氨的总传质系数 $K_ya=0.0872$kmol/(m³·s)，试求所需填料层高度。

12. 在常压逆流操作的填料吸收，用清水吸收空气-氨混合气体中的氨。混合气的流量为 19.28kmol/(m² · h)，溶质组成为 6%（体积），吸收率为 99%，水的质量流速为 770kg/(m² · h)。条件下平衡关系为 $y=0.9x$。若填料层高度为 4m，（1）用吸收因数法求气相总传质单元数 N_{OG}；（2）求气相总传质单元高度 H_{OG}。

13. 在常压逆流操作的填料吸收，用纯吸收剂吸收混合气中溶质组分 A。进塔混合气中 A 组成为 6%（体积），已知操作线和平衡线为互相平行的直线，在其他条件不变时，求下列两种情况下气相总传质单元数 N_{OG} 如何变化：（1）吸收率从 90% 提高到 95%；（2）进塔气体中 A 的含量由 6% 降至 3%，而吸收率保持 90% 不变。

14. 在一逆流操作的填料层高度为 5m 的填料塔内，用纯溶剂吸收混合气中的溶质组分。当液气比 L/G 为 1.0 时，溶质吸收率可达 90%。在操作条件下平衡关系为 $y=0.5x$。现改用另一种性能较优的填料，在相同的条件下，溶质吸收率可达 95%。此填料的体积吸收总系数为原填料的多少倍？

15. 某生产车间使用一填料塔，用清水逆流吸收混合气中有害组分 A，已知操作条件下，气相总传质单元高度为 1.5m，进料混合气组成为 0.04（组分的 A 摩尔分数，下同），出塔尾气组成为 0.0053，出塔水溶液浓度为 0.0128，操作条件下的平衡关系为 $y=2.5x$（x、y 均为摩尔分数），试求：

（1）L/G 为 $(L/G)_{min}$ 的多少倍？

（2）所需填料层高度为多少？

（3）若气液流量和初始组成均不变，要求最终的尾气排放浓度降至 0.0033，此时所需填料层高度为多少？

16. 用填料塔从一混合气体中吸收所含的苯。混合气体中含苯 9%（体积%），其余为空气，要求苯的回收率为 95%，吸收塔操作条件为：操作压强为 104kPa，温度为 25℃，入塔混合气体为 1000m³/h，入塔吸收剂为纯煤油，煤油的耗用量为最小耗用量的 1.5 倍，已知该系统的平衡关系 $y=1.4x$（其中 y、x 为摩尔分数），已知气相体积传质系数 $K_ya=125$kmol/(m³ · h)，纯煤油的平均分子量 $M_s=170$，塔径 $D=0.6$m，试求：（1）吸收剂的耗用量；（2）溶液出塔浓度；（3）填料层高度 H。

17. 一填料层高度为 5m 的填料塔中用清水逆流吸收混合气中的有害组分，进塔混合气量为 100kmol/h，混合气中 A 组分浓度为 0.06（体积分数，下同），要求吸收率为 90%，若清水用量为最小用量的 1.4 倍，操作条件下的相平衡关系为 $y=2.5x$，试求：（1）清水实际用量和出塔液体浓度；（2）气相总传质单元高度 H_{OG}；（3）按环保要求，法定排放 A 浓度降为 0.003，液气比不变，塔高应增加多少？

第**6**章 生物加工过程中的萃取操作

6.1 概述

萃取是利用液体混合物中的各组分在某溶剂中溶解度的差异，习惯上将分离液体混合物的萃取操作称为液液萃取，而分离固体混合物的萃取操作称为固液萃取或浸提。比如用乙醇提取放线菌丝中的制霉菌素、用丙酮提取菌丝体中的灰黄霉素等都为固液萃取。在生物工程产业中，应用萃取技术最多的是抗生素生产领域，如用乙酸丁酯萃取发酵滤液中的青霉素或红霉素等，溶剂萃取法在生物制药企业中也称溶剂萃取法。

溶剂萃取法比化学沉淀法分离程度高、传质快，比蒸发能耗低且生产能力大、周期短，便于连续操作，容易实现自动化。在抗生素、有机酸、维生素、激素等生产领域均采用有机溶剂萃取法进行提取。在近 20 年来溶剂萃取技术与其他技术交叉产生了一系列新的分离技术，如逆胶束萃取、超临界萃取、液膜萃取等，以适应现代生物技术的发展，多用于生物制品（如酶、蛋白质、核酸、多肽和氨基酸等）的提取与精制。

6.2 萃取操作在生物加工中的应用

目前应用最为广泛的是抗生素的萃取，除了青霉素之外还有红霉素、林可霉素、麦迪霉素、螺旋霉素、杆菌等；另外对一些非抗生素产品或中间体提取、分离如磺胺甲噁唑（新诺明）、氢化可的松、维生素 A 与维生素 B_{12}，放线菌素 D、利血平、吗啡、咖啡因等的生产也用到萃取操作。如表 6-1 所示。

表 6-1 不同的生物产品所选萃取剂

产物	萃取剂
土霉素,林可霉素	正丁醇
青霉素 G,红霉素	醋酸丁酯

续表

产物	萃取剂
四环素	石油醚
胡萝卜素	正丁醇,甲基异丁基酮
氢化可的松	正丁醇,醋酸异丁酯

乙酸丁酯是流体力学性能最好、应用最广泛的一种萃取溶剂,大多数抗生素均用它进行提取。醇类和有机酸类溶剂已成功地应用于抗生素的提取,这类溶剂萃取能力强、无毒、气味小、水溶解性小,废水不需要回收溶剂。

6.3　液液萃取的基本原理

萃取操作是向欲分离的液体混合物(原料液)中,加入一种与其不互溶或部分互溶的液体溶剂(萃取剂),形成两相体系。利用原料液中各组分在萃取剂中溶解度的差异,实现原料液中各组分一定程度的分离。选用的溶剂应对原料液中一个组分有较大的溶解力,该易溶组分称为溶质,以 A 表示;完全不溶解或部分溶解的组分称为稀释剂(或称原溶剂),以 B 表示。选用的溶剂又称萃取剂,以 S 表示。

萃取的基本过程如图 6-1 所示。将一定的溶剂加到被分离的混合物中,采取措施(如用搅拌)使原料液和萃取剂充分混合,使一相以小液滴的形式分散于另一相中,以增大相际传质面积,溶质通过相界面由原料液向萃取剂中扩散。萃取操作完成后使两液相进行沉降分层,其中含萃取剂 S 多的一相称为萃取相,以 E 表示;含稀释

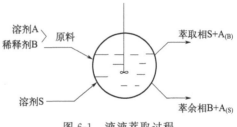

图 6-1　液液萃取过程

剂 B 多的一相称为萃余相,以 R 表示。萃取过程可连续操作,也可分批进行。

萃取相 E 和萃余相 R 都是均相混合物,为了得到产品 A 并回收溶剂 S,还需对这两相分别进行分离。通常采用蒸馏法进行分离,如图 6-2 所示,萃取相和萃余相脱除溶剂后分别得萃取液和萃余液,以 E_0 和 R_0 表示。

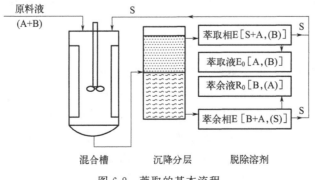

图 6-2　萃取的基本流程

溶剂 S 的选择必须满足两个基本条件：

① 具有选择性溶解能力，即溶剂对 A 溶解度要大而对 B 难溶或不溶。

② 溶剂 S 与 B 完全不互溶或部分互溶。

在生物产品生产中，液液萃取技术应用得相当广泛，在液液萃取中所采用的萃取剂应与料液（发酵滤液）不互溶或是部分互溶，这样才能在萃取后把萃取液和萃余液加以分离。

液液萃取设备按两相接触方式可分为级式接触式和微分接触式，混合-澄清槽是最早使用而且目前仍然广泛用于工业生产的一种典型逐级接触式萃取设备，可单级操作，也可多级组合操作。

图 6-3 为多级错流萃取流程。多级错流接触萃取操作中，每级都加入新鲜溶剂，前一级的萃余相为后一级的原料，这种操作方式的传质推动力大，只要级数足够多，最终可得到溶质组成含量很低的萃余相，但溶剂的用量较多。

图 6-4 为多级逆流萃取操作流程。多级逆流接触萃取操作一般是连续的，其传质平均推动力大、分离效率高、溶剂用量较少，故在工业中得到广泛的应用。萃取剂一般是循环使用的，其中常含有少量的组分 A 和 B，故最终萃余相中可达到的溶质最低组成受溶剂溶质组成限制，最终萃取相中溶质的最高组成受原料液中溶质组成和相平衡关系的制约。

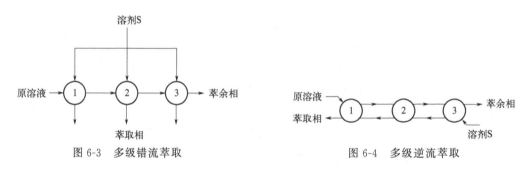

图 6-3   多级错流萃取   图 6-4   多级逆流萃取

6.4   萃取液液相平衡

要了解萃取过程，首先应了解在萃取条件下，组分在相间的平衡关系。

6.4.1   三角形相图

在液液萃取过程中，被萃取物料至少含有两个组分：溶质和原溶剂。加入萃取剂后，萃取相和萃余相均为三组分溶液，因此应用三角相图表示比较方便。在三角形坐标图中常用质量分数表示混合物的组成。如图 6-5 所示，用等腰直角三角形表示三组分混合物的组成，三角形的三个顶点分别表示 A、B、S 纯组分，三条边分别表示 AB、

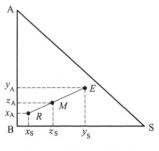

图 6-5   溶液组成相图

BS、AS 双组分混合物。混合物中三组分的浓度可用平面坐标上的一点（如图 6-5 的 R 点）表示，R 点的纵坐标为 x_A，横坐标为 x_S，则组分 B 的质量分数为

$$x_B = 1 - x_A - x_S \tag{6-1}$$

如图 6-5 所示，将组成为 x_A、x_B、x_S（R 点）的萃余相 R（kg）与组成为 y_A、y_B、y_S（E 点）的萃取相 E（kg）混合，即得到总量为 M（kg）的混合液，混合液组成为 z_A、z_B、z_S，总物料衡算式及组分 A 组分 S 的物料衡算式如下：

$$M = E + R$$

$$Mz_A = Ey_A + Rx_A$$

$$Mz_S = Ey_S + Rx_S \tag{6-2}$$

$$\frac{E}{R} = \frac{z_A - x_A}{y_A - z_A} = \frac{z_S - x_S}{y_S - z_S} \tag{6-3}$$

此时表明混合液组成点 M 和代表两液层组成的 E 点及 R 点应处于同一直线上。E 相与 R 相的量和线段 RM 与 EM 的长度成反比，即

$$\frac{E}{R} = \frac{\overline{RM}}{\overline{EM}} \tag{6-4}$$

式（6-1）为物料衡算的图示方法，称为杠杆定律，根据杠杆定律可较方便地在图上定出 M 点的位置，从而确定混合液的组成。

图 6-5 中任一点 M 所代表的混合液可分为两个液层 R、E，M 点称为 R、E 两溶液的和点，反之，从混合液中取出一定量组成为 E 的液体，余下的溶液的组成点 R 必在 $\overline{EM}$ 连线的延长线上，其具体位置同样可由杠杆定律确定。

$$\frac{E}{M} = \frac{\overline{RM}}{\overline{RE}} \tag{6-5}$$

R 点称为溶液 M 与溶液 E 的差点。

6.4.2 溶解度曲线

6.4.2.1 溶解度曲线制作方法

恒定温度下，在容器中称取纯组分 B，在 B 中加 S，直到浑浊，得分层点 R，滴加 A，A 增加了 B 与 S 的互溶度，再滴加 S，直到浑浊，得分层点 R_1，重复试验得 R_2、R_3……同样，纯组分 S 滴加 B，直到浑浊，得分层点 E，滴加 A，增加了 S 与 B 的互溶度，再滴加 B，直到浑浊，得分层点 E_1，重复试验得 E_2、E_3……将所有分层点连成一条光滑曲线，称为溶解度曲线（图 6-6），溶解度曲线将三角形分为两个区域，曲线以内的区域为两相区，曲线以外的为均相区。两相区内的混合物分为两个液相，当达到平衡时，两个液层称为共轭相，联结共轭液相组成坐标的直线称为平衡联结线，即图 6-7 中的线段 RE 线。

萃取操作只能在两相区内进行。一定温度下，同一物系的联结线倾斜方向一般是一致的，但随溶质组成而变，即各平衡联结线互不平行。

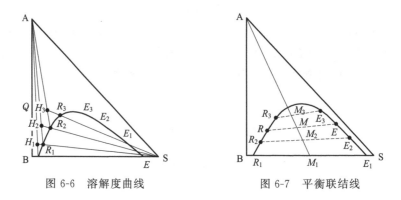

图 6-6　溶解度曲线　　　　　　　　　图 6-7　平衡联结线

6.4.2.2　辅助曲线和临界混溶点

一定温度下，三元物系的溶解度曲线和平衡联结线是根据实验数据而标绘的，使用时若要求与已知相平衡的另一相的数据，常借助辅助曲线（也称共轭曲线）求得。只要有若干组联结线数据即可做出辅助曲线，可参考图 6-8。通过已知点 R_1，R_2 等分别作斜边 AS（或底边 BS）的平行线，再通过相应联结线另一端点 E_1、E_2 等分别作与侧直角边 AB 的平行线，诸线分别相交于点 J_1、J_2、J_3……连接这些交点所得平滑曲线即为辅助曲线。利用辅助曲线便可从已知某相 R（或 E）组成确定与之平衡的另一相组成 E（或 R）。辅助曲线与溶解度曲线的交点 P 相当于这一系统的临界状态，故称点 P 为临界混溶点。联结线通常都具有一定的斜率，因而临界混溶点不一定在溶解度曲线的最高点。临界混溶点由实验测得，只有当已知的联结线很短（即很接近于临界混溶点）时，才可用外延辅助曲线的方法求出临界混溶点。临界混溶点可通过实验测得，也可从手册或有关专著中查得。

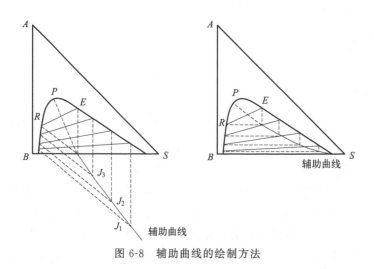

图 6-8　辅助曲线的绘制方法

6.4.2.3 分配系数

在一定温度下，当三元混合液的两个液相达到平衡时，溶质在萃取相的浓度 y_A 和在萃余相中的浓度 x_A 之比，称为分配系数，以 k_A 表示，即

$$k_A = \frac{y_A}{x_A} = \frac{\text{萃取相中溶质 A 的质量分数}}{\text{萃余相中溶质 A 的质量分数}} \tag{6-6}$$

分配系数表示达平衡后被萃取组分 A 在两液相中实际分配情况，也表示在一定条件下萃取剂 S 对组分 A 的萃取能力。k_A 值与平衡联结线的斜率有关，不同物系具有不同的分配系数 k_A 值；同一物系，k_A 值随温度而变，在恒定温度下，k_A 值随溶质 A 的组成而变。只有在一定溶质 A 的组成范围内温度变化不大或恒温条件下的 k_A 值才可近似视作常数。

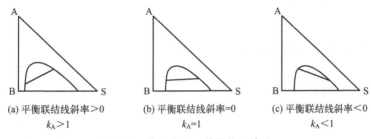

(a) 平衡联结线斜率>0   (b) 平衡联结线斜率=0   (c) 平衡联结线斜率<0
$k_A>1$ $k_A=1$ $k_A<1$

图 6-9 萃取分配系数的物理意义

6.4.2.4 选择性系数

为定量表示萃取剂 S 对原料液中两种组分 A 和 B 的萃取选择性，定义选择性系数 β，若所用萃取剂能使萃取液与萃余液中溶质 A 的差别越大，则萃取效果越好。

$$\beta = \frac{\dfrac{y_A}{y_B}}{\dfrac{x_A}{x_B}} - \frac{\dfrac{y_A}{x_A}}{\dfrac{y_B}{x_B}} = \frac{k_A}{k_B} \tag{6-7}$$

$$\frac{y_A}{y_B} = \frac{y_A^\circ}{y_B^\circ} \tag{6-8}$$

$$\frac{x_A}{x_B} = \frac{x_A^\circ}{x_B^\circ} \tag{6-9}$$

因萃取相中 A、B 浓度之比与萃取液中 A、B 浓度之比相等，萃余相中 A、B 浓度之比与萃余液中 A、B 浓度之比相等，故有

$$\beta = \frac{\dfrac{y_A^\circ}{y_B^\circ}}{\dfrac{x_A^\circ}{x_B^\circ}} \tag{6-10}$$

式中，y_A° 为萃取液中溶质 A 组分的浓度；x_A° 为萃余液中溶质 A 组分的浓度。

在萃取液和萃余液中，$y_B^\circ = 1 - y_A^\circ$，$x_B^\circ = 1 - x_A^\circ$，则

$$y_A^\circ = \frac{\beta x_A^\circ}{1+(\beta-1)x_A^\circ} \tag{6-11}$$

在一般情况下，B 组分在萃余相中的组成总是比萃取相中高，即 $\dfrac{y_B}{x_B} > 1$，所以萃取操作中，β 值均应大于 1。β 值越大，越有利于组分的分离；若 $\beta=1$，则 $k_A=k_B$，萃取相和萃余相在脱溶剂 S 后将具有相同的组成，并且与原料液组成相同，故无分离能力，说明所选择的溶剂是不适宜的。萃取剂的选择性高，对溶质的溶解能力大，对于一定的分离任务，可减少萃取剂用量，降低回收溶剂操作的能量消耗，并且可得高纯度的产品 A。当组分 B、S 完全不互溶时，$y_B=0$，则选择性系数 β 趋于无穷大。选择性系数 β 类似于蒸馏中的相对挥发度，所以溶质 A 在萃取液与萃余液中的组成关系 [式(6-10)] 类似于蒸馏中的气-液平衡方程。

6.5 单级萃取过程的计算

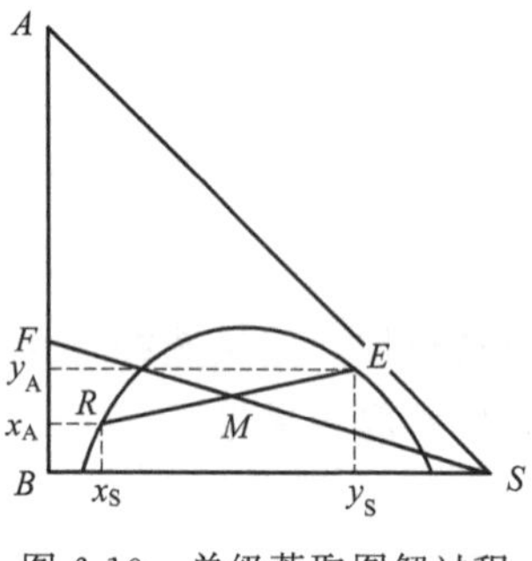

图 6-10 单级萃取图解过程

在单级萃取操作中，一般需将组成为 x_F 的原料液 F 进行分离，规定萃余相组成为 x_R，要求计算溶剂用量 S、萃余相及萃取相的量以及萃取相组成。可在三角形相图上用图解法完成求解过程。如图 6-10 所示，根据 x_F 及 x_R 在图上确定点 F 及点 R，过点 R 用内插法作平衡连接线 RE 与溶解度曲线相交，确定萃取相的组成点 E。RE 与 FS 线交于 M 点，由杠杆定律可知，溶剂用量 S 与原料液流量 F 之比，即溶剂比为

$$\frac{S}{F} = \frac{\overline{FM}}{\overline{SM}} \tag{6-12}$$

根据溶剂比可求出溶剂流量 S。

进入萃取器的总物料量 M 为料液流量 F 与溶剂流量 S 之和，即

$$M = F + S \tag{6-13}$$

萃取相流量为

$$E = M\frac{\overline{MR}}{\overline{RE}} \tag{6-14}$$

萃余相流量为

$$R = M - E \tag{6-15}$$

【例 6-1】 以纯溶剂 S 与 200kg 含 A、B 组分的混合液进行单级萃取，从中提取溶质组分 A。已知原料混合物中的 A 的质量分数为 0.3，试求：

(1) 萃取液可达到的最大浓度是多少？此时萃取剂用量为多少？萃取相及萃余相的量为多少？

(2) 当溶剂用量最少时，萃取相中的溶质 A 的组成为多少？所需的溶剂用量为多

少？此时萃余液的组成为多少？在图上标注，并写出作图步骤。

　　解：（1）原料液 $x_A=0.3$，可在图上确定 F 点，连接 FS，过 S 点作溶解度曲线最凸点的切线于 E，延长至 E°，读图得到最大萃取液浓度 $y_A^\circ=0.65$。

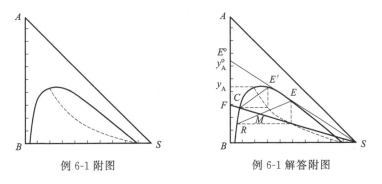

　　　　　　例 6-1 附图　　　　　　　　　例 6-1 解答附图

　　利用已知辅助线采用内插法做 RE 与 FS 交点即 M 点，从图上量出线段 FM、SM 的长度。可得萃取剂流量为

$$S=F\frac{\overline{FM}}{\overline{SM}}=200\times\frac{2.2}{6.5}=68(\text{kg})$$

$$M=F+S=200+68=268(\text{kg})$$

从图上量出线段 ME、RE 的长度。可得萃余相流量

$$R=M\frac{\overline{ME}}{\overline{RE}}=268\times\frac{2.2}{4.1}=143.8(\text{kg})$$

$$E=M-R=268-143.8=124.2(\text{kg})$$

　　（2）当溶剂用量最少时，M 移动到 C 点，采用内插法做出 $R'E'$ 读出 $y_A=0.45$

$$S=F\frac{\overline{FC}}{\overline{SC}}=200\times\frac{0.8}{8}=20(\text{kg})$$

连接 SC 延长到 F，萃余液的组成与原料液组成相同，即 $y_A^\circ=0.3$。

6.6　萃取设备

　　根据两相的接触方式，萃取设备可分为逐级接触式和微分接触式两大类；根据有无外能量输入，又可分为有外加能量和无外加能量两种。

　　微分接触逆流萃取过程常在塔式设备（如填料塔、脉冲筛板塔、转盘萃取塔等）内进行，如图 6-11 所示，喷洒萃取塔是结构最简单的液液传质设备；逐级接触式常用的是混合沉降槽。

6.6.1　混合-澄清槽

　　混合-澄清槽是最早使用而且目前仍然广泛用于工业生产的一种典型逐级接触式萃

取设备，可单级操作（图 6-12），也可多级组合操作。每个萃取级均包括混合槽和澄清器两个主要部分。为了使不互溶液体中的一相被分散成液滴而均匀分散到另一相中，以加大相际接触面积并提高传质速率，混合槽中通常安装搅拌装置，也可采用静态混合器、脉冲或喷射器来实现两相的充分混合。

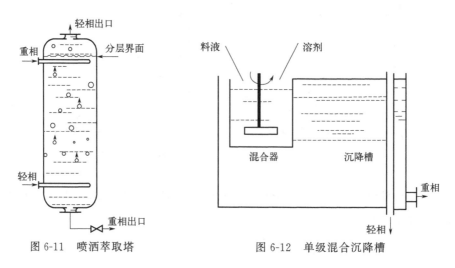

图 6-11　喷洒萃取塔　　　　　图 6-12　单级混合沉降槽

澄清器的作用是将已接近平衡状态的两液相进行有效分离。对易于澄清的混合液，可以依靠两相间的密度差进行重力沉降（或升浮）。对于难分离的混合液，可采用离心式澄清器（如旋液分离器、离心分离机）加速两相的分离过程。

多级混合-澄清槽是由多个单级萃取单元组合而成。图 6-13 为水平排列的三级逆流混合-澄清萃取装置。

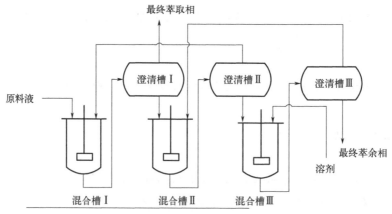

图 6-13　三级逆流混合-澄清萃取装置

混合-澄清槽的优点是传质效率高（一般级效率为 80％以上）、操作方便、运转稳定可靠，结构简单，可处理含有悬浮固体的物料，因此应用较广泛。缺点是：水平排列的设备占地面积大，每级内都设有搅拌装置，液体在级间流动需泵输送，故能量消耗较多，设备费及操作费都较高。为了克服水平排列多级混合-澄清槽的缺点，可采用箱式和立式(塔式)混合-澄清萃取设备。

6.6.2　多级离心萃取机

多级离心萃取机是在一台机器中装有两级或三级混合及分离装置的逆流萃取设备。图 6-14 是 Luwesta EK10007 三级逆流离心萃取机，从图中可以看出，此机是三个单级混合和分离设备的叠合装置，分上、中、下三段，下段是第 I 级混合和分离区，中段是第 II 级，上段是第 III 级，每一段的下部是混合区域，中部是分离区域，上部是重液引出区域。新鲜的溶剂由第 III 级加入，待萃取料液（重液）则由第 I 级加入，萃取后的轻液在第 I 级引出，萃余的重液则在第 III 级引出。这种萃取机的转鼓转速为 4500r/min，最大生产能力为 7m³/h，重液进料压力为 0.5MPa，轻液为 0.3MPa。

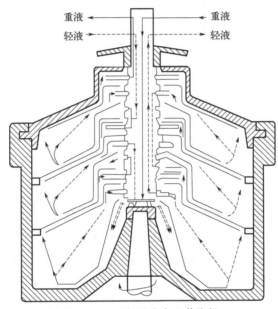

图 6-14　三级逆流离心萃取机

6.7　生物加工中影响萃取效率的因素分析

影响萃取操作的因素很多，主要有萃取剂、pH、温度。此外，尚有去乳化、盐析、带溶剂等因素。

6.7.1　萃取剂的选择

萃取剂应对欲分离的产物有较大的溶解度，并有良好的选择性。萃取剂的选择除要求萃取能力强、分离程度高以外，在操作方面还要求：

① 萃取剂与萃余液的相互溶解度要小，黏度要低，便于两相分离；

② 萃取剂易回收，化学稳定性好，且价廉易得。

生物制药的工艺过程中，会生成组分复杂的有机混合液。在混合液中，有效成分的浓度很低，并且其化学稳定性和热稳定性都很差，大多为热敏性混合物。在避免有效成分受热损坏的基础上，为了提高有效成分的收率，需要选择合适的溶剂进行萃取。例如：青霉素多采用溶剂萃取法进行提取，利用青霉素盐和青霉素酸溶解性质的差异性（青霉素盐易溶于水，青霉素酸易溶于有机溶剂），将其在溶剂相和水相之间反复多次萃取，从而达到提纯和浓缩的目的。

6.7.2　pH 的范围

pH 一方面影响选择性，另一方面又影响分配系数，从而影响产物的萃取收率。通常情况下，酸性产物应在酸性条件下萃取到萃取剂中，而碱性杂质则成盐留在水相中，碱性产物应在碱性条件下萃取到萃取剂中。另外，应选择使产物稳定的 pH 范围。如萃取青霉素时，水相的 pH 值可能很低，为 2.5 左右；在萃取红霉素时，pH 为 10 左右。

6.7.3　温度的确定

温度对产物的萃取也有很大影响，大多数生物工业产品在较高温度下都不稳定，故萃取应在室温或较低温度下进行。但低温下，料液黏度高，传质速率慢，故萃取速率低。因此，工艺条件允许时，可适当提高萃取温度。升高温度有时对提高分配系数有利。

6.7.4　盐析、带溶剂、去乳化的作用

加入盐析剂如硫酸铵、氯化钠等可使产物在水中溶解度降低，从而使产物更多地转入溶剂中，另外也能减少萃取剂在水中的溶解度。如提取维生素 B_{12} 时，加入硫酸铵对维生素 B_{12} 自水相转移到萃取剂中有利。但盐析剂的用量要适当，用量过多会使杂质一起转入萃取剂中。有些产物的水溶性很强，但在有机萃取剂中溶解度却很小，难以进行萃取分离，这种情况下可向料液中加入带溶剂，使带溶剂和欲提取的产物形成复合物，此复合物易溶于萃取剂，从而与萃余液分离，分离后的复合物萃取液在一定条件下又可分解释放出游离的产物。如柠檬酸在酸性条件下可与带溶剂磷酸三丁酯（TBP）形成中性络合物 $(C_6H_8O_7)_3TBP \cdot 2H_2O$ 而进入有机萃取剂中，也称反应萃取。萃取过程中，有时常发生乳化现象（即一种液体分散在另一种不相混合的液体中），使萃取相与萃余相分层困难，所以必须破坏乳化，去乳化的方法有过滤、离心分离、加热、稀释、加电解质、吸附等。

6.8　生物加工过程中新型绿色萃取技术

6.8.1　超临界流体萃取

流体处于临界温度和临界压力之上的状态，是一种非气非液状态，处于这种状态的

流体，称为超临界流体（supercritical fluid，SCF）。超临界流体萃取（supercritical
fluid extraction，SCFE）是利用超临界流体具有优异传递和溶解特性而对物质进行提
取分离的技术，现已开始应用于化工、石油、食品、医药和香料等领域。SCFE 可在较
低温度下操作，能使食品中的热敏成分免遭破坏，萃取产物无溶剂残留产生的污染后
果。因此，超临界流体萃取技术在生物制品生产中具有广阔的应用前景。

6.8.2　超临界二氧化碳萃取

目前，在 SCFE 的研究和工业应用中，采用的 SCF 溶剂绝大部分是 CO_2，因为
CO_2 作 SCF 溶剂具有以下一系列优点。

① 临界密度大。CO_2 的临界密度高达 $468kg/m^3$，是流体中最高的。因此，超临界
CO_2（$SC\text{-}CO_2$）溶解能力强。

② 临界温度低。CO_2 的临界温度仅为 $31.1℃$，这使 $SC\text{-}CO_2$ 萃取可在较低温度下
操作，对保护食品原料的热敏成分很有利。

③ 临界压力不高。CO_2 的临界压力为 $7.37MPa$，与 H_2O 或 NH_3 比较不为高，在
实验室和工厂中较易达到。

④ 无毒安全。CO_2 无臭无毒，不污染环境；具有化学惰性，不易参与化学反应；
不燃烧，在生产上使用安全。萃取时 CO_2 循环使用，理论上不耗散，不产生温室
效应。

⑤ 价廉易得。$SC\text{-}CO_2$ 的溶解特性是易溶解分子量较低的非极性和低极性物质，例
如 $M_r = 300 \sim 400$ 的醛、酮、酯、醇、醚等中性物质；对脂肪酸、生物碱、酚等溶解度
低；对糖、氨基酸、多数无机盐等极性物质以及蛋白质、纤维素等高聚物，不能萃取。
如果混入少量其他溶剂作夹带剂（entrainer），可扩大 $SC\text{-}CO_2$ 的萃取范围。

6.8.3　超临界流体萃取的方法

6.8.3.1　超临界流体萃取的基本流程

图 6-15 为超临界流体萃取基本流程，超临界流体萃取流程基本上由萃取阶段和分
离阶段构成。萃取系统中的主要设备为萃取
器、分离器和压缩机，其他设备包括贮罐、
辅助泵、换热器、阀门、流量计以及温度、
压力调控系统等。

装在萃取器中的物料与通入的 SCF 密切
接触，使被分离的物质溶解，溶有溶质的
SCF 经节流阀改变压力，或经换热器改变温
度，使萃取物在分离器中从溶剂内析出，得
到萃取产品。分离后的溶剂流体再经压缩机
等处理，循环使用。

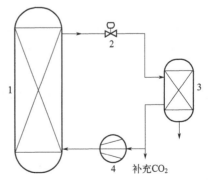

图 6-15　超临界 CO_2 流体萃取的工艺过程
1—萃取釜；2—减压阀；3—分离釜；4—加压泵

6.8.3.2 超临界流体萃取条件的选择

（1）操作条件的选择

当作为萃取溶剂的流体确定后，最主要的操作条件为压力和温度。压力增大，SCF 的密度增大，但二者是非线性关系。当压力增至一定程度时，溶解能力增加缓慢。而从技术经济角度考虑，太高压力会增加设备投资费用和操作技术难度。因此压力选择要适当。温度对溶解度的影响因压力范围不同而不同，因为温度不仅影响SCF 的密度，也影响溶质的挥发度和扩散系数。压力高时升温，SCF 密度降低较少，但溶质的蒸气压和扩散系数却大大提高，从而使溶解能力增大。压力较低且接近临界点时，升温会使 SCF 的密度急剧下降，即使溶质的挥发度和扩散系数有提高，溶解能力仍要下降。因此温度的选择与压力有关。如果已知由 SCF 和溶质构成的多元相图，就可根据相图选择适宜的压力和温度。此外，溶剂流量也是应考虑的操作条件。SCF 流量愈大，所需萃取时间愈短。但流量的选取也应考虑使操作状态稳定。

（2）夹带剂的使用

夹带剂又称为提携剂，是加入超临界流体系统能明显改善系统相行为的少量溶剂。夹带剂与被萃取的溶质亲和力强，具有良好的溶解性能，其挥发度介于 SCF 和待萃取溶质之间。夹带剂的主要作用是能大幅度增加原本在 SCF 中较难溶的溶质的溶解度，不但提高了 SCFE 的效率，也扩大了 SCFE 技术的应用范围。例如，在 SC-CO_2 中添加 14％丙酮作夹带剂，可使甘油酯的溶解度提高 22 倍；在 SC-CO_2 中加入 9％CH_3OH，可使胆固醇的溶解度提高 100 倍。加夹带剂的另一个作用是可以降低 SCFE 的操作压力，减少在操作中超临界流体用量，降低投资费和操作费用。

在 SCFE 技术中常使用的夹带剂有甲醇、乙醇、异丙醇、丙酮、氯仿、己烷、三氯乙烷等。对一种待分离的混合物，一经选定了 SCF，采用何种夹带剂为宜，夹带剂的浓度以多大为佳，是人们关注的问题，这方面的规律性研究正在进行，目前仍主要通过实验解决。

6.8.4 新型绿色萃取剂离子液体简介

离子液体（ionic liquids，ILs）又称室温熔盐，是指在室温或近室温下呈液态的、完全由阴阳离子所组成的盐，也称为低温熔融盐，一般是由有机阳离子和无机阴离子组成。由于离子液体中只存在阴阳离子，因而与常见易挥发有机溶剂相比，离子液体具有许多独特的性质：蒸气压几乎零，不易挥发；具有较大的稳定温度范围，较好的化学稳定性；较宽的电化学稳定电位窗口；通过阴阳离子的设计可调控其对水、无机物、有机物以及聚合物的溶解性。

Huddleston 等尝试了用离子液体代替传统有机溶剂萃取生物分子后，科学家们开始进行离子液体对生物大分子的萃取分离研究，发现离子液体毒性小，适合用于生物分子的处理，在萃取分离氨基酸、蛋白质、核酸等生物物质中表现出了优异的性能。

随着天然产物合成生物制造的发展，利用离子液体进行结构相似物的分离提取逐渐进入产业化应用。

习题

思考题

1. 萃取分离混合物的依据是什么？什么是萃取相、萃余相？萃取液、萃余液各指什么？萃取操作在生物与医药行业主要有哪些实际应用？

2. 萃取过程与吸收过程的主要差别有哪些？

3. 三角形相图的顶点和三条边分别表示什么？相图内的点表示什么？

4. 什么是分配系数？分配系数等于1的组分能否进行萃取分离？

5. 什么是选择性系数？$\beta=1$意味着什么？$\beta=\infty$又意味着什么？萃取操作温度高些好，还是低些好？

选择题

1. 萃取分离混合物依据是（　　）。

A. 各组分在萃取相和萃余相间扩散速率不同

B. 混合物中各组分挥发度的差异

C. 混合物中各组分相际传质速率的差异

D. 混合物中各组分在某溶剂中溶解度的差异

2. 由混合物 M 分出 E 和 R 溶液，在直角三角形相图分别以 M、E、R 点表示。E 溶液与 R 溶液质量之比等于（　　）。

A. 线段 MR 与线段 ER 长度之比

B. 线段 ME 与线段 MR 长度之比

C. 线段 MR 与线段 ME 长度之比

D. 线段 ME 与线段 RE 长度之比

3. 对一个特定的物系，关于其临界混溶点的说法，错误的是（　　）。

A. 当温度一定时，临界混溶点是唯一的

B. 临界混溶点不一定是溶解度曲线的最高点

C. 在临界混溶点共轭两相的组成相同

D. 随着体系温度的升高，临界混溶点的位置上移

4. 如果某物系在某组成下的平衡连接线平行于横轴，则（　　）。

A. 平衡共轭两相中组分 A 的质量分数相同

B. 平衡共轭两相的组成相同

C. 平衡共轭两相中组分 S 的质量分数相同

D. 以上说法均不正确

5. 三元部分互溶物系液-液萃取的最终萃取液和萃余液组成服从（   ）。

A. 临界混溶点之左的溶解度曲线

B. 临界混溶点之右的溶解度曲线

C. 杠杆规则

D. 分配曲线

6. 溶液 E 和 R 混合形成混合物 M，在直角三角形相图分别以 E、R 和 M 点表示。若 M 点越接近于 R 点，则说明混合时 R 的加入量（   ）。

A. 越大

B. 越小

C. M 点的位置与 R 的加入量无关

D. 以上说法均不正确

7. 进行萃取操作时，应使（   ）。

A. 选择性系数小于1

B. 选择性系数大于1

C. 分配系数小于1

D. 分配系数大于1

8. 对于部分互溶三元液-液体系，当温度升高时，两相区面积（   ）。

A. 增大

B. 减小

C. 不变

D. 无法确定

9. 一般来说，选择性系数与体系温度的关系是（   ）。

A. 温度越低选择性系数越大

B. 温度越高选择性系数越大

C. 两相之间没有关系

D. 无法确定

10. 用纯溶剂对二元原溶液进行部分互溶物系单级萃取，对最大萃取液浓度有影响的是（   ）。

A. 萃取设备的结构

B. 原溶液溶质的含量

C. 萃取剂用量

D. 操作温度

11. 当萃取剂用量增大时，部分互溶物系单级萃取的萃取相中溶质 A 的质量分数（   ）。

A. 减小

B. 增大

C. 不变

D. 无法确定

12. 使用纯溶剂进行部分互溶物系单级萃取，用图解法求使萃取液中溶质质量分数最高的萃取剂用量，除原溶液点和萃取剂点外，确定其他点的正确顺序是（　　）。

A. 萃余相点—原溶液与萃取剂的混合点—萃取相点

B. 原溶液与萃取剂的混合点—萃余相点—萃取相点

C. 萃取相点—萃余相点—原溶液与萃取剂的混合点

D. 原溶液与萃取剂的混合点—萃取相点—萃余相点

13. 部分互溶物系多级错流萃取，关于各级之间的关系，下列选项说法正确的是（　　）。

A. 部分级之间是串联关系，部分级之间是并联关系

B. 对萃取相而言，各级串联；对萃余相而言，各级并联

C. 对萃取相而言，各级并联；对萃余相而言，各级串联

D. 以上说法均不正确

14. （多选）下列各项工作中，用辅助线可以完成的有（　　）。

A. 确定过某一点的平衡连接线

B. 确定共轭两相的质量比

C. 由一相确定其共轭相

D. 确定临界混溶点

15. （多选）以原溶液进入的级为第 1 级，下面关于部分互溶物系多级错流萃取的说法，正确的有（　　）。

A. 某一级的原料是上一级的萃余相

B. 萃余相中 A 的质量分数是逐级降低的

C. 萃取相中溶质 A 的质量分数是逐级升高的

D. 萃取剂用量越小，最终萃余相中溶质的质量分数越高

计算题

1. 已知某混合物含溶质 A 为 50%，拟纯溶剂单级萃取，萃余相中组分 A 与组分 B 的浓度比为 $1/3$，萃取液组成为 0.8。求：(1) 选择性系数；(2) E_0/R_0。

2. 在 B-S 部分互溶的单级萃取中，料液量为 $100kg$，含溶质 A 为 $40kg$，其余为稀释剂 B。用纯溶剂萃取，溶剂比（S/F）为 1。脱溶剂后，萃余液浓度 $x_{A0}=0.3$（质量分数），选择性系数 $\beta=8$，试求萃取液量 E_0。

3. 某三元物系的溶解度曲线及平衡联结线如图所示，用纯溶剂 S 对 $100kg$ 进料做单级萃取，液体混合物中溶质 A 的质量分数为 30%，试求：

(1) 萃取液可达到的最大浓度是多少？

(2) 要使萃取液浓度达到最大，萃取剂用量为多少？此时溶质 A 的萃余率（$\eta=$

$\dfrac{Rx_R}{Fx_F}$) 为多少？要求写出作图步骤，用相应线段作图。

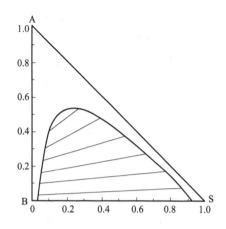

4. 用纯溶剂 S 对 120kg 进料做单级萃取，液体混合物含 45％的溶质 A（质量分数），萃取后萃余相中 A 的含量为 10％，试求：

（1）所需萃取剂用量？

（2）萃取相的质量和组成

（3）萃取液的质量和组成

要求写出作图步骤，用相应线段作图。（三元物系溶解度曲线及平衡联结线如下图所示）

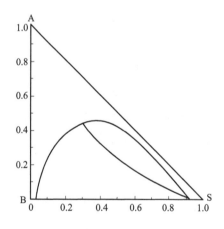

CHAPTER 7

生物产品分离的蒸馏操作 第**7**章

7.1 概述

蒸馏（distillation）是利用组分挥发度的不同，将流体混合物分离成较纯组分的单元操作。蒸馏过程涉及气、液两相间的传质和传热。在一定条件下使气、液两相充分接触，液相中的易挥发组分吸热汽化进入气相的倾向较大，而气相中的难挥发组分放热液化进入液相的倾向较大。两相接近平衡时分离，气相产品将含有较多的易挥发组分，而液相产品将含有较多的难挥发组分。可见，混合物中组分间气、液相平衡关系是分析精馏原理和进行工艺计算的理论依据。

生物工程的工业产品中采用蒸馏方法提取或提纯的常有白酒、酒精、甘油、丙酮、丁醇以及某些萃取过程中的溶剂回收。在制药化工生产中，常需将液体混合物中的各组分加以分离，以达到提纯或回收有用成分的目的。对于互溶液体混合物，蒸馏是应用最为广泛的分离方法。例如，在中药生产中，常用 95％的乙醇溶液提取中草药中的有效成分，而从提取液回收到的乙醇溶液，其浓度较低，常在 40％左右，故不能直接用于提取。但由于溶剂量较大，若直接排放，不仅会造成环境污染，而且会造成较大的经济损失。因此，常用蒸馏法对回收的乙醇溶液进行提纯，以再次获得 95％的乙醇溶液，并重新用于中草药有效成分的提取。

混合物中的易挥发组分（A）称为轻组分，难挥发组分（B）则称为重组分。将液体混合物加热至泡点以上沸腾使之部分汽化时，$y_A > x_A$；反之将混合蒸汽冷却到露点以下使之部分冷凝时，$x_B > y_B$。上述两种情况所得到的气液组成均满足 $\dfrac{y_A}{y_B} > \dfrac{x_A}{x_B}$，部分汽化及部分冷凝均可使混合物得到一定程度的分离，它们均是借混合物中各组分挥发性的差异而达到分离的目的，这就是蒸馏分离的依据。

在生物制药、食品生产中，常需将液体混合物中的组分用蒸馏的方法分离开作为产品或进一步精制的原料。例如，将发酵醪蒸馏使水和酒精分离制得粗馏酒精。粗馏酒精主要含乙醇，还含挥发性的醛、酸、酯和杂醇等，要制得更纯的酒精，还要进一步通过一系列蒸馏和其他操作来完成。

在实践中较常见的是含有两种组分溶液的蒸馏。即使是多组分的蒸馏，也往往是将它们两两分离。因此，双组分蒸馏是研究蒸馏过程的基础，本章主要讨论双组分蒸馏的原理、方法和计算。

7.2　双组分体系气液相平衡

7.2.1　双组分体系气液相图

按照相律，一个体系达到相平衡时，体系的自由度数 F、独立组分数 C 和相数 P 间的关系为

$$F = C - P + 2 \tag{7-1}$$

对双组分体系，$C=2$，则 $F=4-P$；体系至少有一相，$P=1$，则自由度数最多为 $F=4-1=3$。这三个自由度可为温度 T、压力 p 以及气相或液相组成。

为叙述方便，我们将双组分体系中沸点较低的组分（常称为易挥发组分或轻组分）用 A 表示；将沸点较高的组分（常称为难挥发组分或重组分）用 B 表示。在蒸馏中，相的组成用摩尔分数表示最为方便。对液相，两组分的浓度关系为 $x_A + x_B = 1$，只用 x_A 就可表示液相组成。对气相同样有 $y_A + y_B = 1$，只用 y_A 就可表示气相组成。在达气液相平衡时，x_A 和 y_A 间必然存在一定的函数关系。这样，描述双组分体系相平衡最多需三个独立变量：T、p、x（或 y）。

将双组分体系相平衡关系用平面图形表示出来，经常使用的相图有恒定 T 下的 p-x 图、恒定 p 下的 T-x 图和恒定 p 下的 y-x 图。

7.2.1.1　*p-x* 图

对 A、B 两组分构成的理想溶液，在所有的浓度范围内都将遵循拉乌尔（Raoult）定律，即

$$p_A = p_A^0 x_A \tag{7-2}$$

$$p_B = p_B^0 x_B = p_B^0 (1 - x_A) \tag{7-3}$$

式中　p_A，p_B——组分 A 和 B 的气相平衡分压，Pa；

　　　p_A^0，p_B^0——纯组分 A 和 B 的饱和蒸气压，Pa。

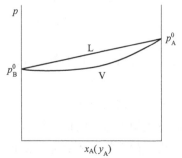

图 7-1　理想溶液的 p-x 相图

蒸气相的压力 p 为 p_A 和 p_B 之和，因此

$$p = p_A + p_B = p_A^0 x_A + p_B^0 (1 - x_A)$$

或　　　$$p = p_B^0 + (p_A^0 - p_B^0) x_A \tag{7-4}$$

式(7-4)反映了双组分理想溶液压力 p 与液相组成 x_A 的关系。在定 T 下的 p-x 相图是一条直线，称为液相线，如图 7-1 所示。

反映理想双组分体系气相压力 p 与气相组成 y_A 关系的 p-y_A 线，就是图 7-1 中下面的曲线，称为气

相线。在图 7-1 的相图中，液相线之上，是液相单相区 L。汽相线之下，是汽相单相区 V。两条线之间的月牙形区，是气液两相平衡共存区。

如液相是非理想溶液，将与拉乌尔定律产生偏差，液相线将不再是直线，而是上凸或下凹的曲线。如产生较大的正偏差，液相线上凸将产生最高点，此点的 p 值比 p_A^0 要大。如产生较大的负偏差，液相线下凹将出现最低点，此点的 p 值比 p_B^0 还要小。

7.2.1.2 T-x 图

在 p-x 图上对应一定压力 p 可有一对平衡气液相组成 y_A、x_A。取若干对不同温度下的 p-x 图对应同一 p 值的气液相组成 y_A、x_A 值，可绘成恒定压力下的 T-x 相图。理想体系即与拉乌尔定律的偏差不是很大的体系，其 T-x 相图如图 7-2(a) 所示。图中，上面的曲线是气相线，下面的曲线为液相线。在气相线之上，是气相单相区。在液相线之下，是液相单相区。两线之间的梭形区，是气液两相平衡共存区。曲线两端分别为纯组分 B 的沸点 T_B 和纯组分 A 的沸点 T_A。

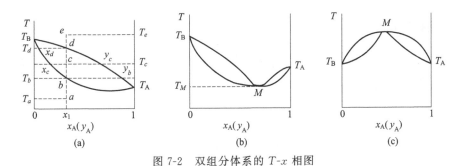

图 7-2　双组分体系的 T-x 相图

如果体系的状态处于物系点 a，则为液相单相，温度为 T_a，组成为 x_1。对其加热，温度升高，物系点沿垂直线上移。当物系点到达液相线上的点 b 时，溶液开始沸腾，产生气泡，点 b 称为泡点，其温度 T_b 称为泡点温度。到达泡点 b，体系开始进入两相区，此时产生的气泡组成为 y_b。若温度继续升至 T_c，物系点到达点 c，平衡的两相中，气相组成为 y_c，液相组成为 x_c，且 $y_c > x_c$，这就是蒸馏分离的理论依据。按相律，双组分的两相区有 $C=2$，$P=2$，则 $F=2$。已有一变量 p 被固定，则只余一个自由度。如选定 T 为 T_c，则 x_A、y_A 将皆被确定，即 x_c、y_c。若温度继续升高，物系点会上移到达气相线上的点 d。体系从气相单相的点 e 降温也能到达点 d，产生露珠，点 d 称为露点，其温度 T_d 称为露点温度，露点的液相组成为 x_d。露点之上体系是气相单相，露点向下，体系进入气液两相共存区。

体系对拉乌尔定律产生较大正偏差时，p-x 图的液相线出现最高点，其 T-x 图如图 7-2(b) 所示，液相线和气相线在点 M 处相切。点 M 的温度称最低恒沸点，组成为点 M 的物系称为恒沸物。乙醇-水体系的 T-x 相图就属于此种。对拉乌尔定律产生较大负偏差的体系，其 T-x 相图具有最高恒沸点 T_M，如图 7-2(c) 所示。恒沸物汽化时沸点 T_M 不变，气相组成 y_A 等于液相组成 x_A。具有恒沸点的体系蒸馏时，不能同时得到较纯的 A 和 B，只能得到一种较纯组分 A 或 B 作为产物，另一产物将是恒沸物。

7.2.1.3 *y-x* 图

用 T-x 图上若干对不同温度两相平衡组成 y_A 和 x_A 的数据，可绘出恒定 p 下的 y-x 相图，如图 7-3 所示。它们分别和图 7-2 中的三个图相对应。在图 7-3(a) 中，因总是 $y_A > x_A$，故平衡曲线位于对角线 $y = x$ 之上方。在图 7-3(b) 和图 7-3(c) 中，相平衡曲线分别与对角线 $y = x$ 相交于点 M。

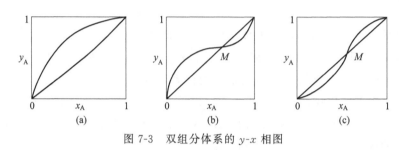

图 7-3 双组分体系的 y-x 相图

7.2.2 相对挥发度

双组分溶液中，一个组分的蒸气压受另一组分存在的影响。某组分的平衡蒸气压与其在液相中的摩尔分数之比，称为该组分的挥发度，用 v 表示：

$$v_A = \frac{p_A}{x_A}, v_B = \frac{p_B}{x_B} \tag{7-5}$$

式中，v_A、v_B 分别为组分 A、B 的挥发度，Pa。

溶液中两组分的挥发度之比，称为相对挥发度，用 α_{AB} 表示：

$$\alpha_{AB} = \frac{v_A}{v_B} = \frac{p_A/x_A}{p_B/x_B} \tag{7-6}$$

当压力不太高时，按 Dalton 定律有：

$$p_A = py_A, \quad p_B = py_B$$

代入式(7-6)，则

$$\alpha_{AB} = \frac{y_A/x_A}{y_B/x_B} \tag{7-7}$$

由于 $x_B = 1 - x_A$，$y_B = 1 - y_A$，省去 α_{AB} 的下标，可得

$$\frac{y_A}{x_A} = \alpha \frac{1 - y_A}{1 - x_A}$$

$$y_A = \frac{\alpha x_A}{1 + (\alpha - 1)x_A} \tag{7-8}$$

式(7-8) 是双组分体系气液相平衡关系的又一表达式，用相对挥发度 α 表示了气液平衡。当 α 值已知，按式(7-8) 就可由 x_A 求得平衡时的 y_A。若 $\alpha > 1$，则 $y_A > x_A$。α 值越大，组分 A 和 B 越易蒸馏分离。

对理想溶液，因组分 A 和 B 在任何浓度都服从拉乌尔定律：

$$p_A = p_A^0 x_A, \quad p_B = p_B^0 x_B$$

代入式(7-6)，可得

$$\alpha = \frac{p_A^0}{p_B^0} \tag{7-9}$$

此时，相对挥发度等于两纯组分蒸气压之比。

7.3　蒸馏方法

按操作方式的不同，蒸馏方法可分为间歇蒸馏和连续蒸馏。按操作压力的不同，蒸馏可分为常压蒸馏、加压蒸馏和真空蒸馏。真空蒸馏随压力的减小又依次分为五种：①减压蒸馏，操作压力一般不低于 10^4 Pa；②真空蒸馏，操作压力为 $10^2 \sim 10^4$ Pa；③高真空蒸馏，压力范围在 $1 \sim 10^2$ Pa；④短程蒸馏，压力范围为 $10^{-2} \sim 1$ Pa，此时分子从蒸发面到冷凝面的行程相对于气相分子平均自由程已较短；⑤分子蒸馏，操作压力低，一般为 $1 \sim 10$ Pa，此时气相分子已近于分子态，蒸发面和冷凝面的间距小于平均分子自由程。分子蒸馏已广泛应用于浓缩或纯化高分子量、高沸点、高黏度及热稳定性很差的有机物。

按气相与液相接触次数的不同，蒸馏可分为单级蒸馏和多级蒸馏。单级蒸馏包括平衡蒸馏、简单蒸馏和水蒸气蒸馏等。多级蒸馏分为分批多级蒸馏和连续多级蒸馏。连续多级蒸馏又称为精馏，广泛应用于工业分离。除普通精馏外，还有一些特殊精馏，如恒沸精馏、萃取精馏。

7.3.1　单级蒸馏

7.3.1.1　平衡蒸馏

图 7-4 为平衡蒸馏流程。将原料液连续地送入加热炉加热至一定的温度，然后经节流阀减压至预定压力进入分离器，由于压力降低，部分液体汽化，气液混合物在分离器中分开，一般可认为气、液两相达到平衡。气相经冷凝器冷凝后作为顶部产品，其中轻组分得到富集，液相为底部产品，其中重组分获得增浓。

平衡蒸馏只经过一次平衡，也称为闪蒸操作，分离能力有限。但由于其为连续稳定过程，工业生产中经常使用。

设在连续闪蒸中，F、D 和 W 分别为进料、分离的气相（轻相）和液相（重相）流量（mol/s），x_F、y 和 x 分别为轻组分 A 在这三个流体流中的摩尔分数。对组

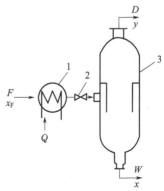

图 7-4　平衡蒸馏流程

1—加热器；2—减压阀；3—分离器

分 A 进行物料衡算，可得到

总物料衡算：

$$F = D + W \tag{7-10}$$

轻组分的物料衡算：

$$Fx_F = Dy + Wx \tag{7-11}$$

通常 F、D、x_F 为已知的或设定的，要解出 x 和 y，还需要 y-x 的平衡关系。

7.3.1.2　简单蒸馏

将一批料液加入蒸馏釜中，在恒压下加热至沸腾，使液体不断汽化。陆续产生的蒸气经冷凝后作为顶部产品，其中易挥发组分相对富集。在蒸馏过程中，釜内液体的易挥发组分含量不断下降，蒸气中易挥发组分的含量也相应地随之降低。因此，通常是分罐收集顶部产物，最终将釜液一次排出，如图 7-5 所示。

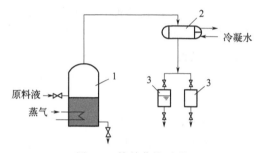

图 7-5　简单蒸馏过程

1—原料液；2—冷凝器；3—接收器

与平衡蒸馏不同，简单蒸馏是一种间歇操作过程，不是液相与全部气相处于平衡状态，而是组成不断变化的残液与瞬间微量蒸气相平衡。简单蒸馏是非稳态过程。

设任一时刻 τ 釜内的液体量为 W（kmol），轻组分 A 的摩尔分数为 x，与之平衡的气相中 A 的摩尔分数为 y。

若 $d\tau$ 时间内蒸出物料量为 dW，釜内液体组成相应地由 x 降为 $x - dx$，对该时间微元作易挥发组分的物料衡算可得

$$Wx = y\,dW + (W - dW)(x - dx)$$

略去高阶微分项，整理得

$$\frac{dW}{W} = \frac{dx}{y - x}$$

蒸馏操作开始后，从初始的 W_1、x_1 变至终止时的 W_2、x_2，积分上式得

$$\ln \frac{W_1}{W_2} = \int_{x_2}^{x_1} \frac{dx}{y - x} \tag{7-12}$$

简单蒸馏过程的特征是任一瞬间的气、液相组成 y 与 x 互为平衡，故描述此过程的特征方程仍为相平衡方程，即

$$y = \frac{\alpha x}{1 + (\alpha - 1)x}$$

将相平衡方程代入式(7-12)，积分可得

$$\ln \frac{W_1}{W_2} = \frac{1}{\alpha - 1} \ln \frac{x_1}{x_2} + \alpha \ln \frac{1-x_2}{1-x_1} \tag{7-13}$$

馏出液的平均组成及数量可对全过程的始末作物料衡算

$$\overline{y} = x_1 + \frac{W_2}{W_1 - W_2}(x_1 - x_2) \tag{7-14}$$

【例 7-1】 在 101kPa 压力下对等摩尔 A 和 B 的溶液 100mol 进行简单蒸馏，使最后残留液的 $x_A = 0.28$。已知 A 对 B 的相对挥发度为 9.23，求馏出液总量及其中 A 的浓度。

解: 已知 $W_1 = 100$mol，$x_1 = 0.50$，$x_2 = 0.28$，$\alpha = 9.23$，代入式(7-13)，有

$$\ln \frac{W_1}{W_2} = \frac{1}{\alpha - 1}\left(\ln \frac{x_1}{x_2} + \alpha \ln \frac{1-x_2}{1-x_1}\right) = \frac{1}{9.23-1}\left(\ln \frac{0.50}{0.28} + 9.23\ln \frac{1-0.28}{1-0.50}\right) = 0.48$$

则

$$\frac{W_2}{W_1} = 0.62$$

$$W_2 = 0.62W_1 = 0.62 \times 100 = 62(\text{mol})$$

馏出液总量为

$$V = W_1 - W_2 = 100 - 62 = 38(\text{mol})$$

设馏出液中组分 A 的摩尔分数为 y，作整个蒸馏过程组分 A 的物料衡算:

$$W_1 x_1 = W_2 x_2 + Vy$$

则

$$y = \frac{W_1 x_1 - W_2 x_2}{V} = \frac{100 \times 0.5 - 62 \times 0.28}{38} = 0.86$$

7.3.1.3 水蒸气蒸馏

沸点较高液体的常压蒸馏需在较高温度下进行，这会破坏热敏成分。为避免这种破坏，现在除主要采用真空蒸馏外，仍常应用水蒸气蒸馏。水蒸气蒸馏又称汽提。如图 7-6 所示，向料液中通入水蒸气，只要水蒸气的分压和料液中被分离组分分压之和等于外压，就可达沸腾进行蒸馏，混合蒸气经冷凝器冷凝，得到的馏液中高沸有机物和水因不互溶而易于在分离器中分开，这就是水蒸气蒸馏的原理。水蒸气蒸馏时，体系的沸腾温度低于各组分的沸点温度，即沸腾温度低于水的沸点，从而可在较低温度下将沸点较高的组分从体系中分离出来，这是水蒸气蒸馏的突出优点。在食品工业中，水蒸气蒸馏常用于含有少量挥发性杂质的高沸点液体的提纯，例如用于食用油和奶油在真空下的脱臭，香精油从不挥发性

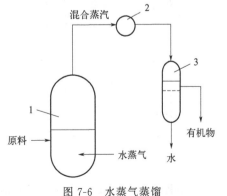

图 7-6 水蒸气蒸馏

1—蒸馏釜；2—冷凝器；3—分离器

化合物中的分离，以及油类从残留溶剂或挥发性杂质中的提纯。

水蒸气蒸馏时，气相总压 p 等于水蒸气分压 p_W 和被提取成分 A 的分压 p_A 之和，即

$$p = p_W + p_A \tag{7-15}$$

如果使用过热水蒸气，则液相只有被蒸馏液体的单相。即使存在水的液相，高沸点液体一般也是不溶于水的，相内只有组分 A 是挥发性的，因此 $p_A = p_A^0$，而 $p_W = p_W^0$，这样，气相中组分 A 的摩尔比为

$$y_A = \frac{n_A}{n_W} = \frac{y_A}{y_W} = \frac{p_A}{p_W} = \frac{p_A^0}{p_W^0} \tag{7-16}$$

若设 m_A 和 m_W 分别为气相中高沸组分 A 和水蒸气的质量，M_A 和 M_W 分别为组分 A 和水的摩尔质量，则：

$$\frac{n_A}{n_W} = \frac{m_A/M_A}{m_W/M_W} = \frac{p_A^0}{p_W^0}$$

$$\frac{m_A}{m_W} = \frac{p_A^0}{p_W^0} \cdot \frac{M_A}{M_W} \tag{7-17}$$

由式(7-17)可见，虽然一般 p_A^0 比 p_W^0 小得多，p_A^0/p_W^0 较小，但 M_A 常比 M_W 大许多，即 M_A/M_W 较大，所以单位质量水蒸气蒸馏出的组分 A 的质量不会太小。例如常压下用水蒸气蒸馏大茴香醚（沸点 154℃），在 99.7℃ 时沸腾，虽然大茴香醚状仅 1.0kPa，$p_A^0/p_W^0 = 0.01$，但 $M_A = 108g/mol$，$M_A/M_W = 6$，所以 100kg 水蒸气仍可蒸出 6kg 大茴香醚。

7.3.1.4　分子蒸馏

分子在两次连续碰撞之间所走路程的平均值称为分子平均自由程。分子蒸馏正是利用分子平均自由程的差异来分离液体混合物的，其基本原理如图 7-7 所示。待分离物料在加热板上形成均匀液膜，经加热，料液分子由液膜表面自由逸出。在与加热板平行处设一冷凝板，冷凝板的温度低于加热板，且与加热板之间的距离小于轻组分分子的平均自由程而大于重组分分子的平均自由程。这样由液膜表面逸出的大部分轻组分分子能够到达冷凝面并被冷凝成液体，而重组分的分子则不能到达冷凝面，故又重新返回至液膜中，从而可实现轻重组分的分离。

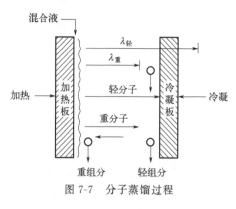

图 7-7　分子蒸馏过程

一套完整的分子蒸馏设备主要由进料系统、分子蒸馏器、馏分收集系统、加热系统、冷却系统、真空系统和控制系统等部分组成，其工艺流程如图 7-8 所示。为保证所需的真空度，一般需采用二级或二级以上的泵联

用，并设液氮冷阱以保护真空泵。分子蒸馏器是整套设备的核心，分子蒸馏设备的发展主要体现在对分子蒸馏器的结构改进上。

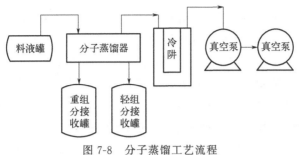

图 7-8　分子蒸馏工艺流程

与普通蒸馏相比，分子蒸馏具有如下特点：

① 分子蒸馏在极高的真空度下进行，且蒸发面与冷凝面之间的距离很小，因此在蒸发分子由蒸发面飞射至冷凝面的过程中，彼此发生碰撞的概率很小。而普通蒸馏包括减压蒸馏，系统的真空度均远低于分子蒸馏，且蒸气分子需经过很长的距离才能冷凝为液体，其间蒸气分子将不断地与液体或其他蒸气分子发生碰撞，整个操作系统存在一定的压差。

② 减压精馏是蒸发与冷凝的可逆过程，气液两相可形成相平衡状态；而在分子蒸馏过程中，蒸气分子由蒸发面逸出后直接飞射至冷凝面上，理论上没有返回蒸发面的可能性，故分子蒸馏过程为不可逆过程。

③ 普通蒸馏的分离能力仅取决于组分间的相对挥发度，而分子蒸馏的分离能力不仅与组分间的相对挥发度有关，还与各组分的分子量有关。

④ 只要蒸发面与冷凝面之间存在足够的温度差，分子蒸馏即可在任何温度下进行；而普通蒸馏只能在泡点温度下进行。

⑤ 普通蒸馏存在鼓泡和沸腾现象，而分子蒸馏是在液膜表面上进行的自由蒸发过程，不存在鼓泡和沸腾现象。

分子蒸馏具有操作温度低、受热时间短、分离速度快、物料不会氧化等优点。目前该技术已成功地应用于生物制药、食品、香料等领域，其中的典型应用是从鱼油中提取 DHA 和 EPA，以及天然及合成维生素 E 的提取等。此外，分子蒸馏技术还用于提取天然辣椒红色素、α-亚麻酸、精制羊毛酯以及卵磷脂、酶、维生素、蛋白质等的浓缩。可以预见，随着研究的不断深入，分子蒸馏技术的应用范围将不断扩大。

7.3.2　多级蒸馏

7.3.2.1　精馏

在大规模工业生产中，优越的蒸馏工艺是采用连续多级蒸馏——精馏。精馏的主要设备是精馏塔。在塔顶连有冷凝器，在塔底连有加热塔底液体的再沸器，如图 7-9 所示。塔顶的冷凝器使蒸气冷凝，冷凝液部分作为产品 D 被引出，部分作为回流 R 返回塔顶。塔底液体部分作为产品 W 被引出，部分由再沸器产生蒸汽送回塔内，使塔内的各级塔板上保持稳定的气液接触。

在各级塔板上，来自下一级塔板的蒸气与来自上一级塔板的液体密切接触，进行热量和质量交换，使气相部分冷凝，液相部分汽化。结果，由这级塔板上升的蒸气将含更多的轻组分 A，由这级塔板流下的液体将含更多的重组分 B。图 7-10 表示塔中第 n 级塔板的情形，由下面第 $n+1$ 级塔板升上来的轻组分 A 浓度为 y_{n+1} 的蒸气与由上面第 $n-1$ 级塔板降下来的浓度为 x_{n-1} 的液体在第 n 级塔板相遇，密切接触进行质热交换，达到平衡，由相图 7-11 可见产生的蒸气浓度 $y_n > y_{n+1}$，而产生的溢流液体浓度 $x_n < x_{n-1}$。如此部分汽化和部分冷凝反复进行，越接近塔顶的塔板轻组分浓度越大，越接近塔底的塔板轻组分浓度越小。若塔板数足够多，理论上在塔顶可得纯轻组分 A，在塔底可得纯重组分 B。

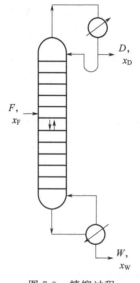

图 7-9　精馏过程

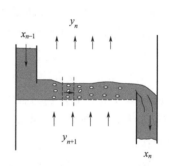

图 7-10　单块塔板的气液流向

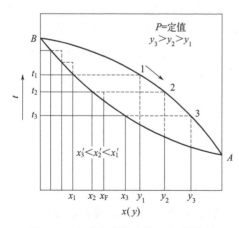

图 7-11　气液相部分汽化和部分冷凝

进料从塔中部适当位置的塔板上引入，将全塔分为两段：进料板以上的塔段称为精馏段，进料板及其以下的塔段称为提馏段，如图 7-9 所示。精馏段使温度较高的气相与温度较低但轻组分含量较高的液相逆流级式接触，使轻组分逐级向上被提纯。提馏段使轻组分从液体中提馏出来，增加轻组分的回收率。对重组分则正好相反，提馏段提高其纯度，精馏段提高其回收率。

在精馏操作中，原料液连续从进料板进入，塔顶连续引出馏液产品，塔底连续得到塔底产品。塔内沿塔高建立起稳定的温度梯度和浓度梯度，形成精馏的连续稳态操作。

塔顶馏液的回流、塔底液体再沸汽化以及塔内多级气液接触单元的存在，是稳态精馏过程得以进行的必要条件。

填料塔也可以作为精馏塔使用，精馏原理与板式塔相似。

7.3.2.2 特殊精馏

对于两组分沸点很接近、相对挥发度近于 1 的溶液，用普通精馏难以很好分离；若两组分能形成恒沸物，则根本不能用普通精馏方法分离。对这两种情况以分别采用特殊精馏：萃取精馏和恒沸精馏。

（1）萃取精馏

图 7-12 为萃取精馏的典型流程。若 A、B 为沸点接近的两组分，S 具有较高沸点并对组分 B 具有较强亲和力，则在进料板和塔顶之间引入萃取剂 S，可显著降低 B 的蒸气压，从而加大 A 对 B 的相对挥发度 α。塔顶较易得到纯 A，塔底流出的混合液 B+S 送入后续塔中，因 S 沸点较高，B、S 分离易于用普通精馏实现，塔顶得纯组分 B，塔底流出的 S 可送回前一塔中循环使用，实现 A 和 B 两组分较好的分离。

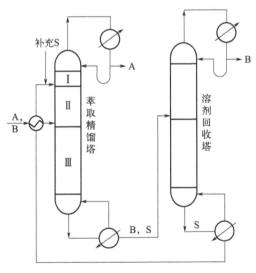

图 7-12　萃取精馏

萃取蒸馏一般用于分离混合液中两组分挥发度相差很小（纯态沸点差小于 3℃）的场合。

一般应选择选择性高、挥发性小且与原溶液有足够互溶度的萃取剂。

（2）恒沸精馏

在双组分混合液中加入第三组分作夹带剂，夹带剂和原溶液中一个或两个组分形成新的具有最低恒沸点的溶液，于恒沸精馏塔顶蒸出，塔底就可得到纯产品，这就是恒沸精馏的原理。例如，对乙醇（E）和水（W）形成的恒沸物 E-W（$x_E = 0.894$），使用苯（B）作夹带剂，在恒沸精馏塔中精馏，塔顶产生沸点低至 64.853℃ 的 B-E-W 三元恒沸物蒸气，塔底可得无水乙醇纯品（E）。塔顶的恒沸物蒸气经冷凝分成两液相，有机相作为回流引回恒沸精馏塔，水相依次经苯回收塔和乙醇回收塔，最终分离出水。

恒沸精馏适用于分离恒沸混合物。

对夹带剂的要求：①夹带剂能与被分离组分形成新的恒沸液；②新形成的恒沸液中夹带剂与所要夹带组分的质量比尽可能小，以减少夹带剂的用量和热量消耗；③夹带剂应易于回收；④夹带剂化学性能稳定，无毒、无腐蚀性，价格便宜。

与恒沸精馏相比，萃取精馏的萃取剂容易选择且用途广泛，同时萃取精馏能耗更低。

7.4　双组分精馏的计算

我们采用通常称为 McCabe-Thiele 法的一种数学-图解方法讨论双组分精馏过程的计算。这种方法的基本假定是恒摩尔流假设，假定两个组分的摩尔汽化热相等，无混合热和热损失，1mol 物质冷凝放热恰好能使 1mol 物质汽化，这样就可以忽略焓衡算。在精馏段和提馏段两塔段内，各级间气、液相摩尔流量都是常量，操作线为直线。因此，可以很方便地对精馏进行图解计算。

7.4.1　精馏塔的物料衡算

7.4.1.1　全塔物料衡算

为了求出精馏塔塔顶和塔底产品的流量，可作全塔的物料衡算。图 7-13 所示为精馏塔的进料和出料情况。由于是连续稳态操作，故进料流量必等于出料流量的加和。对图中虚线范围的系统，先作全塔总物料衡算，得

$$F=D+W \tag{7-18}$$

式中　F——进料流量，mol/s；

　　　D——塔顶馏液产品流量，mol/s；

　　　W——塔底釜液产品流量，mol/s。

再作全塔轻组分的物料衡算，得

$$Fx_F = Dx_D + Wx_W \tag{7-19}$$

式中　x_F——进料液中轻组分的摩尔分数；

　　　x_D——馏出液中轻组分的摩尔分数；

　　　x_W——釜液中轻组分的摩尔分数。

以上两式表示精馏过程中，原料液、馏液产品和釜液产品流量及其组成六个量间的关系。一般 F、x_F 是已知的，x_D、x_W 是工艺要求的，则另两个量 D、W 可计算求出。

这样，塔顶产品中轻组分的回收率 η_D 和塔底产品中重组分的回收率 η_W 也可求出：

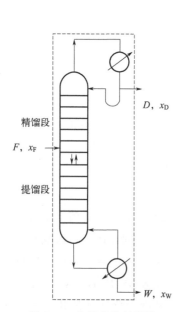

图 7-13　全塔的物料衡算

$$\eta_{D} = \frac{D x_{D}}{F x_{F}} \tag{7-20}$$

$$\eta_{W} = \frac{W(1 - x_{W})}{F(1 - x_{F})} \tag{7-21}$$

【例 7-2】 在连续精馏塔中分离苯-甲苯混合液。已知原料液流量为 10000kg/h，苯的组成为 40%（质量分数）。要求馏出液组成为 97%（质量分数），釜残液组成为 2%（质量分数）。试求馏出液和釜残液的流量（kmol/h）及馏出液中易挥发组分的回收率。

解： 苯的摩尔质量为 78kg/kmol；甲苯的摩尔质量为 92kg/kmol。

原料液的平均摩尔质量

$$\overline{M} = M_{A} x_{FA} + M_{B} x_{FB} = 78 \times 0.4 + 92 \times 0.6 = 86.4 (\text{kg/kmol})$$

则

$$F = \frac{10000}{86.4} = 116 (\text{kmol/h})$$

联立全塔总物料衡算公式和轻组分的物料衡算公式得 $D = 46.4$kmol/h，$W = 69.6$kmol/h，则

$$\eta = \frac{D x_{D}}{F x_{F}} = \frac{46.4 \times 0.97}{116 \times 0.4} = 0.97$$

7.4.1.2 精馏段的物料衡算

（1）恒摩尔流假设

图 7-14 中绘出了精馏段中三级相邻的塔板：第 $n-1$、n 和 $n+1$ 级塔板。设 V_{n+1} 为从 $n+1$ 级塔板上升至第 n 级塔板的蒸气流量，mol/s；V_n 为从第 n 级塔板上升至第 $n-1$ 级塔板的蒸气流量，mol/s；L_{n-1} 和 L_n 分别为从第 $n-1$ 级和第 n 级塔板流下的液体流量，mol/s。对进、出第 n 级塔板的物流进行物料衡算，可得

$$V_{n+1} + L_{n-1} = V_n + L_n \tag{7-22}$$

假设组分的摩尔汽化潜热相等，忽略显热变化的差别和溶解热等，则 $V_{n+1} = V_n$。按式(7-22)，可将此结果推广至整个精馏段，则

$$V_1 = V_2 = \cdots = V_n = V_{n+1} = V = 定值 \tag{7-23}$$

$$L_1 = L_2 = \cdots = L_n = L_{n+1} = L = 定值 \tag{7-24}$$

式(7-23) 表示各级塔板上升的蒸汽摩尔流量相等，称恒摩尔汽化。式(7-24) 表示各级塔板下降的液体摩尔流量相等，称恒摩尔溢流。合起来就是精馏段物料衡算的恒摩尔流假设。

将第 n 级塔板和第 $n+1$ 级塔板之间的上升气流和下降液流，称作级间逆向流对，或简称为级间流对。下面推导精馏段级间流对的组成 y_{n+1} 和 x_n 之间的关系。

（2）精馏段操作线方程式

在图 7-15 精馏段的虚线范围内作物料衡算。总物料衡算式为

$$V = L + D \tag{7-25}$$

式中　V——精馏段每级塔板上升的蒸气流量，mol/s；

　　　　L——回流液流量，亦即精馏段每级塔板下降的液体流量，mol/s。

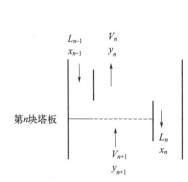 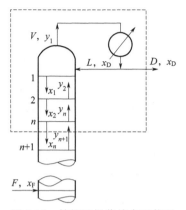

图 7-14　第 n 块塔板的物料衡算　　　图 7-15　精馏段操作线方程推导

作轻组分的物料衡算，得

$$Vy_{n+1}=Lx_n+Dx_D \tag{7-26}$$

式中　y_{n+1}——精馏段内从第 $n+1$ 级塔板上升蒸气中轻组分的摩尔分数；

　　　x_n——精馏段内从第 n 级塔板下降液体中轻组分的摩尔分数；

　　　x_D——馏出液中轻组分的摩尔分数。

由式(7-25) 和式(7-26) 可得

$$y_{n+1}=\frac{L}{L+D}x_n+\frac{D}{L+D}x_D \tag{7-27}$$

令

$$R=\frac{L}{D} \tag{7-28}$$

R 表示塔顶回流液流量与塔顶产品流量之比，称为回流比，回流比 R 是重要的精馏设计和操作参数。由式(7-27) 和式(7-28) 易得

$$y_{n+1}=\frac{R}{R+1}x_n+\frac{1}{R+1}x_D \tag{7-29}$$

式(7-29) 称为精馏段操作线方程式，表示在一定操作条件下，精馏段内从第 n 级塔板流下的液体组成 x_n 与升向第 n 级塔板的蒸气组成 y_{n+1} 之间的相互关系。简言之，精馏段操作线方程式表示精馏段级间流对的浓度关系。在 y-x 图上，式(7-29) 为一直线，即精馏段操作线，其斜率为 $R/(R+1)$，截距为 $x_D/(R+1)$。

7.4.1.3　提馏段的物料衡算

因为进料板上有原料加入，所以提馏段内各塔板的上升蒸气量和下降液体流量与精馏段不同，故精馏段操作线方程不能用于提馏段。在提馏段内也引用恒摩尔流假设。设 L' 为提馏段中每级塔板下降的液体流量，mol/s；V' 为提馏段中每级塔板上升的蒸汽流量，mol/s。

在图 7-16 提馏段虚线范围内，对任意两相邻塔板 m 和 $m+1$ 板之间到再沸器作物料衡算，有

$$L' = V' + W \tag{7-30}$$

$$L'x_m = V'y_{m+1} + Wx_W \tag{7-31}$$

将式 (7-30) 代入式 (7-31)，并整理得

$$y_{m+1} = \frac{L'}{V'}x_m - \frac{W}{V'}x_W \tag{7-32}$$

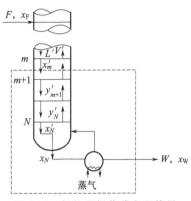

图 7-16　提馏段操作线方程推导

式 (7-32) 称为提馏段操作线方程式，此式表达了在一定操作条件下，提馏段内级间流对的组成 y_{m+1} 和 x_m 之间的关系。因为在稳态操作条件下，L'、W 和 x_W 都为定值，故式 (7-32) 绘于 $y-x$ 图上也是一条直线，称提馏段操作线。该直线的斜率为 $\dfrac{L'}{V'}$。

为确定提馏段操作线方程，应求得 L' 或 V'。提馏段和精馏段液相流量 L' 和 L 之间以及气相流量 V' 和 V 之间的关系，不仅和进料流量 F 有关，还与进料状态有关。

7.4.2　进料状态对精馏的影响

7.4.2.1　进料热状态

在实际生产中，引入塔内的原料可有五种不同的状态（图 7-17）：A 点为温度低于泡点的冷液体；B 点为泡点的饱和液体；C 点为温度介于泡点和露点之间的气液混合物；D 点为露点下的饱和蒸气；E 点为高于露点的过热蒸气。这些进料状态可用进料热状态参数来表示。

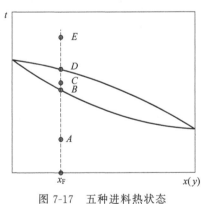

图 7-17　五种进料热状态

（1）进料热状态参数

假设进料为气液混合物，1mol 进料中液相为 q，则气相为 $1-q$。则精馏段上升蒸气流量 V 等于提馏段上升蒸气流量 V' 和进料的气相流量 $(1-q)F$ 之和，即

$$V = V' + (1-q)F \tag{7-33}$$

提馏段下降液相流量 L' 等于精馏段下降液相流量 L 和进料的液相流量 qF 之和，即

$$L' = L + qF \tag{7-34}$$

将式 (7-34) 代入式 (7-32)，得

$$y_{m+1} = \frac{L+qF}{L+qF-W}x_m - \frac{W}{L+qF-W}x_W \tag{7-35}$$

式 (7-35) 为提馏段操作线方程式的又一种形式。

q 称为进料热状态参数，可应用于五种进料状态。q 的定义为

$$q = \frac{每摩尔进料变成饱和蒸气所需的热量}{原料液的摩尔汽化热}$$

若进料、饱和气相和饱和液相的摩尔焓分别为 H_F、H_V 和 H_L，则进料热状态参数为

$$q = \frac{H_V - H_F}{\Delta v H_F} = \frac{H_V - H_F}{H_V - H_L} \tag{7-36}$$

式中，$\Delta v H_F$ 为原料液的摩尔汽化热。

（2）五种进料热状态

根据式(7-36)，五种进料热状态及其对应的 q 值及物流流量间的关系见表 7-1。

表 7-1   进料状态对应的 q 值及物流流量间的关系

进料状态	进料温度 T	进料焓 H_F	q 值	L-L'关系	V-V'关系
过冷液体	$T < T_b$	$H_F < H_L$	$q > 1$	$L' > L + F$	$V' > V$
饱和液体	$T = T_b$	$H_F = H_L$	$q = 1$	$L' = L + F$	$V' = V$
气液混合物	$T_b < T < T_d$	$H_L < H_F < H_V$	$1 > q > 0$	$L < L' < L + F$	$V - F < V' < V$
饱和蒸气	$T = T_d$	$H_F = H_V$	$q = 0$	$L' = L$	$V' = V - F$
过热蒸气	$T > T_d$	$H_F > H_V$	$q < 0$	$L' < L$	$V' < V - F$

7.4.2.2   进料方程

进料方程是精馏段操作线与提馏段操作线交点轨迹的方程，又称为 q 线方程。q 线上的点同时满足式(7-26)和式(7-31)，这时两式变量相同，略去下标，则

$$Vy = Lx + D x_D$$
$$V'y = L'x - W x_W$$

两式相减，得

$$(V' - V)y = (L' - L)x - (W x_W + D x_D) \tag{7-37}$$

由式(7-33)可得

$$V' - V = (q - 1)F$$

由式(7-34)可得

$$L' - L = qF$$

由式(7-19)可得

$$W x_W + D x_D = F x_F$$

代入式(7-37)，得

$$(q - 1)Fy = qFx - F x_F$$

整理得

$$y = \frac{q}{q-1}x - \frac{x_F}{q-1} \tag{7-38}$$

式(7-38)就是进料方程，又称 q 线方程。由此方程在 y-x 图上画出的直线称为 q 线。精馏段操作线与提馏段操作线必定在 q 线上相交。因此，如已知精馏段操作线和 q

线，绘出提馏段操作线就很方便。

由式(7-38)可知，当 $x = x_F$ 时，$y = x_F$，即 q 线必都以图 7-18 中 $y = x$ 这条对角线上的点 e 作起点，q 线的斜率为 $\dfrac{q}{q-1}$。如已知进料组成 x_F，就可确定点 e；已知进料热状态参数 q，就得到 q 线斜率，于是就可作出 q 线。

在精馏的工艺设计计算中，进料流量 F 和组成 x_F、塔顶产品流量 D 和组成 x_D、塔釜产品流量 W 和组成 x_W 均由生产任务直接规定或间接确定。而回流比 R 和进料热状态参数 q 在设计中被选定。要选得合适，就必须全面掌握 R 和 q 对精馏操作的影响。这里先讨论 q 的影响。

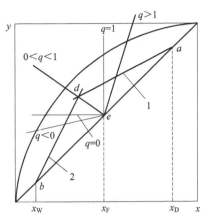

图 7-18　各种进料状态的 q 线
1—精馏段操作线；2—提馏段操作线

当回流比 R 选定时，精馏段操作线就随之确定，q 对其位置不会产生影响。当式(7-29)的精馏段操作线方程去掉变量下标时，有

$$y = \frac{R}{R+1}x + \frac{1}{R+1}x_D \tag{7-39}$$

式中，y 和 x 为级间流对的组成。当 $x = x_D$ 时，$y = x_D$，可见精馏段操作线的起点为图 7-18 中 $y = x$ 对角线上的点 a。若 R 一定，则该直线的斜率 $\dfrac{R}{R+1}$ 就一定，则该直线的位置就已确定，与 q 值无关。q 值只对提馏段操作线产生影响。

将式(7-32)的提馏段操作线方程中的变量去掉下标时，有

$$y = \frac{L'}{V'}x - \frac{W}{V'}x_W \tag{7-40}$$

式中，y 和 x 是提馏段各级间流对的组成。当 $x = x_W$ 时，$y = x_W$。可见提馏段操作线在图 7-16 中，必止于 $y = x$ 对角线上的点 b。该直线的另一端就是精馏段操作线与 q 线的交点 d。如果 q 线的位置发生变化，d 点的位置将随之变化，并且提馏段操作线的斜率也将变化。而 q 线的位置决定于进料热状态。

图 7-18 表示出五种进料状态的 q 线位置，它们都起自点 e，但斜率不同。

① 过冷液体进料时，$q > 1$，q 线斜率 $\dfrac{q}{q-1} > 0$，q 线为从点 e 伸向右上方的直线；

② 饱和液体进料时，$q = 1$，$\dfrac{q}{q-1} = \infty$，q 线竖直向上；

③ 气液混合物进料时，$0 < q < 1$，$\dfrac{q}{q-1} < 0$，q 线斜率为负，伸向左上方；

④ 饱和蒸气进料时，$q = 0$，$\dfrac{q}{q-1} = 0$，q 线为水平线；

⑤ 过热蒸气进料时，$q < 0$，$\dfrac{q}{q-1} > 0$，此时 q 线伸向左下方。

【**例 7-3**】　在连续精馏塔中分离苯-甲苯混合液，已知原料液流量为 80000kg/h，苯

的组成为 0.4（质量分数，下同），要求馏出液轻组分组成为 0.97，釜液轻组分组成为 0.02，若进料为泡点液体，操作回流比为 3，试求精馏段和提馏段的操作线方程。

解： 苯的摩尔质量为 78kg/kmol；甲苯的摩尔质量为 92kg/kmol。

根据苯和甲苯的摩尔质量，可得

$$x_F = \frac{\dfrac{8000 \times 0.4}{78}}{\dfrac{8000 \times 0.4}{78} + \dfrac{8000 \times 0.6}{92}} = 0.44$$

$$x_D = \frac{\dfrac{0.97}{78}}{\dfrac{0.97}{78} + \dfrac{0.03}{92}} = 0.97 \qquad x_W = \frac{\dfrac{0.02}{78}}{\dfrac{0.02}{78} + \dfrac{0.98}{92}} = 0.02$$

则精馏段方程为

$$y_{n+1} = \frac{R}{R+1}x_n + \frac{1}{R+1}x_D = \frac{3}{3+1}x_n + \frac{1}{3+1} \times 0.97 = 0.75x_n + 0.24$$

因为泡点进料 $q = 1$；

提馏段方程为： $\qquad y_{n+1} = \dfrac{L+qF}{L+qF-W}x_n - \dfrac{W}{L+qF-W}x_W$

把 $L = RD$，$F = D + W$，$q = 1$ 代入提馏段方程，可得：

$$y_{n+1} = \frac{RD+qF}{(R+1)D-(1-q)F}x_n - \frac{F-D}{(R+1)D-(1-q)F}x_W$$

$$= \frac{RD+F}{(R+1)D}x_n - \frac{F-D}{(R+1)D}x_W = \frac{R \cdot \dfrac{D}{F}+1}{(R+1)\dfrac{D}{F}}x_n - \frac{1-\dfrac{D}{F}}{(R+1)\dfrac{D}{F}}x_W$$

又因为 $\dfrac{D}{F} = \dfrac{x_F - x_W}{x_D - x_W} = \dfrac{0.44-0.02}{0.97-0.02} = 0.442$，代入上式，可得提馏段方程：

$$y_{n+1} = \frac{R \cdot \dfrac{D}{F}+1}{(R+1)\dfrac{D}{F}}x_n - \frac{1-\dfrac{D}{F}}{(R+1)\dfrac{D}{F}}x_W = \frac{3 \times 0.442+1}{(3+1) \times 0.442}x_n - \frac{1-0.442}{(3+1) \times 0.442} \times 0.02$$

$$= 1.32x_n - 0.0063$$

7.4.3　理论板数的确定

7.4.3.1　平衡级概念

在精馏操作中，如果进入一个精馏分离级的气相和液相经过充分接触和质热传递而达到相平衡，该分离级就称为平衡级。达到平衡后，两相分离，气相升入上一级，液相流入下一级。在图 7-14 中，若第 n 级是平衡级，则离开该级的气相组成 y_n 与离开该级的液相组成 x_n 之间呈平衡关系，可表示为 y-x 图中平衡线上的一个点。而在第 n 级和第 $n+1$ 级之间的级间流对的组成 y_{n+1} 和 x_n 的关系，称作操作关系，y_n 和 x_{n-1} 间的关系也是操作关系，操作关系与精馏过程的操作条件有关，反映在 y-x 图上是操作线上的点。

精馏操作如果在板式塔中进行，则每级塔板就是一个分离级。因此平衡级常常又称作理论塔板。

一个分离级的操作如果达到平衡级的程度，组分将得到最大可能的分离。如果精馏塔中的每个分离级都是平衡级，则完成一定分离任务所需的分离级数将最少。这时的分离级数称作平衡级数，又称作理论板数，用 N_T 表示。理论板数 N_T 的多少是精馏分离过程难度的一个指标。

实际上平衡级是很难达到的，因此实际板数 N_R 总是大于理论板数 N_T，但理论板数是精馏分离操作的一个重要指标，是衡量精馏分离效果的最高标准。理论板数 N_T 与实际板数 N_R 之比称为全塔效率，用 E_T 表示：

$$E_T = \frac{N_T}{N_R} \tag{7-41}$$

就单分离级而言，其分离效果可用板效率来衡量。默弗里（Murphree）级效率 E_M 的定义为

$$E_M = \frac{y_n - y_{n+1}}{y_n^* - y_{n+1}} \tag{7-42}$$

式中，y_n^* 为达相平衡时离开第 n 级的气相组成。E_M 是实际增浓与平衡级增浓的对比。

平衡级概念和前章讲过的传质单元概念都可用于分析传质分离过程。平衡级数和传质单元数都可以作为精馏分离难度的度量。但在精馏讨论中广泛应用平衡级数来反映精馏分离的难度，而很少使用传质单元。因为求传质单元数要对传质推动力作积分计算，比较麻烦，而平衡级数的求解相比之下比较容易。

利用气液两相的平衡关系和操作关系，就可求出理论板数，其方法有逐级计算法和图解法，两方法实质相同。但图解法把数学运算简化为图解过程，更为直观和方便。

7.4.3.2　理论板数的计算

已知 F、x_F、x_D、x_W、η，求理论板数 N_T。

（1）逐板计算法

塔顶采用全凝器，泡点回流。由于从塔顶第一块塔板上升的蒸气进入冷凝器后被全部冷凝，因此塔顶馏出液组成及回流液组成均与第一块塔板的上升蒸气组成相同，即 $y_1 = x_D$。显然，全凝器无分离作用。由于离开每块理论板的气液两相互成平衡，故可根据气液平衡关系式由 y_1 求得 x_1。由于自第一块理论板下降的液体组成 x_1 与自第二块理论板上升的蒸气组成 y_2 之间符合操作关系，故可用精馏段操作线方程，由 x_1 求得 y_2。同理，y_2 与 x_2 互成平衡，可用气液平衡关系由 y_2 求得 x_2，再用精馏段操作线方程由 x_2 求得 y_3，如此重复计算，直至计算到 $x_i \leqslant x_q$ 时，说明第 i 块理论板已是

加料板。此后，改用提馏段操作线方程，继续采用上述方法计算提馏段所需的理论板数。直至计算到 $x_n \leqslant x_W$ 为止。间接加热的再沸器内的气液两相可视为平衡，即再沸器相当于一块理论板，故所需的总理论板数为 N_T（包括塔釜）。逐板计算法是求解理论板数的基本方法，计算结果准确，且可同时获得各块塔板上的气液相组成。但该法较为烦琐，计算较为困难，目前多借助于计算机求解。

思路总结：从全凝器开始，由 $y_1 \rightarrow x_1 \rightarrow y_2 \rightarrow \cdots \rightarrow x_n \leqslant x_W$ 为止，用 n 次相平衡及物料衡算式，则需 n 块理论板。交替使用相平衡方程和操作方程，至 $x_i \leqslant x_q$ 时，改换提馏段操作方程，至 $x_n \leqslant x_W$ 止。

（2）图解法

图解法确定理论板数的基本原理与逐板计算法完全相同，只是用平衡曲线和操作线分别代替了平衡方程和操作线方程，用简单的图解法代替了繁杂的计算。虽然图解法的准确性较差，但方法简便，因而在两组分精馏计算中仍被广泛采用。图解法求理论板数可按下列步骤进行。

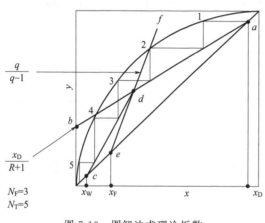

图 7-19　图解法求理论板数

① 作平衡曲线和对角线。在直角坐标纸上绘出待分离双组分物系的 $y-x$ 图，并作出对角线，如图 7-19 所示。

② 作精馏段操作线。作垂直线 $x = x_D$，交对角线于 a 点。过 a 点作斜率为 $\dfrac{R}{R+1}$ 的直线，得精馏段操作线 ab。

③ 作进料线。作垂直线 $x = x_F$，交对角线于 e 点。过 e 点作斜率为 $\dfrac{q}{q-1}$ 的直线，得进料线 ef，该线与精馏段操作线相交于 d 点。

④ 作提馏段操作线。作垂直线 $x = x_W$，交对角线于 c 点。连接 c、d 两点即得提馏段操作线 cd。

⑤ 画直角梯级，求理论板数。从 a 点开始，在精馏段操作线与平衡线之间绘制由水平线和垂直线构成的梯级。当梯级跨过两操作线的交点 d 时，则改在提馏段操作线与平衡线之间绘制梯级，直至梯级的垂直线达到或跨过 c 点为止。

思路总结：

① 以点 x_D 和截距作精馏段操作线；

② 以 q 线的斜率和点 x_F 作 q 线；

③ 以点 x_W 和点 x_q、y_q 作提馏段操作线；

④ 在平衡线和操作线间做梯级，直至 $x_n \leqslant x_W$；

（3）理论板数的简捷计算

精馏塔的理论板数除可采用逐板计算法和图解法求解外，还可采用简捷法计算，其中以吉利兰关联图（图 7-20）的简捷算法最为常用。吉利兰关联图是描述操作回流比

R、最小回流比 R_{min}、理论板数 N 及最小理论板数 N_{min} 四者之间关系的经验关联图，如图 7-20 所示。吉利兰关联图采用双对数坐标绘制，横坐标为 $\dfrac{R-R_{min}}{R+1}$，纵坐标为 $\dfrac{N-N_{min}}{N+2}$，其中 N 及 N_{min} 均不含再沸器。吉利兰关联图既可用于双组分精馏的计算，又可用于多组分精馏的计算。用简捷法计算理论板数的优点是简便、快捷，缺点是误差较大。因此该法常用于精馏塔的初步设计计算。

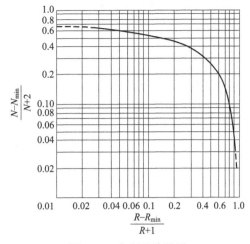

图 7-20　吉利兰关联图

7.4.4　回流比的影响和选择

为了解回流比对精馏操作的影响，首先讨论两种极端的操作情况：全回流和最小回流比。

7.4.4.1　全回流

由前面的讨论可知，若改变回流比 R 的大小将改变精馏段操作线的位置。当 R 增大时，$R/(R+1)$ 也随之增大，操作线离开平衡线就越远而越靠近对角线。回流比增大的极限情况，就是塔顶蒸气冷凝后不取产品，将全部馏出液都作为回流，称作全回流。全回流时，$D=0$，这时回流比 $R=L/D=\infty$，不向塔内进料，$F=0$，也不取出塔底产品，$W=0$。因此，操作线也无精馏段和提馏段之分了。这时，操作线的斜率 $\dfrac{R}{R+1}=1$，截距 $\dfrac{x_D}{R+1}=0$，操作线与对角线 $y=x$ 重合。

全回流时，操作线与平衡线之间偏离最大。求理论板数时，在操作线和平衡线间绘直角梯级，其跨度最大。因此，在一定的分离要求下，所需的平衡级数 n 最少，如图 7-21 所示。

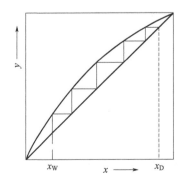 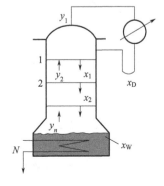

图 7-21　全回流时理论板数

全回流是 R 的最大极限。这时精馏塔既不进料，也不取出产品，仅塔内气流和液流上下逆流接触，只消耗冷凝器的冷量和再沸器的加热量。因此，全回流操作无生产实用价值，仅用于精馏塔的开工，调试和实验研究。

7.4.4.2 最小回流比

如果逐渐减小回流比 R，精馏段和提馏段的操作线会逐渐靠近平衡线，完成一定精馏分离任务所需的平衡级数逐渐增加。当操作线与相平衡线有接触点时，回流比已到最小的极限，此时的回流比称为最小回流比，以 R_{min} 表示。操作线与相平衡曲线的接触点，称作夹点。图 7-22 上的点 e 和图 7-23 上的点 e 都是夹点。当达到最小回流比 R_{min} 时，完成一定分离任务需要无穷多个理论板，故实际生产上不会采用，但 R_{min} 可作为确定实际回流比的参照。因此，最小回流比 R_{min} 对精馏工艺设计是有意义的。

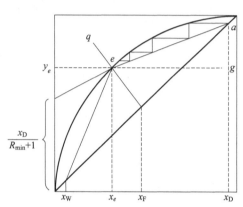

图 7-22 最小回流比 R_{min}（理想溶液）

可以用图解法方便地求得最小回流比 R_{min}。因产生夹点有两种情形，所以用图解法求 R_{min} 的过程会略有不同。

① 对理想溶液（α 视为常数），如图 7-22 所示。由已知的 x_F 和 q 值，作 q 线交平衡线于 e，即点 e，由已知的 x_D 确定点 a，连接 a、e 为精馏段操作线，设交点 e 的坐标为 $(x_e，y_e)$，通过操作线、平衡线方程和 q 线方程，解出 $(x_e，y_e)$。由图知精馏段操作线斜率为 $\dfrac{R_{min}}{R_{min}+1}=\dfrac{x_D-y_e}{x_D-x_e}$

则

$$R_{min}=\frac{x_D-y_e}{y_e-x_e}$$

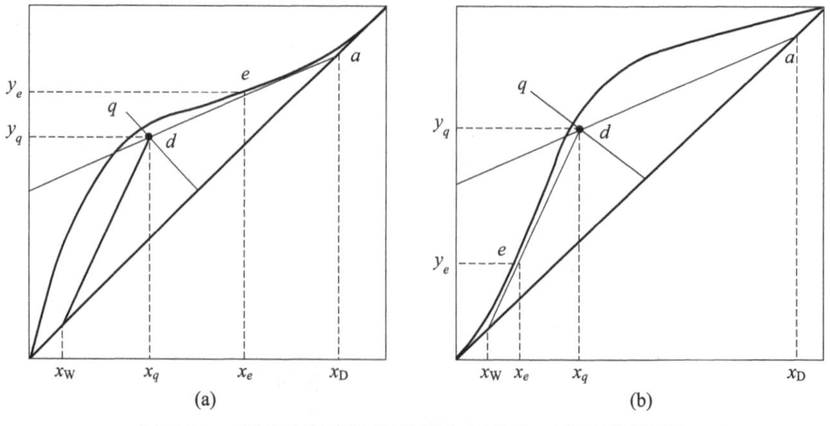

图 7-23 不同平衡线形状的最小回流比（非理想溶液）

② 对非理想溶液，如图 7-23 所示。过点 a 作平衡线的切线与 q 线相交于点 e，显然该线的斜率与理想溶液不同。

7.4.4.3 最适回流比

在生产上采用的回流比应介于全回流和最小回流比两极端之间。最适回流比的选取，取决于精馏过程的经济性，应使操作费和设备费的总和为最小。

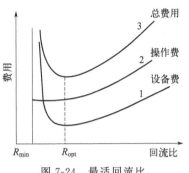

精馏的操作费主要为再沸器的加热和冷凝器的冷却费用，两者皆取决于塔内上升的蒸气量。由物料衡算知，当产品量 D 一定，V 与 $R+1$ 成正比，可见操作费随回流比 R 的增大而增加，见图 7-24。

操作费和设备费之和为精馏操作的总费用，如图 7-24 所示。总费用曲线的最低点所对应的回流比，即为最适回流比，用 R_{opt} 表示。一般情况下最适回流比 $R_{opt} = (1.2 \sim 2)R_{min}$。

图 7-24 最适回流比

【**例 7-4**】 在连续精馏塔中分离乙醇-水（见附图），两组分组成为 0.5（易挥发组分的摩尔分数，下同；视为理想溶液）。原料液于泡点下进入塔内。塔顶采用分凝器和全凝器，分凝器向塔内提供回流液，其组成为 0.88；全凝器提供组成为 0.95 的合格产品，塔顶轻组分回收率为 96%。若测得塔顶第一层板的液相组成为 0.79，回答以下问题：

(1) 举例说明高浓度酒精有哪些重要作用。如何制备无水乙醇？

(2) 求操作回流比和最小回流比。

(3) 若馏出液量为 100kmol/h，则原料液流量为多少？

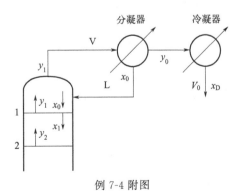

例 7-4 附图

解：(1) 高浓度酒精可制作消毒液、中药提取溶剂等。可采用恒沸精馏、分子筛脱水法、膜分离法等方法制备无水乙醇。

(2) 因为分凝器相当于一块理论板，则

$$0.95 = \frac{0.88\alpha}{1 + (\alpha - 1)0.88}$$

解得 $\alpha = 2.59$。则

$$y_1 = \frac{\alpha x_1}{1 + (\alpha - 1)x_1} = \frac{2.59 \times 0.79}{1 + (2.59 - 1) \times 0.79} = 0.907$$

由精馏段操作线方程 $y_1 = \frac{R}{R+1}x_0 + \frac{1}{R+1}x_D$ 得

$$0.907 = \frac{R}{R+1} \times 0.88 + \frac{0.95}{R+1}$$

解得 $R = 1.593$。

由泡点进料知 $q = 1$，$x_e = x_F = 0.5$，则

$$y_e = \frac{\alpha x_e}{1 + (\alpha - 1)x_e} = \frac{2.59 \times 0.5}{1 + (2.59 - 1) \times 0.5} = 0.721。$$

$$R_{min} = \frac{x_D - y_e}{y_e - x_e} = \frac{0.95 - 0.721}{0.721 - 0.5} = 1.036$$

(3) $\eta = \frac{Dx_D}{Fx_F} = \frac{100 \times 0.95}{F \times 0.5} = 0.96$，故 $F = 198 \text{kmol/h}$。

【例 7-5】 在一常压连续操作的精馏塔中分离乙醇-水双组分混合液，塔釜采用间接蒸汽加热，塔顶采用全凝器，泡点回流。已知该物系的平均相对挥发度为 2.5，进料为饱和蒸气，其组成为 0.35（易挥发组分的摩尔分数，下同），进料量为 100kmol/h。塔顶馏出液量为 40kmol/h，精馏段操作线方程为 $y = 0.8x + 0.16$。试计算：

(1) 提馏段操作线方程；

(2) 塔底第一块板（从塔底往上数）的液相组成；

(3) 若测得塔顶第一块板下降的液相组成为 $x_1 = 0.7$，求该板的气相默弗里板效率 $E_{mv,1}$。

解：(1) 由精馏段操作线方程知 $\frac{R}{R+1} = 0.8$，$\frac{x_D}{R+1} = 0.16$，则 $R = 4$，$x_D = 0.8$。

由全塔物料衡 $F = D + W$，$Fx_F = Dx_D + Wx_W$，解得 $W = 60 \text{kmol/h}$，$x_W = 0.05$。

进料为饱和蒸气，则 $q = 0$；由 $R = \frac{L}{D}$ 得

$$L = RD = 4 \times 40 = 160 (\text{kmol/h})$$

则提馏段操作型方程为

$$y_{m+1} = \frac{L + qF}{L + qF - W}x_m - \frac{W}{L + qF - W}x_w = \frac{160 + 0 \times 100}{160 + 0 \times 100 - 60}x_m -$$

$$\frac{60}{160 + 0 \times 100 - 60} \times 0.05 = 1.6x_m - 0.03$$

(2) 由相平衡方程得

$$y_W = \frac{\alpha x_W}{1 + (\alpha - 1)x_W} = \frac{2.5 \times 0.05}{1 + (2.5 - 1) \times 0.05} = 0.116$$

即 $y_W = y_{n+1} = 1.6x_n - 0.03 = 0.116$，解得 $x_n = 0.091$。

故塔底第一块板液相组成 $x_n = 0.091$。

（3）由相平衡方程得

$$y_1^* = \frac{\alpha x_1}{1+(\alpha-1)x_1} = \frac{2.5 \times 0.7}{1+(2.5-1) \times 0.7} = 0.854$$

又 $y_1 = x_D = 0.8$，$y_2 = 0.8x_1 + 0.16 = 0.8 \times 0.7 + 0.16 = 0.72$，所以，该板的气相默弗里板效率为

$$E_{mV} = \frac{y_1 - y_2}{y_1^* - y_2} = \frac{0.8 - 0.72}{0.854 - 0.72} = 0.597$$

7.5　精馏装置

精馏的主要装置是精馏塔。附属装置有冷凝器和再沸器，它们是不同形式的换热器。精馏塔分填料塔和板式塔两种类型，填料塔已在前一章介绍过，此处主要介绍板式塔。

板式塔由圆筒形壳体和其内装置的若干级水平塔板构成。气液两相在各级塔板上保持密切而充分的接触并进行传质分离，因此塔板是板式塔的主要部件。

7.5.1　塔板结构

塔板的结构应使蒸气在压差推动下自下而上穿过塔板开孔和板上液层而上升，使液体由重力作用自上而下一级级流下，并使板上维持一定液层，使气液两相在板上充分接触。

常见的塔板形式如下。

7.5.1.1　泡罩塔板

泡罩塔板是工业应用最早的一种塔板，由升气管及其上方悬盖的泡罩构成气体通道，如图 7-25 所示。气体由升气管上升，经泡罩和升气管间的回转通路，由泡罩下部开的齿缝逸出液层。由于升气管高出塔，即使气体负荷低时也不易发生漏液，因而泡罩塔板具有很大的操作弹性。但泡罩塔板结构复杂笨重，制造成本高，塔板压降大，生产能力小，故在生产中已较少被采用。

7.5.1.2　浮阀塔板

浮阀塔板是 20 世纪 50 年代开发、当今应用最广泛的一种塔板。与泡罩塔板相比，浮阀塔板取消了升气管，并在塔板开孔上方装设可上下浮动的阀片。浮阀的开度会随气量变化自动调节。气体流量小时阀开度较小，使气体仍具足够气速通过环隙，

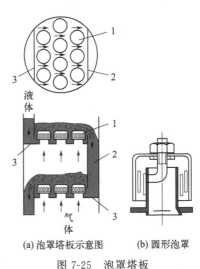

(a) 泡罩塔板示意图　　(b) 圆形泡罩

图 7-25　泡罩塔板

1—泡罩；2—降液管；3—塔板

减少漏液。气体流量大时阀片浮起，开度增大，使气速不致过高，从而降低压降，维持平稳操作。图 7-26 为几种浮阀形式。阀片和 3 个阀腿是整体冲压成的，周边还冲有 3 个下弯的小定距片，定距片控制阀片具有最小开度，防止阀片被塔板黏附。阀腿可限制阀片的最大开度。

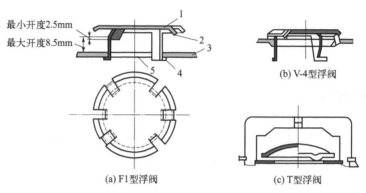

图 7-26　浮阀塔板
1—阀片；2—定距片；3—塔板；4—底角；5—阀孔

　　浮阀塔板具有生产能力大、操作弹性大、分离效率较高、结构简单、造价低和维修方便等优点。缺点是气速低时较易漏液，阀片有时会卡死、吹脱，造成故障。

7.5.1.3　筛孔塔板

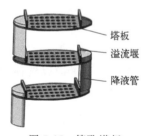

图 7-27　筛孔塔板

　　如图 7-27 所示，筛孔塔板简称筛板，与泡罩塔板具有同样长的历史。这种塔板构造简单，造价低廉，性能优于泡罩塔板。过去的筛孔塔板容易漏液，操作弹性小，应用受到限制。经过几十年的研究和实践，已获得成熟的筛板使用经验和设计方法。现在，筛板仍为应用较广的一种塔板。

　　筛孔直径 d_0 的选择与筛板直径有关。当筛板直径为 $0.3\sim 1\mathrm{m}$ 时，孔径一般为 $4\sim 6\mathrm{mm}$。筛孔通常为正三角形排列。孔间距 t 为两孔的中心间距，它决定筛板的开孔率 φ_a。

　　一般选取 $\dfrac{t}{d_0}=2.5\sim 5$，最佳值为 $3\sim 4$。

$$\varphi_a=\frac{A_0}{A_a}=\frac{0.907}{(t/d_0)^2} \tag{7-43}$$

式中　A_0——每块塔板上筛孔的总面积，m^2；

　　　　A_a——每块塔板开孔区总面积，m^2。

7.5.2　塔板上流体力学状况

　　以筛板塔为例讨论塔板上流体力学状况和性能。

7.5.2.1　气液接触状态

根据气液相负荷大小的不同，气液接触可有四种操作状态，如图 7-28 所示。

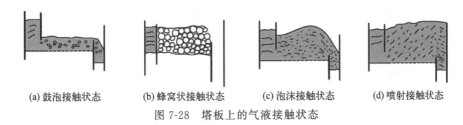

(a)鼓泡接触状态　　　(b)蜂窝状接触状态　　　(c)泡沫接触状态　　　(d)喷射接触状态

图 7-28　塔板上的气液接触状态

（1）鼓泡接触状态

气速较低时，气体以鼓泡形式通过液层。由于气泡的数量不多，形成的气液混合物基本上以液体为主，气液两相接触的表面积不大，传质效率很低。

（2）蜂窝状接触状态

随着气速增加，气泡数量不断增加。当气泡形成速度大于气泡浮升速度时，气泡在液层中累积。气泡间相互碰撞，形成各种多面体的大气泡。由于气泡不易破裂，表面得不到更新，所以此种状态不利于传热和传质。

（3）泡沫接触状态

气速继续增加，气泡数量急剧增加，气泡不断发生碰撞和破裂，此时板上液体大部分以液膜的形式存在于气泡之间，形成一些直径较小、扰动十分剧烈的动态泡沫，由于泡沫接触状态表面积大，并不断更新，所以是一种较好的接触状态。

（4）喷射接触状态

气速继续增加，把板上液体向上喷成大小不等的液滴，直径较大的液滴受重力作用落回到塔板上，直径较小的液滴被气体带走，形成液沫夹带。液滴回到塔板上又被分散，这种液滴反复形成和聚集，使传质面积增加，表面不断更新，是一种较好的接触状态。

7.5.2.2　塔板压降

气体通过塔板筛孔和板上液层时必然会产生阻力损失，称为塔板压降。通常采用加和性模型确定塔板压降。气体通过一级塔板的压降 Δp 为

$$\Delta p = \Delta p_c + \Delta p_l \tag{7-44}$$

式中　Δp_c——干板压降，Pa；

　　　Δp_l——气体通过板上液层的压降，Pa。

干板压降 Δp_c 为气体通过板上没有液体的干塔板的压降，这与流体通过孔板的流动情况很相似。

$$\Delta p_c = \frac{1}{2}\rho_V\left(\frac{u_0}{c_0}\right)^2 \tag{7-45}$$

式中　ρ_V——蒸气相密度，kg/m^3；

u_0——筛孔气速，m/s；

c_0——筛孔流量因数。

气体通过液层的压降为克服液体静压和克服液体表面张力的压降之和，即

$$\Delta p_1 = \rho_1 g h_1 + \frac{4\gamma}{d_0} \tag{7-46}$$

式中　ρ_1——液体密度，kg/m^3；

　　　h_1——塔板上清液层高度，m；

　　　γ——液体表面张力，N/m；

　　　d_0——筛孔直径，m。

7.5.2.3　漏液和液泛

漏液和液泛现象都直接与气相负荷有关。

（1）漏液

当通过塔板气孔的气速过低时，由此产生的压降不足以支持塔板孔上的液层，液体会由板孔流下，形成塔板漏液。所漏液体未与气体在塔板上充分接触传质，这种短路将严重降低塔板分离效果。因此，正常操作时漏液量不能超过规定，气相负荷就应大于最小允许值。

（2）液泛

液泛有两种。一种是夹带液泛，是穿过塔板的上升气流将许多小液滴夹带到上一级塔板的现象。这些带上去的液体本应是在原级塔板上充分传质后流到下级塔板上去的，因而夹带液泛影响了塔板上液体的提浓，不利于组分分离。为限制夹带液泛，就应使气相负荷小于最大允许值。

另一种液泛是降液管液泛，是降液管内的泡沫液体液面升举到上级塔板溢流堰上部，使液体无法顺利流下而导致液流阻塞的现象。气相负荷增大导致塔板压降增大，液相负荷增大导致液体在降液管中流动阻力增大，这都是降液管液泛产生的原因。

7.5.3　塔板负荷性能图

由上面的讨论可知，塔板的气液相负荷都有一定限制。对某种形式的塔板，只有在一定范围内的气液负荷下才能稳定操作。塔板的稳定操作范围可用图 7-29 所示的负荷性能图来表示。图中，V 是气相体积流量；L 为液相体积流量；斑马线区域即稳定操作负荷范围，由五条线围成：

① 曲线 1 为漏液线，此线之下，将造成塔板漏液和气相分布不均，影响两相正常接触传质。

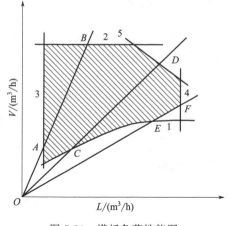

图 7-29　塔板负荷性能图

② 直线 2 为过量雾沫夹带线，此线之上，雾沫夹带量将超过允许界限（$0.1kg_L/kg_V$），使塔板效率严重下降。

③ 直线 3 为液量下限线，此线之左，塔板将出现严重液流不均，传质效率降低。

④ 直线 4 为液量上限线，此线之右，不能保证液体在降液管内必要的停留时间，液体内气泡不能充分分离，形成严重的气相夹带。严重时，发生降液管液泛。

⑤ 直线 5 为液泛线，此线之外，形成降液管液泛。

图中，OAB、OCD、OEF 三条直线表示不同液气比的两相流量关系和稳定操作的上下限。其中 OAB 线的上限 B 为雾沫夹带，下限 A 为液量下限。OCD 线的上限 D 为降液管液泛，下限 C 为漏液。OEF 线的上限 F 为液量上限，下限 E 为漏液。

由塔板负荷性能图也可求得一定液气比下塔板的操作弹性。操作弹性一般用气相负荷上下限之比表示。例如，QAB 线的塔板操作弹性即为 V_B/V_A。

塔板负荷性能图对塔板的设计和操作都有指导意义。

7.5.4　塔高和塔径

7.5.4.1　塔高

全塔的高度为有效段、塔顶和塔底三部分高度之和。

有效段即气液接触段，其高度由实际塔板数 n_R 和板间距 H_T 决定，即

$$h = n_R H_T \tag{7-47}$$

式中　h——全塔有效段高度，m；

　　　H_T——板间距，m。

7.5.4.2　塔径

塔径的选择直接与气速相关。按圆管内流量公式，可有

$$D_T = \sqrt{\frac{4V}{\pi u}} \tag{7-48}$$

式中　D_T——塔径，m；

　　　V——塔内汽相体积流量，m^3/s；

　　　u——汽相的空塔流速，m/s。

可见，计算塔径的关键在于选择合适的空塔气速。u 应介于防止漏液的最小允许气速和防止液泛的最大允许气速之间。

空塔气速的选取还与板间距 H_T 有关。较大的板间距 H_T 可允许较高的 u 而不发生液泛，塔径可较小，但塔高要增加。相反，较小的 H_T 允许较小的 u，塔径要增大。经济权衡，塔径与板间距应有一定的匹配关系。表 7-2 列出了供设计参考的 D_T-H_T 数据。

表 7-2　单流型塔板间距

塔径 D_T/m	0.6～0.7	0.8～1.0	1.2～1.4	1.6～2.4
板间距 H_T/mm	300～500	350～600	350～800	450～800

初步选定板间距后，可按下面的方法求出空塔气速化。

由夹带液泛确定的最大气速按半经验公式计算：

$$u_{max} = C\sqrt{\frac{\rho_L}{\rho_V} - 1} \tag{7-49}$$

式中　u_{max}——最大允许气速，m/s；

　　　$\dfrac{\rho_L}{\rho_V}$——液相和气相密度比；

　　　C——气相负荷因子，m/s。

气相负荷因子 C 可由表面张力校正式求得：

$$\frac{c}{c_s} = \left(\frac{\gamma}{0.02}\right)^{0.2} \tag{7-50}$$

式中　c_s——液相表面张力为 0.02N/m 的气相负荷因子，m/s；

　　　γ——液相表面张力，N/m。

而 c_s 可由图 7-30 查得。图中，L/V 为液相和气相体积流量之比；h_L 为清液层高度，m。由已知数据求得横坐标 $\dfrac{L}{V}\left(\dfrac{\rho_L}{\rho_V}\right)^{1/2}$ 的值，沿相应的分离空间高度（$H_T - h_L$）的曲线，可查得 c_s 值。

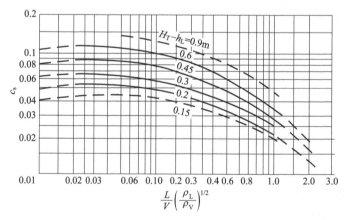

图 7-30　气相负荷因子图

求得 u_{max} 后，乘以安全系数可得合适的空塔气速，即

$$u = (0.6～0.8)u_{max} \tag{7-51}$$

【例 7-6】　正己烷是食品工业中常用溶剂，用板式精馏塔分离正戊烷和正己烷混合物，已知液相和气相体积流量分别为 0.0019m³/s 和 0.57m³/s，密度分别为 610kg/m³ 和 2.85kg/m³，液相表面张力为 14.5mN/m，求塔径。

解： 由已知数据，可求得

$$\frac{L}{V}\left(\frac{\rho_L}{\rho_V}\right)^{1/2}=\frac{0.0019}{0.57}\left(\frac{610}{2.85}\right)^{1/2}$$

取板间距 $H_T=0.35m$，清液层高度 $h_L=0.06m$，则分离空间高度 $H_T-h_L=0.35-0.06=0.29(m)$，由图 7-30 查得 $c_s=0.060$，代入式（7-50），可求得

$$c=c_s\left(\frac{\gamma}{0.02}\right)^{0.2}=0.06\left(\frac{0.0145}{0.02}\right)^{0.2}=0.056$$

将 c 值代入式（7-49），得

$$u_{max}=c\sqrt{\frac{\rho_L}{\rho_V}-1}=0.056\sqrt{\frac{610}{2.85}-1}=0.82(m/s)$$

选择空塔汽速为 $u=0.65u_{max}=0.53m/s$ 则

$$D_T=\sqrt{4V/(\pi u)}=1.17m/s$$

根据我国容器公称直径标准圆整，塔径为 1.2m。

7.6　精馏装置的节能

7.6.1　精馏的节能方法

精馏过程的实际热力学效率很低，为 5％ 左右。输入热量的大部分都被冷凝器的冷却介质带走，变成低位能量。据估计，化工过程中 40％～70％ 的能耗用于分离，而精馏能耗又占其中的 95％。精馏操作广泛应用于食品和医药等工业部门，在特别重视能源和环境、努力节能减排的今天，精馏的节能问题显得异常突出。因此有关精馏节能的措施一直是大家关注的焦点。精馏过程节能的基本方法可以分三类：

① 精馏过程热能的充分回收利用。主要途径是回收显热和潜热，加强保温。可利用冷热流体的换热回收显热，例如用釜液预热原料液。从潜热回收的热量通常比显热大得多。可将塔顶冷凝器用作蒸汽发生器，得到的低压蒸汽用于其他加热。

② 减少精馏过程本身的能耗。这主要通过最佳操作条件的选择来实现。在操作条件中最突出的是回流比的选择，因精馏中加热能量的消耗在很大程度上取决于回流比的大小。最适回流比 R_{opt} 的选择原则前面已讨论过，传统设计原则推荐的最适回流比为 $(1.3～1.5)R_{min}$。近年能源问题突显后，文献的推荐值为 $R_{opt}=(1.2～1.3)R_{min}$。其次为最佳进料位置的选择。进料位置应选在组成与进料相同的那级塔板上，以避免发生因返混造成的效率损失或某塔段的无效操作。

③ 提高精馏系统的热力学效率。主要有采用热泵精馏、多效精馏和增设中间再沸器、中间冷凝器等方法，这些方法可降低平均再沸器供热热流量，提高精馏的热力学效率。

7.6.2　精馏的节能装置

7.6.2.1　热泵精馏

所谓热泵是以消耗一定量的机械能为代价，把较低温度的热能提高到可被利用的较高温度的装置。将热泵用于精馏装置，是用压缩机使较低温蒸汽增压，升高其温度，提高其能量品位，使其可用作再沸器的热源。图 7-31 为两种热泵精馏装置系统。图 7-31 (a) 为开式热泵系统，将塔顶蒸汽直接引入压缩机中，增压升温后，通入再沸器作加热介质。在再沸器中冷凝为液体，经节流阀减压流入回流罐中。图 7-31(b) 为闭式热泵系统，用另外一种介质在冷凝器中吸收塔顶蒸汽的热量而蒸发为蒸气，该蒸气经压缩升温作再沸器加热介质，冷凝放热后经节流阀减压再进入冷凝器吸热蒸发，如此在闭路中循环操作。

7.6.2.2　多效精馏

多效精馏原理与多效蒸发相似，是将前级精馏塔塔顶蒸汽用作次级塔的加热蒸汽。显然，多效精馏的各塔之间必须有足够的压差和温差，才会有足够的传热推动力。多效精馏的加热蒸汽用量与效数大致成反比。效数越多，能耗越小，精馏的热力学效率越高。但效数多，会使操作困难，且设备投资增加。所以采用最多的是双效精馏。图 7-32 为甲醇-水的双效精馏系统，其能耗比单效精馏降低 47%。

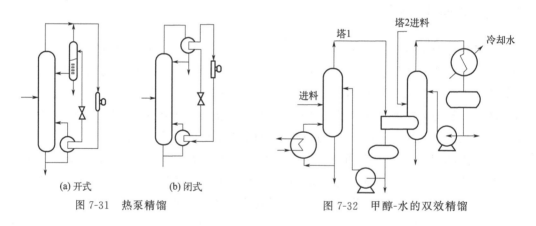

图 7-31　热泵精馏　　(a) 开式　　(b) 闭式　　　　　图 7-32　甲醇-水的双效精馏

7.6.2.3　中间冷凝器和中间再沸器

如能在塔中部设置中间冷凝器，就可以采用较高温度的冷却剂。如在塔中部设置中间再沸器，对于高温塔，可应用较低温位的加热剂。对于精馏，使操作线向平衡线靠拢，提高塔内分离过程的可逆程度。在生产过程中必须要由适当温度的加热剂或（和）冷却剂与其相配，并需有足够大的热负荷值得利用，再加上塔顶和塔底的温度差要相当大，如此才会取得经济效益。

7.6.2.4　SRV 精馏

SRV 精馏是具有附加回流和蒸发的精馏，由综合中间再沸、中间冷凝和热泵精馏技术发展而成。SRV 精馏中附有多级中间回流和蒸出，使得精馏段中的回流量自上而下逐步增加，提馏段中上升蒸气量则自下而上逐步增加。对于沸点相近混合物精馏，所需的低温冷却剂显著降低。

除了比较明显的节能措施外，选择适宜回流比、进料热状态以及操作压力等都是重要的精馏节能措施。

习题

思考题

1. 蒸馏（精馏）主要用在生物与医药行业的哪些领域？

2. 蒸馏这类单元操作在分离依据和实现手段上与吸收有何不同之处？

3. 简单蒸馏与精馏有什么相同和不同之处？

4. 为什么精馏操作需要塔顶回流？

5. 精馏塔中气相组成、液相组成以及温度沿塔高如何变化？

6. 恒摩尔流假定的主要内容是什么？简要说明其成立的条件。

7. 怎样简洁地在 $y\text{-}x$ 图上画出精馏段和提馏段操作线？

8. 进料热状态有哪些？对应的 q 值分别是多少？

9. 全回流与最小回流比的意义是什么？各有什么用处？一般适宜回流比为最小回流比的多少倍？

10. 什么叫理论板？理论板、实际板、板效率的关系如何？

11. 请描述逐板计算法求理论板数的思路以及实施时要用到的方程。

12. 简述梯级图法求理论板数的过程

13. 回流比如何影响精馏系统的费用？

14. 比较萃取精馏和恒沸精馏的异同点。

15. 精馏塔进料的热状况对提馏段操作线有何影响？

16. 精馏操作中，加大回流比时，对塔顶产品有何影响？为什么？

17. 用一般的精馏方法，能否得到无水酒精？为什么？

18. 简述板式塔类型、结构及特点。

19. 何为塔板的负荷性能图？有何意义？

20. 精馏的节能方法有哪些？

选择题

1. 蒸馏分离混合物的依据是（　　　）。

A. 混合物中各组分在挥发性上有差异

B. 混合物中各组分在溶解度上有差异

C. 混合物中各组分在汽化热上有差异

D. 混合物中各组分在冷凝温度上有差异

2. 与吸收和萃取相比，哪一项不属于蒸馏的优点？（　　）

A. 一般无需分离媒介再生

B. 可直接获得产品

C. 流程较为简单

D. 能耗较低

3. 作为蒸馏操作的原料，其相态（　　）。

A. 必须是液态

B. 必须是气态

C. 气态和液态均可

D. 无法确定

4. 蒸馏分离操作必须满足的热力学条件是（　　）。

A. 体系温度必须高于全部或绝大部分组分的临界温度

B. 体系温度必须低于全部或绝大部分组分的临界温度

C. 体系温度必须等于全部或绝大部分组分的临界温度

D. 以上说法均不正确

5. （多选）蒸馏操作有加压、减压和常压之分，以下几种物系中，应该采用减压蒸馏分离的有（　　）。

A. 热敏性物系

B. 沸点很低的物系

C. 沸点很高的物系

D. 具有恒沸点的物系

6. 以下关于平衡蒸馏的说法，错误的是（　　）。

A. 一般为连续操作

B. 宜用于各组分挥发性差异很大的物系

C. 其原料必须是液态的

D. 适用于产品纯度要求不高的情形

7. 对某二元理想溶液进行闪蒸操作，在一定压强下，若液相产品分率越高，则闪蒸罐内的温度（　　）。

A. 越高

B. 越低

C. 两者之间的影响关系视物系的性质而定

D. 两者之间没有关系

8. 为在一定压强下分离某二元理想溶液而设计一闪蒸罐，若要求液相产品中轻组分含量越高，则（　　）。

A. 气相产品中轻组分含量越低，液相产品分率越低

B. 气相产品中轻组分含量越低，液相产品分率越高

C. 气相产品中轻组分含量越高，液相产品分率越低

D. 气相产品中轻组分含量越高，液相产品分率越高

9. 进行二元混合物的平衡蒸馏，若进料中轻组分的含量增加，而进料量、蒸馏罐内的温度和压强保持不变，则气相产品量（　　）。

A. 增大

B. 减小

C. 不变

D. 无法确定

10. 在一定压强下，在简单蒸馏过程中蒸馏釜内物料的温度（　　）。

A. 保持不变

B. 越来越低

C. 越来越高

D. 无法确定

11. 以下关于简单蒸馏的说法，正确的是（　　）。

A. 某时刻蒸馏釜内液相组成与气相组成满足相平衡关系

B. 某时刻蒸馏釜内液相组成与该时刻产生的气泡组成满足相平衡关系

C. 蒸馏釜内液相组成与气相组成只在操作终了时刻满足相平衡关系

D. 以上说法均不正确

12. 进行二元混合物的平衡蒸馏，若提高操作温度，而进料量、进料组成和蒸馏罐内压强保持不变，则气相产品量（　　）。

A. 增大

B. 减小

C. 不变

D. 无法确定

13. 一定压强下，在对二元物系进行简单蒸馏的过程中，蒸馏釜中溶液上方气相中重组分含量（　　）。

A. 不断上升

B. 不断下降

C. 保持不变

D. 无法判断

14. 以下哪种蒸馏操作的产品组成满足相平衡关系？（　　）

A. 间歇精馏

B. 连续精馏

C. 简单蒸馏

D. 平衡蒸馏

15. 对一定组成的二元溶液进行简单蒸馏，若指定最终釜液组成，比较不同压强下

的操作结果，（　　）。

 A. 压强越大，最终釜液量越大

 B. 压强越大，最终釜液量越小

 C. 最终釜液量与压强没有关系

 D. 以上都不对

16. 哪一项不是精馏区别于简单蒸馏和平衡蒸馏之处？（　　）

 A. 气相回流

 B. 液相回流

 C. 采用多级

 D. 部分气化和部分冷凝

17. 关于二元连续精馏塔内理论板的描述，错误的是（　　）。

 A. 气相经过理论板，轻组分含量增加一次；液相经过理论板，重组分含量增加一次

 B. 气相经过理论板，重组分含量减少一次；液相经过理论板，轻组分含量减少一次

 C. 离开一块理论板的液相中轻组分的摩尔分数高于离开该板的气相中轻组分的摩尔分数

 D. 离开理论板的气、液两相温度相同

18. 如下关于二元连续精馏塔内浓度分布的说法，正确的是（　　）。

 A. 从塔底至塔顶，各板上气相中轻组分的含量依次降低，而液相中轻组分的含量依次升高

 B. 从塔底至塔顶，各板上气相中轻组分的含量依次降低，液相中轻组分的含量也依次降低

 C. 从塔底至塔顶，各板上气相中轻组分的含量依次升高，而液相中轻组分的含量依次降低

 D. 从塔底至塔顶，各板上气相中轻组分的含量依次升高，液相中轻组分的含量也依次升高

19. 关于二元连续精馏塔内温度分布的说法，正确的是（　　）。

 A. 一般来说，从塔底至塔顶，各板上物料的温度依次升高

 B. 一般来说，从塔底至塔顶，各板上物料的温度依次降低

 C. 一般来说，精馏段内从下向上各板物料温度逐渐降低，而提馏段内从下向上各板温度逐渐升高

 D. 以上说法均不正确

20. 二元连续精馏塔内理论板的位置与其上气、液相组成在物系的 t-x-y 图的位置对应关系是（　　）。

 A. 理论板在塔内的位置越高，代表其上两相组成的点在 t-x-y 线上的位置越高

 B. 理论板在塔内的位置越高，代表其上两相组成的点在 t-x-y 线上的位置越低

 C. 理论板在塔内的位置与 t-x-y 线上的点位置高低没有关系

D. 条件不足，无法确定

21. 对于二元连续精馏塔，哪一项与进料热状态参数无关？（   ）

A. 精馏段操作线和提馏段操作线交点的位置

B. 精馏段操作线斜率

C. 提馏段操作线斜率

D. q 线的斜率

22. 对于二元连续精馏塔，能造成提馏段液相摩尔流量比精馏段液相的与进料的之和还大的进料热状态是（   ）。

A. 过热蒸气

B. 饱和液体

C. 气-液两相

D. 过冷液体

23. 关于二元连续精馏塔的提馏段操作线斜率的说法，错误的是（   ）。

A. 最小值为 1

B. 数值大小与进料热状态有关

C. 数值大小与塔底采出率无关

D. 数值随回流比的增大而减小

24. 设计二元连续精馏塔时，选择以下哪种进料热状态将使提馏段操作线离平衡线最近？（   ）

A. 过热蒸气

B. 过冷液体

C. 气-液混合物

D. 饱和蒸气

25. 二元连续精馏塔，塔顶泡点回流，塔釜间接蒸汽加热，如塔顶蒸汽的冷凝相变焓和塔釜液的汽化相变焓近似相等，以下哪一种进料热状态可使塔顶冷凝器和塔底再沸器的热负荷相等？（   ）（提示 $V'=V$）

A. 饱和液体

B. 饱和蒸气

C. 气-液两相混合

D. 过热蒸气

计算题

1. 某二元混合液 100kmol，其中含易挥发组分 0.40。在总压 101.3kPa 下作简单蒸馏。最终所得的液相产物中，易挥发物为 0.30（均为摩尔分数）。已知物系的相对挥发度为 $\alpha=3.0$。试求：（1）所得气相产物的数量和平均组成；（2）如改为平衡蒸馏，所得气相产物的数量和组成。

2. 某混合液含易挥发组分 0.24，在泡点状态下连续送入精馏塔。塔顶馏出液组成为 0.95，釜液组成为 0.03（均为易挥发组分的摩尔分数）。设混合物在塔内满足恒摩尔流条件。

试求：(1) 塔顶产品的采出率 D/F；(2) 采用回流比 $R=2$ 时，精馏段的液气比 L/V 及提馏段的气液比 V'/L'；(3) 采用 $R=4$ 时，求 L/V 及 L'/V'。

3. 每小时将 15000kg 含苯 40%（质量分数，下同）和甲苯 60% 的溶液在连续精馏塔中进行分离，要求釜残液中含苯不高于 2%，塔顶馏出液中苯的回收率为 97.1%。求馏出液和釜残液的流量和组成，以物质的量流量和物质的量流率表示。（苯的分子量为78，甲苯的分子量为 92。）

4. 一常压连续操作的精馏塔，用来分离苯和甲苯混合物。混合物含苯 0.6（摩尔分数），以 100kmol/h 的流量进入精馏塔，进料状态为气液各占 50%（摩尔分数），操作回流比为 1.5；要求塔顶馏出液组成为 0.95（苯的摩尔分数，下同），塔底釜液组成为0.05。试求：(1) 塔顶和塔底产品量；(2) 精馏段操作线方程。

5. 用连续精馏塔每小时处理 100kmol 含苯 40% 和甲苯 60% 的混合物，要求馏出液中含苯 90%，残液中含苯 1%（组成均以摩尔分数计）。试求：(1) 馏出液量和残液量（kmol/h）；(2) 饱和液体进料时，已估算出塔釜汽化量为 132kmol/h，问回流比为多少？

6. 用常压精馏塔分离双组分理想混合物，泡点进料，进料量为 100kmol/h，加料组成为 50%，塔顶产品组成 $x_D=95\%$，产量 $D=50$kmol/h，回流比 $R=2R_{min}$。设全塔均为理论板，以上组成均为摩尔分数。相对挥发度 $\alpha=3$。求：(1) R_{min}（最小回流比）；(2) 精馏段和提馏段上升蒸气量；(3) 该情况下的精馏段操作线方程。

7. 某二元系统精馏塔在泡点下进料，全塔共有三块理论板及一个再沸器，塔顶采用全凝器，进料位置在第二块理论板上，塔顶产品组成 $x_D=0.9$（摩尔分数），二元系统相对挥发度 $\alpha=4$，进料组成为 $x_F=0.5$（摩尔分数），回流比 $R=1$ 时，求：(1) 离开第一块板的液相组成 x_1；(2) 进入第一块板的气相组成 y_2；(3) 两操作线交点 d 的气、液组成。

8. 欲设计一连续精馏塔用以分离含苯与甲苯各 50% 的料液，要求馏出液中含苯96%，残液中含苯不高于 5%（以上均为摩尔分数）。泡点进料，选用的回流比是最小回流比的 1.2 倍，物系的相对挥发度为 2.5。试用逐板计算法求取所需的理论板数及加料板位置。

9. 设计一连续精馏塔，在常压下分离甲醇-水溶液，进料量为 15kmol/h。原料含甲醇 35%，塔顶产品含甲醇 95%，釜液含甲醇 4%（均为摩尔分数）。设计选用回流比为1.5，泡点加料。间接蒸汽加热。用作图法求所需的理论板数、塔釜蒸发量及甲醇回收率。设没有热损失，物系满足恒摩尔流假定。

10. 某连续精馏操作中，已知精馏段操作线方程为 $y=0.723x+0.263$；提馏段操作线方程为 $y=1.25x-0.0187$。若原料液于露点温度下进入精馏塔中，求原料液、馏出液和釜残液的组成及回流比。

11. 一常压连续操作的精馏塔，用来分离苯和甲苯混合物。混合物中苯的摩尔分数为 0.6，以 100kmol/h 流量进入精馏塔，进料状态为气液各占 50%（摩尔分数），操作回流比为最小回流比的 1.5 倍；要求塔顶馏出液组成为 0.95（苯的摩尔分数，下同），塔底釜液组成为 0.05。在操作条件下，苯和甲苯的相对挥发度为 2.5。试求：(1) 塔顶和塔底产品量；(2) 最小回流比；(3) 精馏段操作线方程。

12. 某厂用一连续精馏塔在常压下连续精馏从粗馏塔来的浓度为 0.282（摩尔分数）的乙醇饱和蒸气。要求精馏后的浓度为 92%（质量分数）的酒精 500kg/h，而废液中含酒精不能超过 0.004（摩尔分数）。采用间接蒸汽加热，操作回流比选用 3.5。试求：(1) 进料量和残液量（kmol/h）；　(2) 塔顶进入冷凝器的酒精蒸气量（kmol/h）；(3) 该塔提馏段操作线方程；(4) q 线方程。（乙醇分子量为 46）

13. 在精馏塔中，精馏段操作线方程为 $y = 0.75x + 0.2075$，q 线方程为 $y = -0.5x + 1.5x_F$。

试求：(1) 回流比 R；(2) 馏出液组成 x_D；(3) 进料液的 q 值；(4) 进料状态；(5) 当进料组成 $x_F = 0.44$ 时，精馏段操作线与提馏段操作线交点处的 x_q 值。

14. 在常压精馏塔内分离某理想二元混合物，已知进料量为 100kmol/h，组成为 0.55（摩尔分数）；釜残液流量为 45kmol/h，组成为 0.05，进料为泡点进料；塔顶采用全凝器，泡点回流，操作回流比为最小回流比的 1.6 倍，物系的平均相对挥发度为 2.0。(1) 计算塔顶轻组分的收率；(2) 求提馏段操作线方程；(3) 若从塔顶第一块实际板下降的液相中重组分增浓了 0.02（摩尔分数），求该板的板效率 E_{mV}。

15. 在连续精馏塔内分离某二元理想溶液，已知进料组成为 0.5（易挥发组分摩尔分数）泡点进料，进料量为 100kmol/h，塔顶采用分凝器和全凝器。塔顶上升蒸气在分凝器部分冷凝后，液相作为塔顶回流液，其组成为 0.9；气相再经全凝器冷凝，作为塔顶产品，其组成为 0.95。易挥发组分在塔顶的回收率为 96%，离开塔顶第一层理论塔板的液相组成为 0.84。试求：(1) 精馏段操作线方程；(2) 操作回流比与最小回流比的比值 R/R_{min}；(3) 塔釜液相组成 x_W。

16. 常压板式精馏塔连续分离苯-甲苯溶液，塔顶全凝器，泡点回流，塔釜间接蒸汽加热，平均相对挥发度为 2.47，进料量为 150kmol/h，组成为 0.4（摩尔分数），饱和蒸气进料 $q = 0$，操作回流比为 4，塔顶苯的回收率为 97%，塔底甲苯的回收率为 95%。求：(1) 塔顶、塔底产品的浓度；(2) 精馏段和提馏段操作线方程；(3) 操作回流比与最小回流比。

17. 进料组成 $x_F = 0.2$，以饱和蒸气状态自精馏塔底部进料，塔底不再设再沸器，$x_D = 0.95$，$x_W = 0.11$，平均相对挥发度为 2.5。试求：(1) 操作线方程；(2) 若离开第一块板的实际液相组成为 0.85，则塔顶第一块板以气相表示的单板效率为多少？

18. 在常压连续精馏塔内分离某二元理想溶液，料液浓度 $x_F = 40\%$，进料为气液混合物，其摩尔比为气：液 = 2：3，要求塔顶产品中含轻组分 $x_D = 97\%$，釜浓度 $x_W = 2\%$（以上浓度均为摩尔分数），该系统的相对挥发度为 $\alpha = 2.0$，回流比为 $R = 1.8R_{min}$。试求：(1) 塔顶轻组分的回收率；(2) 最小回流比；(3) 提馏段操作线方程。

19. 用一精馏塔分离二元液体混合物，进料量为 100kmol/h，易挥发组分 $x_F = 0.5$，泡点进料，得塔顶产品 $x_D = 0.9$，塔底釜液 $x_W = 0.05$（均为摩尔分数），操作回流比 $R = 1.61$，该物系平均相对挥发度 $\alpha = 2.25$，塔顶为全凝器。求：(1) 塔顶和塔底的产品量（kmol/h）；(2) 第一块塔板下降的液体组成 x_1；(3) 提馏段操作线数值方程；（4）最小回流比。

20. 一精馏塔，原料液组成为 0.5（摩尔分数），饱和蒸气进料，原料处理量为 100kmol/h，塔顶、塔底产品量各为 50kmol/h。已知精馏段操作线程为 $y = 0.833x + 0.15$，塔釜用间接蒸汽加热，塔顶全凝器，泡点回流。试求：（1）塔顶、塔底产品组成；（2）全凝器中每小时冷凝蒸气量；（3）蒸馏釜中每小时产生蒸气量。

21. 在一常压精馏塔内分离苯和甲苯混合物，塔顶为全凝器，塔釜间接蒸汽加热，平均相对挥发度为 2.47，饱和蒸气进料。已知进料量为 150kmol/h，进料组成为 0.4（摩尔分数），回流比为 4，塔顶馏出液中苯的回收率为 0.97，塔釜采出液中甲苯的回收率为 0.95。试求：（1）塔顶馏出液及塔釜采出液组成；（2）精馏段操作线方程；（3）提馏段操作线方程；（4）回流比与最小回流比的比值。

22. 在一常压精馏塔内分离苯和甲苯混合物，塔顶为全凝器，塔釜间接蒸汽加热。进料量为 1000kmol/h，含苯 0.4，要求塔顶馏出液中含苯 0.9（以上均为摩尔分数），苯的回收率不低于 90%，泡点进料，泡点回流。已知 $\alpha = 2.5$，取回流比为最小回流比的 1.5 倍。试求：（1）塔顶产品量 D、塔底残液量 W 及组成 x_W；（2）最小回流比；（3）精馏段操作线方程；（4）提馏段操作线方程。

23. 用常压精馏塔分离某二元混合物，其平均相对挥发度为 $\alpha = 2$，原料液量 $F = 10kmol/h$，饱和蒸气进料，进料浓度 $x_F = 0.5$（摩尔分数，下同），馏出液浓度 $x_D = 0.9$，易挥发组分的回收率为 90%，回流比 $R = 2R_{min}$，塔顶为全凝器，塔底为间接蒸汽加热。求：（1）馏出液量及釜残液组成；（2）从第一块塔板下降的液体组成 x_1；（3）最小回流比；（4）精馏段各板上升的蒸气量（kmol/h）；（5）提馏段各板上升的蒸气量（kmol/h）。

24. 在一常压精馏塔中分离某二元混合物，已知相对挥发度 $\alpha = 3$，进料量 $F = 1000kmol/h$，饱和蒸气进料，进料浓度为 50%，塔顶产品浓度为 90%（以上浓度均为易挥发组分的摩尔分数）。塔顶馏出液中能回收原料中 90% 的易挥发组分。塔顶装有全凝器，回流比 $R = 3.2$，塔釜用间接蒸汽加热。试求：（1）精馏段和提馏段上升的蒸气量；（2）第二块理论板上升气体的浓度（理论板编号从塔顶往下）。

25. 在一常压连续操作的精馏塔中分离某双组分混合液，塔釜采用间接蒸汽加热，塔顶采用全凝器，泡点回流。已知该物系的平均相对挥发度为 2.5，进料为饱和蒸汽，其组成为 0.35（易挥发组分的摩尔分数，下同），进料量为 100kmol/h。塔顶馏出液量为 40kmol/h，精馏段操作线方程为 $y = 0.8x + 0.16$。试计算：（1）提馏段操作线方程；（2）塔底第一块板（从塔底往上数）的液相组成；（3）若测得塔顶第一块板下降的液相组成为 $x_1 = 0.7$，求该板的气相默弗里板效率 $E_{mV,1}$。

26. 某精馏塔用于分离苯-甲苯混合液，泡点进料，进料 30kmol/h，进料中苯的摩尔分率为 0.5，塔顶、塔底产品中苯的摩尔分率分别为 0.95 和 0.10，采用回流比为最小回流比的 1.5 倍，操作条件下可取系统的平均相对挥发度 2.40。（1）求塔顶、底的产品量；（2）求出精馏段操作线方程；（3）若塔顶设全凝器，各塔板可视为理论板，求离开第二块板（由塔顶往下数）的蒸气和液体组成。

CHAPTER 8

生物产品的干燥 第**8**章

借助热能使物料中的液体部分（水或其他溶剂，简称湿分）汽化，并由惰性气体带走，从而降低物料中液体含量的过程叫干燥。干燥操作广泛地用于生物、医药和食品等相关产品的生产中。将物料中的液体含量降到规定的范围内，不仅易于包装、运输和便于贮存，更重要的是生物产品在干燥情况下更稳定。以酵母为例，自然状态的酵母细胞水分含量达到 70%～80%，保存时间很短；经过压榨干燥制备的活性干酵母的水分含量可降低至 4%～5%，保存期可达 1 年以上。

8.1 概述

8.1.1 生物产品的去湿方法

将液体从固体物料中除去的操作称为除湿或去湿。

固体物料常用的去湿方法有以下三种。

① 机械去湿。即通过沉降、过滤或离心分离等机械方式去除固体物料中湿分的方法。该方法通常用于处理含液量大的物料，适用于初步去湿，优点是能耗低。菌体与发酵液的分离操作用的主要就是机械去湿。

② 吸附去湿。利用干燥器（无水氯化钙、硅胶、分子筛等）来吸附湿物料中的水分。此方法成本较高，只能去除少量湿分，应用范围有限。在酵母中添加钙盐吸附水分可使酵母含水量低至 10%～20%，能保持 1～4 周的活性。

③ 加热除湿（即干燥）。即利用热能除去固体物料中湿分的单元操作。这种方法除湿彻底，但能耗较高，因此干燥的操作对象一般是已经经过机械去湿的物料。从压榨酵母到活性干酵母产品的过程即用到了干燥。干燥还能使某些产品形成特殊的色香味，如对面包、饼干和茶叶等的烘烤。

含有固体溶质的溶液还可以通过蒸发结晶去除溶剂得到固体产品，也可以将溶液分散成液滴直接与热空气接触使得湿分汽化从而得到粉状的固体产品，即喷雾干燥。

8.1.2 干燥操作的分类

干燥操作可按照不同的原则进行分类。

① 按操作压强分为常压干燥和真空干燥。常用的热风干燥属于常压干燥，真空干燥适用于处理热敏性或易氧化的物料。冷冻干燥属于特殊的真空干燥，在低温下水分冷冻成冰，同时在较高的真空度下冰发生升华从而除去水分。

② 按照操作方式分为连续干燥和间歇干燥。连续干燥具有生产能力大、产品质量均匀、热效率高及劳动条件好等优点。间歇操作容易控制，适用于处理小批量、多品种或要求干燥时间较长的物料。

③ 按传热方式可分为对流干燥、传导干燥、辐射干燥、介电加热干燥以及由以上两种或多种方式组合的联合干燥。对流干燥是生产中应用最为广泛的干燥方式，因此本章以对流干燥作为主要内容。

8.1.3 对流干燥的基本原理

对流干燥是利用热气体作为热源去除湿物料所产生蒸汽的干燥方法。热气体根据产品性质可以选择空气或惰性气体；被除去的湿分可以是水或其他溶剂。以不饱和空气为干燥介质、水为湿分的对流干燥在固体生物产品的生产中应用最为广泛，本章主要讨论这种情况。

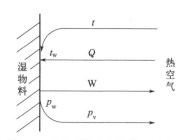

图 8-1　对流干燥过程的热、质传递

如图 8-1 所示，在对流干燥过程中，热空气将热量 Q 以对流方式从气相传递到固体湿物料表面，再由物料表面向内部传递；物料表面温度 t_w 一般低于气相主体温度 t，因此物料表面水分汽化，外表面气膜层的水汽分压 p_w 高于气相主体中水汽分压 p_v，形成传质推动力，使得水汽 W 由物料表面向气相主体扩散。与此同时，物料内部的水分还会向表面扩散。在对流干燥过程中，干燥介质热空气既是载热体也是载湿体，在将热量传递给物料的同时又将物料汽化的水分带走，因此对流干燥操作中传热和传质同时进行。干燥速率由传热速率和传质速率共同控制，物料表面水汽分压大于气相主体是干燥操作的必要条件，两者差别越大，干燥进行得越快。因此干燥介质需要将汽化的水分及时带走，以维持传质推动力。如果空气中的水分接近或者达到饱和，干燥操作将难以进行。

8.1.4 生物产品干燥的特点

生物产品的干燥与化工产品的基本原理相同，但与化工产品相比，生物产品大都对温度敏感，过高的温度或过长的干燥时间都会对产品质量造成不利影响。例如干燥含有高浓度过氧化氢酶的细胞糊状物，37℃时干燥 10min 有 63％的酶变性失活；20℃时干燥 30min 则只有 28％的酶失活；4℃下干燥 90min 则只有 9％左右的酶失活。因此，生物产品的干燥往往需要尽可能减少物料在干燥设备中的停留时间，或者降低操作温度、延长操作时间。喷雾干燥和冷冻干燥在生物产品的生产中广泛应用。除此以外，生物制品生产过程中还需要采取各种手段避免引入杂质以保证产品质量。

8.2　湿空气的性质及湿度图

8.2.1　湿空气的性质

对流干燥中湿空气既是载热体也是载湿体，干燥过程中的热质传递过程与不饱和湿空气的状态和湿物料的状态变化密切相关。对流干燥中的湿空气可以看作是绝干空气和水汽的混合物。空气中水分绝对含量较低，但受影响因素较多，对干燥操作的影响也较大。江河湖海的蒸发、生物的呼吸以及人类的生产生活都会使大量水分进入空气中。空气中的水分含量还会受地域、气候和季节的影响，在进行干燥相关的设计计算中需要加以考虑。由于干燥操作中绝干空气的量不变，故描述湿空气性质的参数以绝干空气作为基准可以方便计算。

8.2.1.1　湿空气中水分含量

（1）水汽分压 p_v

操作压力下，湿空气的总压 p_t 等于水汽分压 p_v 和绝干空气分压 p_g 之和，即

$$p_t = p_v + p_g \tag{8-1}$$

式中，p_t 为总压，Pa 或 kPa。

（2）湿度 H

湿度也称湿含量或绝对湿度，表示单位质量绝干空气所带有的水汽质量，即（下标 v 表示水蒸气、g 表示绝干气）

$$H = \frac{湿空气中水汽的质量}{湿空气中绝干空气的质量} = \frac{n_v M_v}{n_g M_g} = 0.622 \frac{n_v}{n_g} \tag{8-2}$$

式中　H——湿空气的湿度，kg 水汽/kg 绝干空气；

n——物质的量 kmol；

M——摩尔质量，kg/kmol。

常压下的湿空气可视为理想气体，根据道尔顿分压定律有

$$H = 0.622 \frac{p_v}{p_t - p_v} \tag{8-3}$$

（3）相对湿度 φ

当空气中的水汽分压 p_v 与同温度下水汽分压可能达到的最大值（即饱和蒸气压 p_s）相等时，湿空气呈饱和状态，此时湿空气对应的湿度称为饱和湿度 H_s，即

$$H_s = 0.622 \frac{p_s}{p_t - p_s} \tag{8-4}$$

当总压为 101.325kPa，空气温度低于 100℃时，空气中水汽分压的最大值为同温度

下水汽的饱和蒸气压 p_s，若 p_s 小于（或等于）湿空气的总压 p_t，则相对湿度为

$$\varphi = \frac{p_v}{p_s} \times 100\% \qquad (8\text{-}5)$$

如果空气温度较高，且该温度下的饱和蒸气压 p_s 大于湿空气的总压 p_t，由于空气总压已给定，水汽分压的最大值等于总压，于是

$$\varphi = \frac{p_v}{p_t} \times 100\% \qquad (8\text{-}6)$$

本章仅讨论饱和蒸气压 p_s 小于湿空气的总压的情况。当 $p_v = p_s$ 时，$\varphi = 100\%$，此时的湿空气为饱和空气，空气中的水汽分压达到最大值，传质推动力为 0，这种湿空气不能用作干燥介质。相对湿度 φ 越小，表明该空气容纳水汽能力越强，因此湿度只表明湿空气中水汽的绝对含量，不能表明湿空气容纳水汽能力的强弱。而相对湿度可以用来判断干燥过程能否进行以及湿空气的吸湿能力。

在总压一定时，相对湿度与湿空气中的水汽分压和温度都有关。将式(8-5)代入式(8-3)得到：

$$H = 0.622 \frac{\varphi p_s}{p_t - \varphi p_s} \qquad (8\text{-}7)$$

因此，当总压一定时，空气湿度 H 随着空气相对湿度和温度变化。

8.2.1.2 湿空气的比热容和焓

（1）比热容 c_H

常压下，将 1kg 绝干空气及其所带有的 H kg 水汽的温度升高（或降低）1℃时所需吸收（或放出）的热量，称为湿空气的比热容。湿空气的比热容等于绝干空气比热容与 H kg 水汽比热容之和：

$$c_H = c_g + c_v H \qquad (8\text{-}8)$$

式中　c_H——湿空气的比热容，kJ/(kg 绝干空气·℃)；

　　　c_g——绝干空气的比热容，kJ/(kg 绝干空气·℃)；

　　　c_v——水汽的比热容，kJ/(kg 水汽·℃)。

在常见的干燥操作温度范围内，绝干空气可取为 1.01kJ/(kg 绝干空气·℃)，水汽的比热容可取为 1.88kJ/(kg 水汽·℃)，则

$$c_H = 1.01 + 1.88H \qquad (8\text{-}9)$$

（2）焓 I

湿空气中 1kg 绝干空气及其所带有的 H kg 水汽的焓之和，称为湿空气的焓，以 I 表示。

$$I = I_g + I_v H \qquad (8\text{-}10)$$

式中　I——湿空气的焓，kJ/kg 绝干空气；

　　　I_g——绝干空气的焓，kJ/kg 绝干空气；

　　　I_v——水汽的焓，kJ/kg 水汽。

在干燥操作中，设定 0℃时绝干空气及液态水的焓为零。绝干空气的焓值为其显

热，即 $I_g = c_g t$；水汽的焓值为水汽化所需的潜热与水汽在 0℃ 以上的显热之和。水的汽化潜热可取为 $r_0 = 2500\text{kJ/kg}$，同时将绝干空气的焓值代入，则湿空气的焓值为

$$I = (1.01 + 1.88H)t + 2500H \qquad (8\text{-}11)$$

由式(8-11) 可知，湿空气的焓值随空气温度 t、湿度 H 的增加而增大。

8.2.1.3　湿空气的比容

湿空气的比容又称湿体积或比体积，表示 1kg 绝干空气和其所带有的 H kg 水汽的总体积，根据定义有

$$v_H = v_g + v_v H \qquad (8\text{-}12)$$

式中　v_H——湿空气比容，m^3/kg 绝干空气；

　　　v_g——绝干空气比容，m^3/kg 绝干空气；

　　　v_v——水汽的比容，m^3/kg 水汽。

常压下，温度为 t 的绝干空气的比容为

$$v_g = \frac{22.4}{29} \times \frac{t+273}{273}$$

水汽的体积比容为

$$v_g = \frac{22.4}{18} \times \frac{t+273}{273}$$

因此，常压下，温度为 t、湿度为 H 的湿空气的比容：

$$v_H = v_g + Hv_v = (2.83 \times 10^{-3} + 4.56 \times 10^{-3} H)(t+273) \qquad (8\text{-}13)$$

选择风机或计算流速时，需要将绝干空气的质量流量通过比体积换算成湿空气的体积流量作为选型的依据。

8.2.1.4　湿空气的温度

（1）干球温度 t

将普通温度计置于空气中测得的温度为干球温度。干球温度是湿空气的真实温度。

（2）露点温度 t_d

保持湿空气的压力 p_t 和湿度 H 不变，降温使空气的相对湿度达到 100%，此时的温度称为露点温度，用 t_d 表示。当 $t < t_d$ 时，过饱和的部分水蒸气将以露滴的形式凝结。因此露点温度是湿空气刚开始结露的临界温度。根据式(8-4)，当空气总压一定时，露点温度 t_d 仅与空气湿度 H 有关。测出露点温度 t_d，可查得此温度下的饱和蒸气压 p_s，再根据式(8-4) 可求得空气的湿度，这也是露点法测定空气湿度的原理。

（3）湿球温度 t_w

将普通温度计的感温球用湿纱布包裹，纱布下端浸在水中，由于毛细作用，纱布将处于持续湿润状态，这种温度计称为湿球温度计，如图 8-2 所示。

将湿球温度计置于温度为 t、湿度为 H 的气流中。假设初始状态下湿纱布上的水温与湿空气的温度 t 相同。如果空气不饱和，湿纱布中的水分将不断汽化到空气中。水

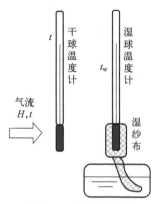

图 8-2　湿球温度计

分汽化所需要的热量将首先来自湿纱布上水温下降提供的显热,当水温低于空气的干球温度时,水分汽化所需要的部分热量将通过对流传热的方式由空气提供。随着水温的持续下降,对流传热速率将不断增加。当空气向湿球传递的热量正好等于湿球水分汽化所需热量时,达到动态平衡,此时湿球温度计示数将达到稳定而不再下降,这个稳定温度就是该空气的湿球温度 t_w。事实上,不论初始温度如何,最终湿纱布都将达到湿球温度 t_w,只是所需的时间不同。

湿球温度 t_w 是湿球上水的温度,由流过湿球表面的大量空气的温度 t 和湿度 H 所决定。当空气的温度 t 一定时,其湿度 H 越大,则湿球温度 t_w 越高。显然,当湿空气达到饱和时,干球温度、露点温度及湿球温度相等。因此湿球温度 t_w 是湿空气的状态参数。

当湿球温度达到稳定时,根据牛顿冷却定律,空气向湿纱布表面传递的热量为:

$$Q = \alpha S(t - t_w) \tag{8-14}$$

式中　Q——空气向湿纱布的传热速率,kW;

α——空气主体与湿纱布表面之间的对流传热系数,$kW/(m^2 \cdot {}^{\circ}\!C)$;

S——空气与湿纱布的接触面积,m^2。

湿球表面的水汽传递到空气主体的传质速率为

$$N = k_H S(H_w - H) \tag{8-15}$$

式中　N——传质速率,kg 水汽/s;

k_H——以温度差为推动力的对流传质系数,kg 水汽/$(m^2 \cdot s \cdot \Delta H)$;

H_w——湿球温度 t_w 下空气的饱和湿度,kg 水汽/kg 绝干空气。

在系统达到稳定状态后,从空气主体向湿球表面传递的热量 Q 正好等于湿球表面水汽化所需热量,这部分热量又由水汽带回到空气主体中,则

$$\alpha S(t - t_w) = k_H S(H_w - H) r_w \tag{8-16}$$

式中,r_w 为湿球温度下水的汽化潜热,kJ/kg。

整理得

$$t_w = t - \frac{k_H r_w}{\alpha}(H_w - H) \tag{8-17}$$

$\dfrac{\alpha}{k_H}$ 为湿球表面气膜处对流传质系数与传热系数之比。当流速足够大时,以对流传热和传质为主。研究表明 α 和 k_H 与 $Re^{0.8}$ 成正比,其中对于空气-水系统,$\dfrac{\alpha}{k_H} \approx 1.09$。因此,通过测量空气的干球温度和湿球温度,可以确定空气的湿度 H,这也是测量湿球温度的目的之一。研究表明为了对流传热能够充分进行,减少热辐射和导热对湿球温度精度的影响,空气流速不能低于 2.5m/s,实际使用中通常大于 5m/s。所以 $\dfrac{\alpha}{k_H}$ 值与

流速无关，只与物性有关，当 t 和 H 一定时，t_w 为定值。

（4）绝热饱和温度 t_{as}

在绝热条件下，湿空气与足量水充分接触而达到饱和时的温度称为绝热饱和温度，用 t_{as} 表示，可在如图 8-3 所示的绝热冷却塔中测得。湿度为 H、温度为 t 的不饱和空气由塔的底部引入，同时塔底的水经过循环泵送至塔顶喷下，气液两相在填料层逆流充分接触。由于塔与周围环境完全绝热，同时湿空气不饱和，因此水向空气中汽化所需潜热只能由空气温度下降而放出的显热提供，同时水又将这部分热量带回空气中，使得空气不断地冷却和增湿。绝热冷却过程进行到空气被水汽饱和时，空气的温度不再下降，且与循环水的温度相同，此时的温度称

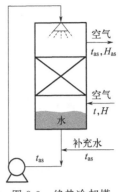

图 8-3　绝热冷却塔

为该空气的绝热饱和温度 t_{as}，与之对应的湿度称为绝热饱和湿度，用 H_{as} 表示。只要塔底通入的空气为不饱和空气，那么对应的绝热饱和温度总是低于空气对应的干球温度，即 $t_{as} < t$。

根据以上分析可知，达到稳定状态时，空气释放出的显热恰好用于水分汽化所需潜热，故

$$c_H(t - t_{as}) = r_{as}(H_{as} - H) \tag{8-18}$$

整理得

$$t_{as} = t - \frac{r_{as}}{c_H}(H_{as} - H) \tag{8-19}$$

式中，r_{as} 为温度 t_{as} 时水的汽化潜热，kJ/kg 水。

一定状态下的湿空气（t，H）的绝热饱和温度 t_{as} 是湿空气在绝热冷却、增湿过程中达到的极限冷却温度只由该湿空气的 t 和 H 决定。对空气-水物系，$\frac{\alpha}{k_H} \approx c_H$，可认为 t_{as} 约等于 t_w。对有机液体，如乙醇与水的系统，其不饱和气体的 t_w 高于 t_{as}。

湿球温度 t_w 和绝热饱和温度 t_{as} 都不是湿空气本身的温度，但与温度 t 和湿度 H 都有关。尽管对于空气-水物系，两者数值近似相等，但它们分别由两个完全不同的过程求得。湿球温度 t_w 是大量空气与少量水接触后水的稳定温度，该过程中可认为气体的湿度和温度不变，稳定后气液相之间的传热和传质推动力维持不变；而绝热饱和温度 t_{as} 是大量水与少量空气接触，空气达到饱和状态时的稳定温度，与水的温度相同，该过程中气体的湿度和温度同时发生变化，传热和传质推动力由大变小最终趋近于零。对于空气-水物系，表示湿空气性质的干球温度 t、露点 t_d、湿球温度 t_w 及绝热饱和温度的关系为：

不饱和湿空气：$t > t_{as}(t_w) > t_d$；饱和湿空气：$t = t_{as}(t_w) = t_d$。

【例 8-1】　已知湿空气的总压 $p_t = 101.3$kPa，相对湿度 $\varphi = 0.5$，干球温度 $t = 25$℃。试求：（1）湿度 H；（2）露点 t_d；（3）绝热饱和温度 t_{as}；（4）欲将上述状态的空气在预热器中加热至 100℃后送入喷雾干燥器用于生产固体酶制剂，已知空气质量流量为 100kg 绝干空气/h，求所需的热量和预热器中湿空气体积流量（m^3/h）。

解： 已知 $p_t = 101.3\text{kPa}$，$\varphi = 0.5$，$t = 25℃$。由饱和水蒸气表查得水在 $25℃$ 时的蒸气压 $p_s = 3.17\text{kPa}$。

（1）由湿度计算式可求得

$$H = 0.622\frac{\varphi p_s}{p_t - \varphi p_s} = 0.622 \times \frac{0.5 \times 3.17}{101.3 - 0.5 \times 3.17} = 0.0099(\text{kg 水汽/kg 绝干空气})$$

（2）露点是空气在湿度不变的条件下冷却到饱和空气时的温度，已知 $p_v = \varphi p_s = 0.5 \times 3.17\text{kPa} = 1.585\text{kPa}$，由内插法得其对应的温度 $t_d = 14.1℃$。

（3）已知 $t = 25℃$ 时，$H = 0.0099\text{kg 水汽/kg 绝干空气}$，因此

$$c_H = 1.01 + 1.88H = 1.01 + 1.88 \times 0.0099 = 1.03(\text{kJ/kg 绝干空气})$$

r_{as}、H_{as} 是 t_{as} 的函数，皆为未知，可用试差法求解：

设 $t_{as} = 20℃$，$p_{as} = 2.33\text{kPa}$，则

$$H_{as} = 0.622\frac{p_{as}}{p_t - p_{as}} = 0.622 \times \frac{2.33}{101.3 - 2.33} = 0.015(\text{kg 水汽/kg 绝干空气})$$

$r_{as} = 2446\text{kJ/kg}$

根据式（8-19）得

$$t_{as} = 25 - \frac{2446}{1.03} \times (0.015 - 0.0099) = 12.89(℃)$$

显然所设的 t_{as} 偏高，求得的 H_{as} 也偏高。重设 $t_{as} = 18℃$，相应的 $p_{as} = 2.064\text{kPa}$，$H_{as} = 0.013\text{kg 水汽/kg 绝干空气}$，$r_{as} = 2451\text{kJ/kg}$，代入式（8-19）得

$$t_{as} = 25 - \frac{2451}{1.03} \times (0.013 - 0.0099) = 17.6(℃)$$

两者基本相符，可认为 $t_{as} = 18℃$。

（4）预热器中加入的热量：

$$Q = 100 \times (1.01 + 1.88 \times 0.0099) \times (100 - 25) = 7714.6(\text{kJ/h}) = 2.14(\text{kW})$$

送入预热器的湿空气的体积流量：

$$q_V = 100 \times (0.773 + 1.244 \times 0.0099) \times \frac{273 + 25}{273} = 85.7(\text{m}^3/\text{h})$$

8.2.2 焓湿图及其应用

当总压一定时，只要知道湿空气两个可表明湿空气性质的独立参数（t、p、φ、H、I、t_w 等）中，其他状态参数均可以通过计算求得。从例 8-1 可以看出，计算湿空气的某些状态参数时，需要用到试差法。工程上为避免烦琐的计算过程，将各参数之间的关系绘制成湿度图，根据任意两个独立的参数，可从图上迅速查出其他参数。常用的湿度图有温湿图（t-H）和焓湿图（I-H）。本章介绍焓湿图。

8.2.2.1 焓湿图的构成

图 8-4 为常压下湿空气的焓湿图，如果干燥系统总压偏离常压较远，则不能使用此图。

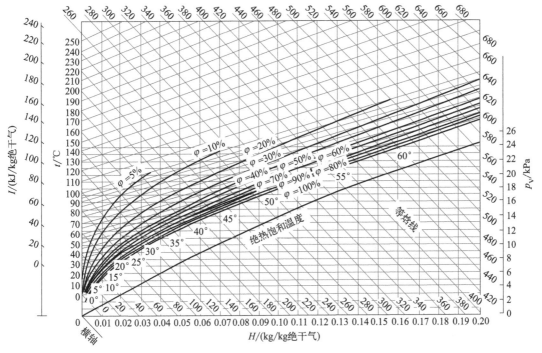

图 8-4　湿空气的焓湿图

焓湿图采用两坐标轴交角为 135°的斜角坐标系，使各种关系曲线分散开，以提高读数的准确性。将横轴上湿度 H 的数值投影到辅助水平轴上，以便于读取湿度数据。图中共有五种关系曲线：

① 等湿线（即等 H 线）：等湿线是一组平行于纵轴的线群，同一条等 H 线上不同点的湿度值都相同。

② 等焓线（即等 I 线）：等焓线是一组平行于斜轴的线群。在同一条等焓线上不同的点都具有相同的焓值，其值在纵轴上读出。

③ 等温线（即等 t 线）：根据湿空气焓计算的式(8-11)，设定不同的温度值，可以得到一系列不同的 $I\text{-}H$，即为等 t 线。不同温度下的 $I\text{-}H$ 线斜率不同，因此各等温线互不平行。

④ 等相对湿度线（即等 φ 线）：等相对湿度线是根据式(8-7)绘制的。设定不同的 φ 值，可将式(8-7)简化为 H 与 p_s 的关系，而又 p_s 与 t 相关，由此可得等 φ 线。其中 $\varphi=100\%$ 的等 φ 线为饱和空气线，此时空气完全被水汽所饱和；饱和空气线以上（$\varphi<100\%$）为不饱和空气区域。

⑤ 水汽分压线：水汽分压线表示空气的湿度 H 与空气中水汽分压 p_v 之间的关系。将式(8-3)改为

$$p_v=\frac{p_t H}{0.622+H}$$

一定总压下，按照上式计算 p_v 与 H 的关系，并标在焓湿图上，得到水汽分压线。

一般情况下 H 远小于 0.622，因此水汽分压线近似为一条直线。根据湿度定义可知，当湿空气的总压 p_t 不变时，水汽分压 p_v 随湿度 H 而变化。空气的水汽分压标于右端纵轴上，其单位为 kPa。

8.2.2.2　焓湿图的应用

I-H 的应用主要包含以下三种：

（1）已知空气在 I-H 上的状态点，求空气的状态参数

已知湿空气的某一状态点 A 的位置，如图 8-5 所示，可通过过 A 点的等 t 线、等 φ 线、等 H 线及等 I 线确定干球温度、相对湿度、湿度及焓值。通过等 H 线与饱和空气线交点的等 t 线所示温度为露点；等 H 线和水汽分压的交点在右侧坐标读出的数值为水汽分压值；通过等 I 线与饱和蒸汽线交点对应的温度为 t_{as}（t_w）。

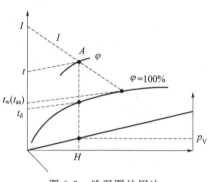

图 8-5　焓湿图的用法

（2）已知两个相互独立的状态参数，求空气的其他参数

湿空气状态参数（t，H，φ，I，p）中，只要知道其中两个相互独立的参数，在 I-H 图上确定该空气的状态点，即可查出空气的其他性质。如图 8-6 所示，已知湿空气的一对参数为 t-t_w、t-t_d、t-φ，即可通过焓湿图确定状态点的位置，然后求其他的参数。但不是所有状态参数都是独立的，例如 t_d-H、p_v-H、t_d-p_v、t_w-I、t_{as}-I 等数组中的两个参数都不是独立的，它们在同一条等 H 线或等 I 线上，因此根据上述各组数据不能在 I-H 图上确定空气状态点。

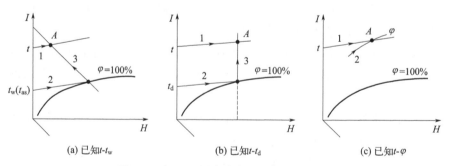

(a) 已知t-t_w　　　　　　(b) 已知t-t_d　　　　　　(c) 已知t-φ

图 8-6　在 I-H 图中确定湿空气的状态点

（3）在 I-H 图上表示空气状态的变化

在 I-H 图上可以表示空气状态的变化，包括加热、冷却、混合及其他复杂变化。如图 8-7（a）表示加热或冷却过程，湿度不变；图 8-7（b）为等焓增湿或干燥过程，空气的湿度和温度沿等焓线同时变化；图 8-7（c）为混合过程，状态点 M 在 BC 的连线上，M 点位置可以通过杠杆规则确定。

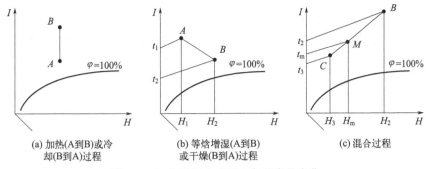

(a) 加热(A到B)或冷　　　(b) 等焓增湿(A到B)　　　(c) 混合过程
却(B到A)过程　　　　　或干燥(B到A)过程

图 8-7　在 I-H 图中表示空气状态的变化

【例 8-2】　已知湿空气的总压为 101.3kPa，相对湿度为 60%，干球温度为 25℃。试用 I-H 图求解：(1) 水汽分压 p_v；(2) 湿度 H；(3) 焓 I；(4) 露点 t_d；(5) 湿球温度 t_w；(6) 如将含 500kg 绝干空气/h 的湿空气预热至 120℃，求所需热量 Q。

解：由已知条件 $p_t=101.3$kPa、$\varphi=60\%$、$t_0=25℃$，可在 I-H 图上确定湿空气状态点 A。

(1) 水汽分压 p_v：由图中 A 点沿等 H 线向下交水气分压线于 C，在图右端纵坐标上求得 $p_v=1.9$kPa。

(2) 湿度 H：由 A 点作等 H 线与水平辅助轴相交，得 $H=0.012$kg 水汽/kg 绝干空气。

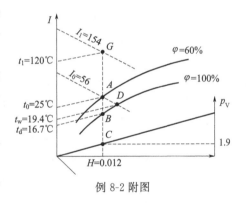

例 8-2 附图

(3) 焓 I：通过 A 点作斜轴的平行线，求得 $I_0=56$kJ/kg 绝干空气。

(4) 露点 t_d：由 A 点作等 H 线与 $\varphi=100\%$ 饱和线相交于 B 点，由通过 B 点的等 t 线求得 $t_d=16.7℃$。

(5) 湿球温度 t_w（绝热饱和温度 t_{as}）：由 A 点作等 I 线与 $\varphi=100\%$ 饱和线相交于 D 点，由通过 D 点的等 t 线求 $t_w=19.4℃$（即 $t_{as}=19.4℃$）。

(6) 热量 Q：湿空气通过预热器加热时其湿度不变，所以可由 A 点作等 H 线向上与 $t_1=120℃$ 线相交于 G 点，求得湿空气离开预热器时的焓值 $I_1=154$kJ/kg 绝干空气。则含 1kg 绝干空气的湿空气通过预热器所获得的热量为

$$Q'=I_1-I_0=154-56=98(\text{kJ/kg 绝干空气})$$

每小时含 500kg 干空气的湿空气通过预热器，所获得的热量为

$$Q=500Q'=500\times98=49000\text{kJ/h}=13.6(\text{kW})$$

8.3　生物产品的干燥速率与干燥时间

对流干燥过程中，常温下的空气先通过预热器加热到一定温度后再进入干燥器。需

要多大的干燥器及干燥时间长短等问题，必须通过对速率和干燥时间的研究加以解决。干燥过程中水分由湿物料表面向空气主体中扩散并被干燥介质带走的同时，物料内部水分也不断向表面扩散，水分在物料内部扩散的速率与物料结构以及物料中水分的性质有关。因此干燥速率不仅取决于干燥介质的性质和操作条件，而且还取决于物料中所含水分的性质。

8.3.1 湿物料的物性参数

干燥操作中与湿物料相关的状态参数包括湿基含水率、干基含水率、湿物料的比热容及湿物料的焓。

8.3.1.1 湿基含水率 w

湿物料中所含水分的质量分数称为湿物料的湿基含水率，即

$$w = \frac{\text{湿物料中水分的质量}}{\text{湿物料总质量}} \times 100\% \tag{8-20}$$

工业上常用湿基含水率表示物料含水率。如未加特别注明，物料含水率即指湿基含水率。

8.3.1.2 干基含水率 X

不含水分的物料通常称为绝干物料。湿物料中水分的质量与绝干物料质量之比，称为湿物料的干基含水率，单位为 kg 水/kg 绝干料：

$$X = \frac{\text{湿物料中水分的质量}}{\text{湿物料中绝干物料的质量}} \tag{8-21}$$

与湿空气类似，在干燥过程中，湿物料中水分的含量发生变化，而绝干物料质量不变，因此在干燥操作的计算中，以绝干物料为计算基准、采用干基含水率计算较为方便。上述两种含水率之间的换算关系如下：

$$X = \frac{w}{1-w}, \ w = \frac{X}{1+X} \tag{8-22}$$

8.3.1.3 湿物料的比热容 c_m

仿照湿空气比热容的计算方法，湿物料的比热容可用加和法写成如下形式：

$$c_m = c_s + X c_w \tag{8-23}$$

式中　c_m——湿物料的比热容，kJ/(kg 绝干料·℃)；

　　　c_s——绝干物料的比热容，kJ/(kg 绝干料·℃)；

　　　c_w——湿物料中所含水分的比热容，取 $c_w = 4.187$ kJ/(kg 水·℃)。

因此湿物料的比热容为

$$c_m = c_s + 4.187X \tag{8-24}$$

8.3.1.4 湿物料的焓 I'

湿物料的焓 I' 包括绝干物料的焓（以 0℃ 的物料为基准）和物料所含水分（以 0℃

液态水为基准）的焓，即

$$I'=c_s\theta+Xc_w\theta=(c_s+4.187X)\theta=c_m\theta \tag{8-25}$$

式中　I'——湿物料的焓，kJ/kg 绝干料；

　　　θ——湿物料的温度，℃。

8.3.2　生物产品所含水分的性质

8.3.2.1　结合水分与非结合水分

根据物料中水分去除的难易程度可将物料中的水可分为结合水分与非结合水分。

通过化学或物理化学力等较强作用力与固体物料相结合的水分称为结合水分。通过化学键与物料分子结合在一起的水分通常有严格的数量比例，如乳糖、柠檬酸晶体中的水分。在细胞内，化学结合水又称为束缚水、固定水或组成水。化学结合水在生物产品中含量很低，一般对流干燥不会去除这一部分的水分，只有经过化学作用或强烈的热处理才能除去，但同时会造成产品的变性，因此化学结合水的含量也通常是生物产品含水量的极限标准。物理化学结合水包括吸附、渗透和结构的水分，吸附水与物料的结合力最强，但都明显弱于化学力结合水。结合水分与物料间的结合力较强，蒸气压低于同温度下纯水的饱和蒸气压，难以在物料中随意流动。

通过较弱机械力与物料结合的水分称为非结合水分。非结合水分多存在于生物产品的细胞外及大孔物料的孔中，也包括固体表面和内部较大空隙中的水分。非结合水与纯水有着相同性质，包括密度、黏度、比热容和蒸气压等，容易在物料中流动到达表面。

8.3.2.2　平衡水分与自由水分

按照物料所含水分能否在一定干燥条件下被去除，可将物料中的水分为平衡水分和自由水分。

当物料与一定状态的空气接触后，物料将释放或者吸收水分。物料与空气的接触时间足够长，最终将达到平衡状态，此时物料的含水量将不再变化。该恒定的含水量称为该物料在一定空气状态下的平衡水分，也称平衡湿含量或平衡含水率，用 X^* 表示。物料中超过平衡水分的那一部分水称为自由水分，即在一定干燥条件下能够被去除的水分。

8.3.3　干燥过程的平衡关系

平衡水分是湿物料在一定空气状态下干燥的极限。平衡水分的量与物料和干燥介质都有关。物料种类不同，其平衡水分含量相差较大。例如：在相同的温度和湿度的空气中，脂肪含量高的物料比淀粉含量高的物料平衡含水率低。对于同种物料，在一定温度下，空气的相对湿度越大，平衡水分含量越高。图 8-8 为某些固体物料在 25℃时平衡含水率与空气相对湿度间的关系，称为平衡曲线。如果空气温度升高，物料的平衡含水率会略有下降，但只要温度变化范围不大，一般可以忽略空气温度对物料平衡含水率的影响。

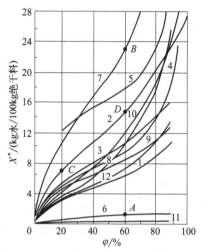

图 8-8 25℃时某些固体物料的平衡含水率
X^* 与空气相对湿度 φ 的关系
1—新闻纸；2—羊毛、毛织物；3—硝化纤维；
4—丝；5—皮革；6—陶土；7—烟叶；8—肥皂；
9—牛皮胶；10—木材；11—玻璃绒；12—棉花

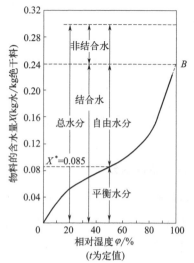

图 8-9 固体物料（丝）中所含水分的性质

结合水与非结合水通常难以用实验方法直接测定，但可以将平衡曲线外延与 $\varphi=100\%$ 线相交而得出。结合水分和非结合水分、自由水分和平衡水分以及它们与物料的总水分之间的关系见图 8-9。

当固体含水率较低（都是结合水），而空气的相对湿度较大时，两者接触不能达到干燥的目的，部分水分会从空气转移到物料中，即返潮。

8.3.4　干燥过程的速率关系

根据干燥过程中空气状态参数是否发生变化，可将干燥过程分为恒定干燥操作和非恒定（或变动）干燥操作。干燥过程中空气的温度、湿度、流速以及与物料接触的情况均不发生变化的干燥操作是恒定干燥。例如用大量的空气对少量的湿物料进行间歇干燥，因空气是大量的并且物料中汽化出的水分很少，可以认为这时是处于恒定状态下的干燥操作。而在连续干燥器内，物料和空气不断地进出干燥器，物料和空气的状态参数会发生变化。本节仅讨论恒定干燥。

8.3.4.1　干燥曲线和干燥速率曲线

（1）干燥实验和干燥曲线

干燥实验中通常用大量的热空气干燥少量湿物料，保持空气的温度、湿度、空气流速和流动方式恒定不变；定时测定物料的质量和表面温度 θ，直到物料的质量恒定不再变化时停止实验；此时物料中所含水分为该干燥条件下的平衡含水量；用烘箱将物料进一步干燥至恒定重量，可近似认为是绝干物料质量。

通过上述干燥实验测定的物料含水率 X 与干燥时间 τ，以及物料表面温度 θ 与干燥

时间 τ 的关系曲线，称为干燥曲线，如图 8-10 所示。

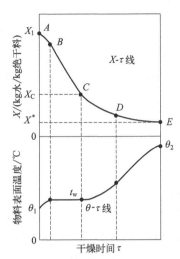

图 8-10　恒定干燥条件下某物料的干燥曲线

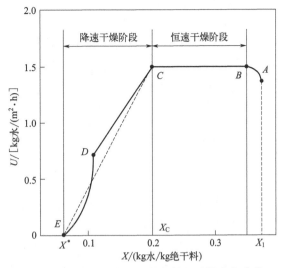

图 8-11　恒定干燥条件下某物料的干燥速率曲线

（2）干燥速率及干燥速率曲线

干燥速率是指单位时间、单位干燥面积上水分的汽化量，即：

$$U=\frac{\mathrm{d}W'}{S\,\mathrm{d}\tau} \tag{8-26}$$

$$\mathrm{d}W'=-G'_\mathrm{C}\,\mathrm{d}X \tag{8-27}$$

式中　U——干燥速率，$\mathrm{kg/(m^2\cdot s)}$；

W'——一批操作中的水分汽化量，kg；

S——干燥面积，$\mathrm{m^2}$；

τ——干燥时间，s；

G'_C——一批操作中绝干物料的质量，kg。

其中负号表示物料含水量随着干燥时间的增加而减少，所以干燥速率也可写成

$$U=-\frac{G'_\mathrm{C}\,\mathrm{d}X}{S\,\mathrm{d}\tau} \tag{8-28}$$

式（8-26）为干燥速率的微分式。绝干物料质量和干燥面积可以在实验前测得，而 $\mathrm{d}X/\mathrm{d}\tau$ 为干燥曲线的斜率，可根据干燥实验结果计算得到。因此可以将干燥曲线变换为干燥速率曲线，如图 8-11 所示。

干燥速率曲线的形式和物料本身性质有关。从图 8-11 中可以看出，恒定干燥条件下的干燥过程大致可分为两个阶段：

① 恒速干燥阶段 ABC。其中 AB 段物料与热空气接触，表面温度上升，含水率开始下降，干燥速率上升至一稳定水平。该阶段主要是物料的预热，一般时间很短，可忽略。BC 段内干燥速率和物料表面温度保持恒定，热空气传递给物料的热量全部用于物料表面的水分汽化。

② 降速干燥阶段 CDE。该阶段物料含水率下降，此时物料表面温度开始高于热空气的湿球温度。干燥速率在该阶段内随物料含水率的减少而降低，当物料含水率降低至平衡含水率时，干燥速率为 0。

图中 C 点为恒速干燥与降速干燥阶段之分界点，该点的干燥速率仍为恒速阶段的干燥速率，与该点对应的物料含水率 X_C 称为临界含水率。

湿物料中含有非结合水分时，一般总存在恒速与降速两个不同阶段。在恒速和降速阶段内，物料的干燥机理和影响因素各不相同。

8.3.4.2 干燥机理

（1）恒速干燥阶段

在此阶段，物料表面保持完全湿润。物料内部水分迁移至表面的速率大于表面水分汽化的速率，干燥速率的大小只取决于物料表面水分的汽化速率，因此恒速干燥阶段为表面汽化控制阶段。由于物料表面充分润湿，物料表面水的蒸气压与同温度下水的饱和蒸气压相同，温度等于空气的湿球温度（忽略湿物料受辐射传热的影响）。该阶段干燥速率的大小，主要取决于空气的性质，而与湿物料性质关系很小。此时，提高空气温度，降低空气湿度，改善空气与物料间的接触和流动状况，都有利于提高干燥速率。

（2）降速干燥阶段

当物料含水率降至临界含水率 X_C 以后，转入降速干燥阶段，干燥速率随含水率的减少而降低。降速的原因主要有以下两个部分：

第一降速阶段——实际汽化表面减小。该阶段物料内部水分迁移到表面的速率小于物料表面水分的汽化速率，物料表面不再维持全部湿润，部分热量用于加热物料。尽管此时物料表面的平衡蒸气压未变，但以物料全部外表面积为计算基准的干燥速率下降。此为降速干燥阶段第一部分，称为不饱和表面干燥，如图 8-11 中 CD 段所示。

第二降速阶段——汽化面内移。此时水分的汽化面逐渐向物料内部移动，直至物料的含水率降至平衡含水率 X^* 时，干燥停止。此阶段物料全部表面水分完全汽化，都成为干区。干燥速率下降的原因是固体内部的传热和传质途径加长，阻力增大。此为降速干燥阶段的第二部分，即为图 8-11 中的 DE 段。在此过程，空气传给湿物料主要用于物料升温。

在降速干燥阶段，有助于强化干燥的措施有：①减小料层厚度，或使空气穿过料层接触，使得水分的内部扩散距离缩短；②搅拌翻动物料，使深层湿物料暴露在表面；③采用接触干燥或微波干燥，使内部水分更容易向表面传递。

综上所述，当物料中含水率大于临界含水率 X_C 时，属于表面汽化控制阶段，亦即恒速干燥阶段。像糖、盐等晶体物料，其内部水分能迅速传递到物料表面，使表面保持充分润湿状态，因此水分的去除主要由外部扩散传质所控制。而当物料含水率小于临界含水率 X_C 时，属于内部扩散控制阶段，即降速干燥阶段。降速阶段干燥速率只取决于水分在物料内部的迁移速率，这时外界空气条件不是影响干燥速率的主要因素，主要因素是物料的结构、形状和大小等。像面包等蓬松的物料，其内部传质速率较小，当表面干燥后，内部水分来不及传到物料表面汽化面逐渐向内部移动，干燥的进行比表面汽化控制更复杂。当达到平衡含水率 X^* 时，干燥速率为零。在工业生产中，物料一般不会被干燥到平衡含水率，而是在临界含水率和平衡含水率之间，这要根据产品要求和经济核算决定。

8.3.5　恒定干燥条件下干燥时间的计算

在恒定干燥条件下，物料从最初含水率 X_1 干燥至最终含水率 X_2 所需时间 τ，可根据该条件下测定的干燥速率曲线和干燥速率方程求得。

8.3.5.1　恒速干燥阶段

设恒速干燥阶段的干燥速率为 U_0。根据式(8-28) 有

$$U_0 = -\frac{G'_C \mathrm{d}X}{S \mathrm{d}\tau} \tag{8-29}$$

对上式分离变量并进行积分后得

$$\tau_1 = \frac{G'_C}{SU_0}(X_1 - X_C) \tag{8-30}$$

式中　τ_1——恒速阶段干燥时间，s；

　　X_1——为物料的初始含水率，kg 水/kg 绝干料。

8.3.5.2　降速干燥阶段

物料含水率由 X_C 下降到 X_2 所需时间为降速阶段干燥时间 τ_2。由式(8-28) 分离变量并进行积分可得

$$\tau_2 = \frac{G'_C}{S} \int_{X_2}^{X_C} \frac{\mathrm{d}X}{U} \tag{8-31}$$

式中　τ_2——降速阶段干燥时间，s；

　　X_2——降速阶段终了时物料的含水率，kg 水/kg 绝干料。

此时，降速阶段干燥时间取决于物料含水率 X 和干燥速率 U 之间的关系。若降速阶段干燥速率与物料含水率 X 呈线性关系（如图 8-11 中虚线所示），则有

$$U = -\frac{G'_C}{S}\frac{\mathrm{d}X}{\mathrm{d}\tau} = K_X(X - X^*) \tag{8-32}$$

式中，$K_X = \dfrac{U_0}{X_C - X^*}$。

对式(8-32) 积分，可得

$$\tau_2 = \frac{G'_C}{K_X} \ln \frac{X_C - X^*}{X_2 - X^*} \tag{8-33}$$

物料干燥所需时间，即干燥周期为

$$\tau = \tau_1 + \tau_2 \tag{8-34}$$

【例 8-3】　有一间歇操作干燥器，有一批物料的干燥速率曲线如图 8-11 所示。若将

该物料由含水率 $w_1=20\%$ 干燥到 $w_2=5\%$（均为湿基），湿物料的质量为 400kg，干燥表面积为 $0.025m^2$/kg 绝干料，试确定每批物料的干燥周期。

解：绝干物料量：

$$G'_C=G'_1(1-w_1)=400\times(1-0.2)=320(kg)$$

干燥总表面积：

$$S=320\times0.025=8(m^2)$$

将物料中的水分换算成干基含水量，有：

$$X_1=\frac{w_1}{1-w_1}=\frac{0.2}{1-0.2}=0.25(kg\,水/kg\,绝干料)$$

$$X_2=\frac{w_2}{1-w_2}=\frac{0.05}{1-0.05}=0.053(kg\,水/kg\,绝干料)$$

从图 8-11 中查到该物料的临界含水率 $X_C=0.20kg$ 水/kg 绝干料，平衡含水率 $X^*=0.05kg$ 水/kg 绝干料，由于 $X_2<X_C$，所以干燥过程应该包括恒速和降速两个阶段，各阶段所需的干燥时间分别计算。

恒速阶段 τ_1：

由 $X_1=0.25$ 至 $X_C=0.20$，从图 8-11 中查得 $U_0=1.5kg/(m^2\cdot h)$，则

$$\tau_1=\frac{G'_C}{U_0S}(X_1-X_C)=\frac{320}{1.5\times8}\times(0.25-0.20)=1.33(h)$$

降速阶段 τ_2：

由 $X_C=0.20$ 至 $X_2=0.053$，$X^*=0.05$ 代入式(8-32)，求得

$$K_X=\frac{U_0}{X_C-X^*}=\frac{1.5}{0.20-0.05}=10[kg/(m^2\cdot h)]$$

$$\tau_2=\frac{G'_C}{K_XS}\ln\frac{X_C-X^*}{X_2-X^*}=\frac{320}{10\times8}\ln\frac{0.20-0.05}{0.053-0.05}=15.65(h)$$

每批物料的干燥周期 τ：

$$\tau=\tau_1+\tau_2=1.33+15.65=16.98(h)$$

8.4　生物产品干燥过程的物料衡算和热量衡算

对流干燥过程是利用不饱和热空气除去湿物料中的水分，所以常温下的空气通常先通过预加热器加热至一定温度后再进入干燥器，在干燥器中和湿物料接触，使湿物料表面的水分汽化并将水汽带走。在设计干燥器前，通常已知湿物料的处理量、湿物料在干燥前后的含水率及进入干燥器的湿空气的初始状态，要求计算水分蒸发量、空气用量及干燥过程所需热量和热效率，为此需对干燥器进行物料衡算和热量衡算，以便选择适宜型号的风机和换热器。

图 8-12 为连续逆流干燥过程，G_1 和 G_2 为湿物料和产品的质量流量（kg/s）；用 G_C 表示绝干料的质量流量（kg/s）；w_1 和 w_2 为干燥前后物料的湿基含水率（%）；

X_1、X_2 为干燥前后物料的干基含水率（kg 水/kg 绝干料）；θ_1、θ_2 分别为湿物料进入和离开干燥器的温度（℃）；I_1'、I_2' 分别为湿物料进入和离开干燥器时的焓（kJ/kg 绝干料）；H_1、H_2 为进出干燥器的湿空气的湿度（kg 水汽/kg 绝干空气）；W 为水分蒸发量（kg/s）；L 为湿空气中绝干空气的质量流量（kg/s）；I_0、I_1、I_2 分别为新鲜空气进入预热器、离开预热器（即进入干燥器）和离开干燥器时的焓；t_0、t_1、t_2 分别为新鲜空气进入预热器、离开预热器和离开干燥器时的温度（℃）；L 为绝干空气的质量流量（kg 绝干空气/s）；Q_P 为单位时间内预热器中空气消耗的热量（kW）；Q_D 为单位时间内向干燥器补充的热量（kW）；Q_L 为单位时间内干燥器损失的热量（kW）。

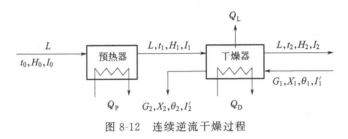

图 8-12　连续逆流干燥过程

8.4.1　干燥过程的物料衡算

通过物料衡算可计算干燥产品流量、物料的水分蒸发量和空气消耗量。由于湿空气通过预热器是等湿升温过程，仅为传热过程，因此仅需对干燥器部分进行物料衡算。

8.4.1.1　水分蒸发量 W

忽略干燥过程中物料损失量，则在干燥前、后物料中绝干物料质量流量 G_C 不变，湿空气中绝干空气量是不变的，湿物料中水分的减少量等于湿空气中水分增加量。对干燥器部分作物料衡算，则

$$W = L(H_2 - H_1) = G_C(X_1 - X_2) \tag{8-35}$$

式中　W——单位时间内水分的蒸发量，kg/s；

　　G_C——单位时间内绝干物料的流量，kg 绝干料/s。

8.4.1.2　干空气消耗量 L

由式(8-35)可得干空气消耗量与水分蒸发量之间的关系：

$$L = \frac{G_C(X_1 - X_2)}{H_2 - H_1} = \frac{W}{H_2 - H_1} \tag{8-36}$$

式中，L 为单位时间内消耗的绝干空气量，kg 绝干空气/s。

由上式可知，单位空气消耗量仅与空气的初始湿度 H_1 及最终湿度 H_2 有关。H_1 一般与当地的气候条件有关，例如夏季空气湿度通常较冬季大，因此夏天的空气消耗量比冬季多，需要按照全年空气消耗量最大的情况来选择配置风机。

8.4.1.3 干燥产品的质量流量 G_2

对干燥器中的绝干物料进行物料衡算，得到：

$$G_C = G_1(1-w_1) = G_2(1-w_2) \tag{8-37}$$

上式可整理为

$$G_2 = G_1 \frac{1-w_1}{1-w_2} \tag{8-38}$$

需要注意的是，干燥产品这一概念是相对于湿物料而言的，干燥产品中仍然含有一定量的水分。

【例 8-4】 今有一干燥器用于药材物料的干燥，湿物料处理量为 1000kg/h。要求物料干燥后含水率由 25% 减至 4%（均为湿基）。干燥介质为空气，初温为 20℃，相对湿度为 40%，经预热器加热至 120℃进入干燥器，出干燥器时降温至 45℃，相对湿度为 80%。试求：（1）水分蒸发量 W；（2）空气消耗量 L 和单位空气消耗量 l；（3）风机装在进口处时风机的风量 V。

解：（1）已知 $G_1 = 1000$kg/h，$w_1 = 25\%$，$w_2 = 4\%$，则

$$X_1 = \frac{w_1}{1-w_1} = \frac{0.25}{1-0.25} = 0.333(\text{kg 水/kg 绝干料})$$

$$X_2 = \frac{w_2}{1-w_2} = \frac{0.04}{1-0.04} = 0.042(\text{kg 水/kg 绝干料})$$

则绝干物料量

$$G_C = G_1(1-w_1) = 800 \times (1-0.25) = 600(\text{kg 绝干料/h})$$

水分蒸发量

$$W = G_C'(X_1 - X_2) = 600 \times (0.333 - 0.042) = 174.6(\text{kg 水/h})$$

（2）由 I-H 图查得空气在 $t = 20℃$、$\varphi = 40\%$ 时的湿度 $H_1 = 0.0058$kg 水汽/kg 绝干空气。在 $t_2 = 45℃$、$\varphi_2 = 80\%$ 时，湿度 $H_2 = 0.052$kg 水汽/kg 绝干空气。

空气通过预热器湿度不变，即 $H_0 = H_1$。则

$$L = \frac{W}{H_2 - H_1} = \frac{W}{H_2 - H_0} = \frac{174.6}{0.052 - 0.0058} = 3779(\text{kg 绝干空气/h})$$

$$l = \frac{1}{H_2 - H_0} = \frac{1}{0.052 - 0.0058} = 21.65(\text{kg 绝干空气/kg 水})$$

（3）根据式，20℃、101.325kPa 下的湿空气比容为

$$v_H = (0.773 + 1.244H_0)\frac{20+273}{273} = (0.773 + 1.244 \times 0.0058) \times \frac{293}{273}$$

$$= 0.837(\text{m}^3 \text{ 湿空气/kg 绝干空气})$$

则风量

$$V = Lv_H = 3779 \times 0.837 = 3163(\text{m}^3\text{/h})$$

8.4.2 干燥过程热量衡算

通过干燥系统的热量衡算，可以计算出预热器的耗热量、向干燥器补充的热量和干

燥过程消耗的总热量。可以进一步计算出预热器的传热面积，确定干燥器排出废气的湿度 H_2 和焓 I_2 等状态参数。

8.4.2.1 预热器的热量衡算

忽略预热器的热损失，对预热器作热量衡算：

$$LI_0 + Q_P = LI_1 \tag{8-39}$$

整理并代入焓值，得

$$Q_P = L(I_1 - I_0) = L(1.01 + 1.88H_0)(t_1 - t_0) \tag{8-40}$$

8.4.2.2 干燥器的热量衡算

单位时间内进入干燥器的热量与单位时间内从干燥器移出的热量相等，则

$$LI_1 + G_C I_1' + Q_D = LI_2 + G_C I_2' + Q_L \tag{8-41}$$

整理得

$$Q_D = L(I_2 - I_1) + G_C(I_2' - I_1') + Q_L \tag{8-42}$$

8.4.2.3 干燥系统总的热量衡算

干燥系统消耗的总热量 Q 为 Q_P 与 Q_D 之和，即

$$Q = Q_P + Q_D = L(I_2 - I_0) + G_C(I_2' - I_1') + Q_L \tag{8-43}$$

式中，Q 为干燥系统消耗的总热量，kW。

8.4.3 空气经过干燥器的状态变化

在干燥器内空气和物料的传热和传质情况较为复杂，为了便于进行初步的估算，可对干燥过程进行简化。根据空气在干燥器内焓的变化情况，将干燥过程分为理想干燥与非理想干燥。

8.4.3.1 理想干燥

忽略干燥过程中设备的热损失和物料进出干燥器温度的变化，并且不向干燥器补充热量，此时干燥器内空气传递给物料的热量全部用于湿物料中水分的蒸发，汽化的水分又将该部分潜热带回空气中，此时气体在干燥器中为等焓变化过程，即 $I_1 = I_2$。由于很难在实际中实现这种等焓过程，因此这种干燥过程称为理想干燥过程。

理想干燥过程中湿空气状态变化如图 8-13 所示。湿空气进入预热器后由初始状态点 $A(t_0, H_0)$ 沿等湿线升温至点 B (t_1, H_0)，进入干燥器后气体沿等焓线降温、增湿至点 C (t_2, H_2)。状态点 C 空气出干燥器时的状态点，BC 为理想

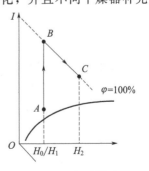

图 8-13 理想干燥过程
湿空气状态变化

干燥过程的操作线。

8.4.3.2 非理想干燥

在实际干燥过程中，干燥器有一定的热损失，而且湿物料本身也要吸收部分热量被加热，即 $\theta_1 \neq \theta_2$，另外干燥器可能进行了补充加热，因此空气的状态并不一定沿着等焓线变化。非理想干燥可能有以下两种情况：

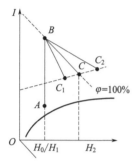

① 通过干燥器后空气焓值降低，操作线在过 B 点的等焓线 BC 下方，如图 8-14 中的 BC_1；

② 通过干燥器后空气焓值升高，操作线在过 B 点的等焓线 BC 上方，如图 8-14 中的 BC_2。

由式(8-41) 可以看出，不同于理想干燥，非理想干燥过程中的等焓是由于干燥器的补充加热刚好等于湿物料吸收的热量与热损失之和。即理想干燥一定是等焓干燥，但等焓干燥不一定是理想干燥。当补充加热量不足时，焓减少；补充加热量过多时，焓增加。总之，非理想干燥过程气体出干燥器的状态点需要由物料衡算式和热量衡算式联立求解确定。

图 8-14 非理想干燥过程
湿空气状态变化

8.4.4 干燥系统的热效率

为了分析干燥过程中热量的有效利用程度，可将热量衡算式中的焓、比热容等用各自的定义代入，经过整理得到干燥系统消耗的总热量：

$$Q = W(2500 + 1.88t_2 - 4.187\theta_1) + G_C(c_S + 4.187X_2)(\theta_2 - \theta_1)$$
$$+ L(1.01 + 1.88H_0)(t_2 - t_0) + Q_L \tag{8-44}$$

分析上式可知，加入干燥系统的总热量 Q 被用于以下方面：

① 水分 W 由 θ_1 加热汽化后至 t_2，所需热量为

$$Q_1 = W(2500 + 1.88t_2 - 4.187\theta_1) \tag{8-45}$$

② 将绝干物料 G_C 及干燥产品中所含的水分 X_2 由 θ_1 加热至 θ_2，所需热量为

$$Q_2 = G_C(c_S + 4.187X_2)(\theta_2 - \theta_1) \tag{8-46}$$

③ 将绝干空气 L 及其所携带的水分 H_0 由 t_0 加热至 t_2，所需热量为

$$Q_3 = L(1.01 + 1.88H_0)(t_2 - t_0) \tag{8-47}$$

④ 干燥系统的热损失 Q_L。

由此可见，干燥系统的总热量被用于加热空气、加热湿物料、水分蒸发及热损失。其中蒸发水分的热量被直接用于干燥，而湿物料的加热是不可避免的。因此将干燥系统的热效率定义为用于汽化湿分和加热物料的热量与外界向干燥系统提供的总热量之比，即

$$\eta = \frac{Q_1 + Q_2}{Q} \times 100\% \tag{8-48}$$

对于理想干燥过程有

$$\eta = \frac{t_1 - t_2}{t_1 - t_0} \tag{8-49}$$

降低废气出口温度 t_2 和提高空气预热温度 t_1，可以提高干燥器热效率。降低废气出口温度虽然可以提高热效率，但同时使干燥时间延长、干燥器体积增大。为了安全起见，废气出口温度应比进干燥器气体的湿球温度高 20～50℃，以免气流在出口处析出水滴。空气的预热温度越高，单位质量绝干空气携带的热量越多，干燥过程所需要的空气量少，废气带走的热量相应减少，因此提高空气预热温度可提高热效率。但是考虑到生物制品对于热稳定性的要求，空气的预热温度应保证湿物料不变性，或者采取中间加热的方式，即在干燥器内设置一个或多个中间加热器，也可以提高热效率。此外，合理利用废气中的热量，如使用废气预热冷空气或湿物料，减少设备和管道热损失，都可提高热效率。

【例 8-5】 采用常压气流干燥器干燥饲料用蛋白酶制剂。在干燥器内，湿空气以一定的速度吹送物料的同时并对其进行干燥。已知的操作条件均标于附图中。试求：(1) 新鲜的空气消耗量；(2) 单位时间预热器内空气消耗的热量，忽略预热器的热损失；(3) 干燥器的热效率。

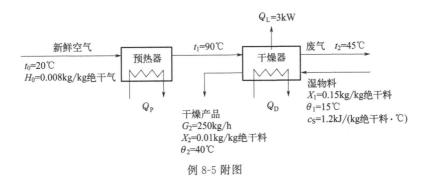

例 8-5 附图

解： (1) 绝干物料流量为

$$G_C = \frac{G_2}{1 + X_2} = \frac{250}{1 + 0.01} = 247.5 (\text{kg 绝干料/h})$$

水分汽化量

$$W = G_C(X_1 - X_2) = 247.5 \times (0.15 - 0.01) = 34.65 (\text{kg 水/h})$$

$t_0 = 20℃$、$H_0 = 0.008$ kg 水汽/kg 绝干空气的焓值为

$$I_0 = (1.01 + 1.88 \times 0.008) \times 20 + 2500 \times 0.008 = 40.5 (\text{kJ/kg 绝干空气})$$

$t_1 = 90℃$、$H_1 = H_0 = 0.008$ kg 水汽/kg 绝干空气预热后的焓值为

$$I_1 = (1.01 + 1.88 \times 0.008) \times 90 + 2500 \times 0.008 = 112.25 (\text{kJ/kg 绝干空气})$$

湿物料和干燥产品的焓值分别为

$$I_1' = 1.2 \times 15 + 0.15 \times 4.187 \times 15 = 27.42 (\text{kJ/kg 绝干料})$$

$$I_2' = 1.2 \times 40 + 0.01 \times 4.187 \times 40 = 49.67 (\text{kJ/kg 绝干料})$$

对干燥器作热量衡算：

$$LI_1 + L(I_1 - I_2) = G_C(I_2' - I_1') + Q_L$$

将已知值代入上式，得

$$L(112.25-I_2)=247.5\times(49.67-27.42)+3\times3600=16306.875$$

空气离开干燥器时的焓为

$$I_2=(1.01+1.88H_2)\times45+2500H_2=45.45+2584.6H_2$$

绝干空气消耗量为

$$L=\frac{W}{H_2-H_1}=\frac{34.65}{H_2-0.008}$$

联立上述三式解得

$$H_2=0.023\text{kg 水汽/kg 绝干空气}$$
$$I_2=104.9\text{kJ/kg 绝干空气}$$
$$L=2218.6\text{kg 绝干空气/h}$$

（2）预热器消耗热量

$$Q_P=L(I_1-I_0)=2218.6\times(112.25-40.5)$$
$$=158184.55(\text{kJ/h})=44.2(\text{kW})$$

（3）

$$Q_1=W(2500+1.88t_2-4.187\theta_1)=34.65\times(2500+1.88\times45-4.187\times15)$$
$$=87380.2(\text{kJ/h})$$

$$Q_2=G_C(c_S+4.187X_2)(\theta_2-\theta_1)=247.5\times(1.2+4.187\times0.01)\times(40-15)$$
$$=7684.1(\text{kJ/h})$$

因 $Q_D=0$，故 $Q=Q_P$，

因此干燥器热效率为

$$\eta=\frac{Q_1+Q_2}{Q}\times100\%=\frac{87380.2+7684.1}{158184.55}\times100\%=60\%$$

8.5 生物产品的常见干燥设备

8.5.1 干燥设备的选用

由于生物工业制品的形状（如块状、粒状、溶液、浆状及膏糊状等）和性质（热敏性、含水率、分散性、黏性、酸碱性等）都各不相同；生产规模或生产能力差别较大；对于干燥后的产品要求（含水率、形状、强度及粒径等）也不尽相同，所以采用的干燥方法和干燥器的型式也是多种多样的。除了对流干燥设备，还有红外干燥、微波干燥、传导干燥、冷冻干燥等。

针对热敏性这一重要特性，生物工业制品的干燥设备主要有两种类型：①瞬时快速干燥设备，如滚筒干燥、喷雾干燥、气流干燥、沸腾干燥等，这类干燥设备干燥时间短，气流温度高但被干燥物料的温度不会太高；②低温干燥设备，如真空干燥设备、冷冻干燥设备，其特点是在真空低温下运行，适用于热敏性要求很高的物料，但运行时间

较长，能耗大。表 8-1 为生物工业中常用的各类干燥设备。

表 8-1　生物工业中常用的干燥设备

设备类型	干燥物料	设备类型	干燥物料
固定床干燥	啤酒酿造用绿麦芽	压力式喷雾干燥	酵母
卧式沸腾干燥	柠檬酸晶体、酵母、抗生素	离心式喷雾干燥	酶制剂、酵母
沸腾造粒干燥	葡萄糖、谷氨酸钠、颗粒酶制剂	喷雾干燥与振动流化干燥	颗粒酶制剂
气流干燥	葡萄糖、谷氨酸钠、抗生素	滚筒干燥	酵母、单细胞蛋白
旋风式气流干燥	四环素类	真空干燥	青霉素钾盐、土霉素等
气流式喷雾干燥	蛋白酶、核苷酸、抗生素等	冷冻干燥	抗肿瘤抗生素、乙肝疫苗等

通常，生物制品的干燥器需要满足以下的要求：

① 活性要求：能保证生物工业制品的活性，避免高温分解或严重失活。如高活性且价格昂贵的生物制品（如乙肝疫苗）必须选用真空干燥或冷冻干燥设备。

② 纯度要求：生物制品大都要求一定的纯度，要避免杂质或杂菌污染，此时干燥设备需要在无菌和密闭的条件下操作，同时具备灭菌条件。

③ 物料特性：不同物料特性，如颗粒状、滤饼、浆状、水分性质等，应选用不同的干燥设备，即干燥设备的选择需要与上一级单元操作相适配。例如颗粒状物料的干燥可以考虑沸腾干燥或气流干燥，结晶状应选择固定床干燥，浆状可选择滚筒干燥或喷雾干燥。

④ 设备生产能力：依据产量的大小可选择不同的干燥设备。如浆状物的干燥，产量大且料浆均匀时，可选择喷雾干燥设备，黏稠较难雾化时采用离心喷雾或气流喷雾，产量小时可用滚筒干燥。

⑤ 能耗经济性：例如对于非热敏性物料，在工艺条件允许情况下，可使用较高温度的空气进入干燥器，提高干燥器热效率，减少废气带走的热量。

⑥ 劳动条件：应考虑劳动强度小、连续化、自动化程度高，投资费用小，便于维修、操作等。

8.5.2　干燥器的主要形式

8.5.2.1　厢式干燥器（盘式干燥器）

厢式干燥器又称盘式干燥器，是一种比较简单的间歇式干燥方法，结构如图 8-15 所示。这种干燥器由框架结构组成，框架的四壁、顶部和底部都有绝热材料以防止热量散失。厢内有多层框架，其上放置料盘，或者将湿物料放在框架小车上推入厢内，空气经加热后水平吹过物料表面。为了调节干燥速度，避免因干燥速度过快发生翘曲或龟裂

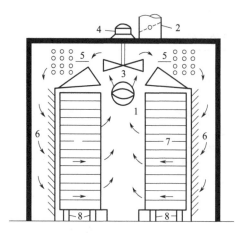

图 8-15　厢式干燥器

1—空气入口；2—空气出口；3—风机；

4—电动机；5—加热器；6—挡板；

7—盘架；8—移动轮

现象，可通过开启循环风门，使部分潮湿的废气返回至干燥器中循环使用。

对于颗粒状物料的干燥，可将物料放在多孔的浅盘（网）上，铺成一薄层，气流垂直地通过物料层，以提高干燥速率。这种结构称为穿流厢式干燥器。

厢式干燥器的优点是构造简单，设备投资少，适应性较强。缺点是装卸物料的劳动强度大，设备的利用率、热利用率低及产品质量不稳定。它适用于小规模多品种、要求干燥条件变动大及干燥时间长等场合的干燥操作，特别适合作为实验室或中间试验的干燥装置。

对于具有一定热敏性要求的生物制品，厢式干燥器也可在真空下操作，称为厢式真空干燥器。干燥厢应是密封的，干燥时不通入热空气，而是将浅盘架制成空心的结构，加热蒸汽或热水从中通过，借传导方式加热物料。操作时用真空泵抽出由物料中蒸出的水汽或其他蒸气，以维持干燥器的真空度。

8.5.2.2　气流干燥器

气流干燥器主要由干燥管、旋风分离器和风机等部分组成，如图 8-16 所示。空气通过风机吸入，经过预热器加热到指定温度，然后进入干燥管底部。物料由加热器连续送入，在干燥管中被高速气流分散。在干燥管内，气固并流流动过程中水分发生汽化，干物料随气流进入旋风分离器，与湿空气分离后被收集。

气流干燥器适用于湿态时为泥状、粉粒状或块状的物料，能在热气流中将物料分散成粉粒状。为使湿物料在入口处能被气流充分分散，管内的气速应远远大于单个颗粒的沉降系数，一般需要达到 20～40m/s 以上。对于泥状或大块状物料，需要加装粉碎加料装置，使其分散后再进入干燥管。由于颗粒尺寸很小，且气速大，所以气流干燥过程主要由表面汽化控制，使得在数秒内即可将颗粒中的大部分水分汽化。在加料口以上 1m 左右的干燥管内，干燥速率最快，由气体传给物料的热量约占整个干燥管传热量的一半以上，是整个干燥过程中最有效的部分。

气流干燥器气速大，物料停留时间短，因此

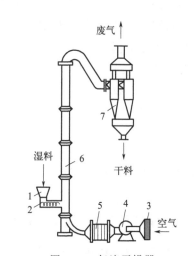

图 8-16　气流干燥器

1—料斗；2—螺旋加料器；3—空气过滤器；

4—风机；5—翅片加热器；6—干燥管；

7—旋风分离器

干燥介质温度较高时，物料温度也不会太高，适用于热敏性物料，如抗生素产品的干燥可以采用气流干燥器。

8.5.2.3　流化床干燥器

物料在流化干燥器中处于流化状态，湿物料颗粒在热气流中上下翻动，彼此碰撞和混合，气固间进行传热和传质，以达到干燥的目的，因此也称沸腾床干燥器。

图 8-17(a) 所示的为单层圆筒流化床干燥器。湿物料颗粒通过筒体一侧的进料器加到分布板上，热空气由多孔板底部进入，使其均匀地分散并与物料接触，将物料干燥。因为颗粒浓度高，单位体积干燥器的传热面积大，因此流化床干燥具有较高的传热和传质速率。

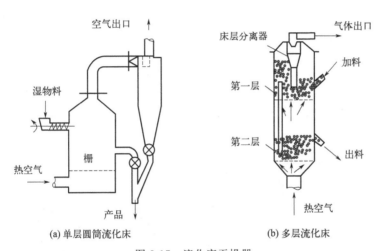

(a) 单层圆筒流化床　　(b) 多层流化床

图 8-17　流化床干燥器

流化床干燥器结构简单，造价低，操作维修方便。与气流干燥器相比，流化床干燥器的流动阻力较小，物料磨损少，气固分离容易，热效率高。由于物料停留时间较长，所以适用于有明显内部扩散控制阶段的物料。

颗粒在流化床中的运动具有随机性，因此有的物料可能未经过充分干燥就离开干燥器，而另一部分物料会因为停留时间过长而过度干燥，导致产品均一性较差。对于干燥要求较高或干燥时间较长物料，可以采用多层流化床干燥器，如图 8-17(b) 所示。

8.5.2.4　转筒干燥器

滤渣、团块物料及颗粒较大难以流化的物料，或者稠厚的液体等流动性物料，可采用滚筒式干燥器进行干燥。图 8-18 为用热空气直接加热的逆流操作转筒干燥器，其主要部分为与水平线略呈倾斜角的旋转圆筒。物料从转筒高端送入，低端排出，转筒一般以 0.5～4r/min 的速度缓慢旋转。随着圆筒的旋转，物料在重力的作用下流向较低的一端时即被干燥完毕而送出。通常圆筒内壁上装有若干块抄板，其作用是在干燥过程中将物料不断举起、撒下，使物料分散并与气流充分接触，同时使物料向低处移动。

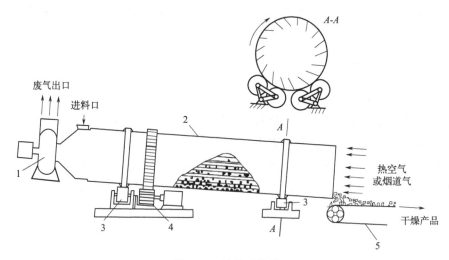

图 8-18　转筒干燥器

1—风机；2—转筒；3—支承装置；4—驱动齿轮；5—带式输送器

抄板的型式很多，常用的如图 8-19 所示，其中直立式抄板适用于处理黏性或较湿的物料；45°和 90°的抄板适用于处理散粒状或较干的物料。

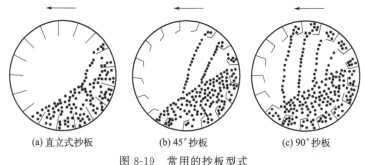

(a) 直立式抄板　　　(b) 45°抄板　　　(c) 90°抄板

图 8-19　常用的抄板型式

干燥器内空气与物料间的流向可采用逆流或并流操作。为了便于进行气固分离，通常转筒内的气速不高。对粒径小于 1mm 的物料，气体速度为 0.3～1.0m/s；对粒径为 5mm 左右的颗粒，气速在 3m/s 以下。有时为了防止转筒中粉尘外流，可采用真空操作。

8.5.2.5　喷雾干燥器

喷雾干燥器是将溶液、膏状物或含有微粒的悬浮液通过喷雾而成雾状细滴分散于热气流中，以增大气液两相的接触面积，使水汽迅速汽化而达到干燥目的，最终可获得粒径为 30～50μm 微粒的干燥产品。喷雾干燥时间很短，仅需 5～30s，在这个过程中，即使气流的温度较高，物料表面温度仍接近于气体湿球温度，因此适合进行热敏性物料的干燥，目前在医药食品领域已经广泛应用。

常用的喷雾干燥流程如图 8-20 所示。浆液用送料泵压至喷雾器，在干燥室中喷成雾滴而分散在热气流中，雾滴在与干燥器内壁接触前水分已迅速汽化，成为微粒或细粉落到器底，产品由风机吸至旋风分离器而被回收，废气经风机排出。

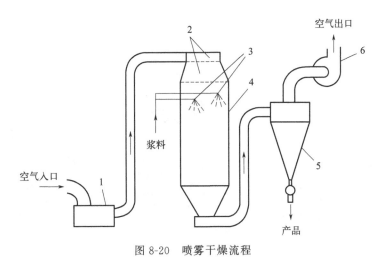

图 8-20　喷雾干燥流程

1—预热器；2—空气分布器；3—压力式喷嘴；4—干燥塔；5—旋风分离器；6—风机

液滴的大小及均匀度对产品的质量和经济性等指标影响较大。干燥热敏性物料时，如雾滴尺寸差异较大，容易出现大雾滴还没有达到干燥要求，小颗粒因干燥过度而变质。因此，使溶液雾化所用的喷雾器（又称雾化器）是喷雾干燥器的关键元件。对喷雾器的一般要求为：所产生的雾滴均匀，结构简单，生产能力大，能量消耗低及操作容易等。常用的喷雾器有三种基本形式：

① 离心式喷雾器。离心式喷雾器如图 8-21（a）所示。料液进入高速旋转圆盘的中部，圆盘上有放射形叶片，一般圆盘转速为 4000～20000r/min，圆周速度为 100～160m/s。液体受离心力的作用而被加速，到达周边时呈雾状被甩出。离心式喷雾器的优点是：操作简单，对物料的适应性强，可用于高黏度或带固体料液；操作弹性大，产品粒度分布均匀。但干燥器直径需较大以避免黏壁，雾化器机械加工要求严格，造价及安装要求高。

② 压力式喷雾器。压力式喷雾器如图 8-21（b）所示。用泵使液浆在高压下（3～20MPa）下进入喷嘴，喷嘴内有螺旋室，液体在其中高速旋转，然后从出口的小孔处呈雾状喷出。其优点是价格便宜，适用于塔式或卧式设备，动力消耗小；但操作弹性小，供液量和液滴直径随操作压力而变化，产品粒度不够均匀，不适用于黏度较大的液体，喷嘴容易被堵塞和腐蚀。

③ 气流式喷雾器。气流式喷雾器如图 8-21（c）所示。用压缩空气压缩料液，使其以 200～300m/s（有时甚至达到超声速）的速度从喷嘴喷出，靠气、液两相间速度差所产生的摩擦力使料液分成雾滴。气流式喷雾器动能消耗最大，每千克料液需要消耗 0.4～0.8kg 的压缩空气，但结构简单，制造容易，可用于任何黏度的液体或较稀的悬浮液。

8.5.2.6　冷冻干燥器

冷冻干燥室是使物料在低温下将其中的水分由固态直接升华进入气相而达到干燥目的，属于非对流干燥器。

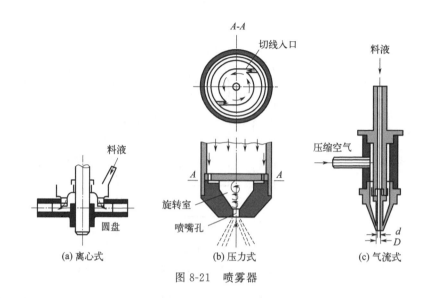

图 8-21　喷雾器

冷冻干燥器如图 8-22 所示。湿物料置于干燥箱内的若干层隔板上。首先需要将物料预冷，使其中的水分冻结成冰。物料中水溶液的凝固点比纯水低，因此预冷温度要比溶液凝固点低 5℃，一般约为 -30～-5℃。随后对系统抽真空，干燥器内的绝对压强大约为 130Pa，此时物料中的水分由冰升华为水汽并进入冷凝器中结成霜。

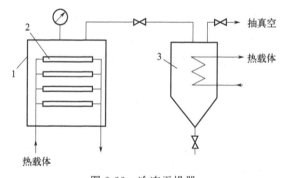

图 8-22　冷冻干燥器

1—干燥器；2—搁板；3—冷凝器

冷冻干燥器主要用于生物制品、药品和食品等热敏物料的脱水，以保持酶、香料等有效成分不受高温或氧化而失活。冷冻干燥过程中物料的物理结构得到保持，产品加水后容易恢复原来的组织状态。但冷冻干燥费用很高，多用于高附加值产品的干燥。

8.5.3　干燥器操作条件的确定

干燥器操作条件的确定与许多因素（例如干燥器的形式、物料的特性及干燥过程的工艺要求等）有关。而且各种操作条件（例如干燥介质的温度和湿度等）之间又是相互制约的，应予综合考虑。下面介绍一般的选择原则。

8.5.3.1　干燥介质的选择

干燥介质的选择，取决于干燥过程的工艺及可利用的热源。当被干燥物不容易被空气氧化时，可采用热空气作为干燥介质。对某些易氧化或变性的物料，则宜采用惰性气体作为干燥介质。

8.5.3.2　流动方式的选择

气体和物料在干燥器中的流动方式一般可分为并流、逆流和错流。并流操作主要适用于含水率较高、允许进行快速干燥而不产生龟裂或焦化的物料；或者干燥后期不耐高温，即干燥产品易发生变色、氧化或分解等变化的物料。逆流操作主要适用于高含水率、不允许采用快速干燥的物料；在干燥后期，可耐高温的物料；要求获得含水率很低的干燥产品。错流操作适用于在含水率高或低时都可进行快速干燥、可耐高温的物料，还可用于因阻力大或干燥器构造的要求不适宜采用并流或逆流操作的场合。

8.5.3.3　干燥介质的进口温度

为了强化干燥过程和提高经济性，干燥介质的进口温度宜保持在物料允许的最高温度范围内，但应考虑避免物料发生变色、分解等理化变化。对于同一种物料，允许的介质进口温度随干燥器形式不同而异。例如，在厢式干燥器中，物料是静止的，因此应选用较低的介质进口温度；在转筒、沸腾、气流等干燥器中，物料不断地翻动，致使干燥较均匀、速率快、时间短，因此介质进口温度可高些。

8.5.3.4　废气的状态参数

提高废气的相对湿度，可以减少空气消耗量及传热量，即可降低操作费用。但干燥介质中水汽分压增高，使干燥过程的平均推动力下降，就需增大干燥器的尺寸，即加大了投资费用，因此需要通过经济衡算来确定最佳的废气相对湿度。

对于同一种物料，所选的干燥器的类型不同，适宜的出口相对湿度也不同。对气流干燥器，由于物料在干燥器内的停留时间很短，就要求有较大的推动力以提高干燥速率，因此一般出口气体水汽分压需低于出口物料表面水蒸气压的 50％；对转筒干燥器，出口气体中水汽分压一般为物料表面水蒸气压的 50％～80％。

干燥介质的出口温度也是需要考虑的因素。若出口温度增高，则热损失较大，干燥热效率就低；若出口温度降低，相对湿度增加，此时湿空气可能会在干燥器后面的设备和管路中析出水滴。因此为了安全起见，废气出口温度应比进干燥器气体的湿球温度高 20～50℃。

8.5.3.5　物料的出口温度

在恒速干燥阶段，物料的出口温度等于与它相接触的气体湿球温度。在降速干燥阶段，物料温度不断升高，此时气体供给物料的热量一部分用于蒸发物料中的水分，一部分则用于加热物料使其温度升高。物料的出口温度与很多因素有关，但主要取决于物料的临界含水率及降速干燥阶段的传质系数。临界含水率越低，物料的出口温度也越低；传质系数越高，临界含水率越低。

习题

思考题

1. 什么是对流干燥？对流干燥过程得以进行的条件有哪些？

2. 对流干燥操作中，湿空气和湿物料的状态参数有哪些？

3. 相对湿度的物理意义是什么？与温度有什么样的关系？

4. 为什么对于空气-水系统，湿球温度与绝热饱和温度相等？

5. 已知空气的状态点，如何读取空气的状态参数？

6. 已知空气的两个状态参数，如何利用焓湿图确定空气的状态点？

7. 什么是结合水分？什么是非结合水分？什么是自由水分？什么是平衡水分？它们各自有什么特点？

8. 干燥平衡线、干燥曲线及干燥速度曲线的区别是什么？

9. 什么是临界含水率？其值与哪些因素有关？

10. 理想干燥与实际干燥的区别是什么？

选择题

1. 以水为湿分、空气为介质的干燥过程，传质推动力是（　　）。

A. 物料表面水蒸气压与空气中水汽分压之差

B. 固体物料水含量与空气湿度的差

C. 物料内部与物料表面水分含量之差

D. 以上说法均不正确

2. 总压一定时，空气的湿度与湿空气的如下哪一个性质参数数值对应？（　　）。

A. 水汽分压

B. 相对湿度

C. 温度

D. 湿球温度

3. 一定总压下，湿空气的比体积是（　　）。

A. 1kg 干空气的体积

B. 1kg 湿空气的体积

C. 1kg 干空气与 1kg 水汽体积之和

D. 1kg 干空气与其所携带的水汽体积之和

4. 不饱和空气经历怎样的过程达到饱和状态时的温度称为露点？（　　）

A. 绝热增湿

B. 等湿冷却

C. 等焓增湿

D. 以上均不对

5. 一定温度和湿度的不饱和空气，其露点温度（　　）湿球温度。

A. 等于

B. 高于

C. 低于

D. 无法确定

6. 大量空气与少量水长时间接触后水的温度称为（　　）。

A. 干球温度

B. 露点温度

C. 湿球温度

D. 绝热饱和温度

7. 如欲将降低空气的湿度，以下措施正确的是（　　）。

A. 保持其温度高于原露点温度

B. 降温使其温度低于原露点温度

C. 保持其温度高于原湿球温度

D. 降温使其温度低于原湿球温度

8. 状态点在同一等湿线上但不重合的湿空气，除湿度外，以下哪一个状态参数的数值也相等？（　　）

A. 湿球温度

B. 湿比热容

C. 绝热饱和温度

D. 湿比体积

9. 用列管换热器对一股湿空气进行冷却，达到露点温度后，还继续冷却，则该空气的状态变化可描述为（　　）。

A. 先沿等湿线，再沿等温线

B. 先沿等湿线，再沿等焓线

C. 先沿等温线，再沿等湿线

D. 先沿等湿线，再沿等相对湿度线

10. 已知一股湿空气的干球温度为 t，露点温度为 t_d，在湿度图上确定该空气状态点的方法是（　　）。

A. 等温线 t_d 与饱和空气线交点所在的等湿线与等温线 t 的交点

B. 等温线 t 与饱和空气线交点所在的等湿线与等温线 t_d 的交点

C. 等温线 t 与饱和空气线交点所在的等焓线与等温线 t_d 的交点

D. 等温线 t_d 与饱和空气线交点所在的等焓线与等温线 t 的交点

11. 理想干燥过程不具有以下哪一项特征？（　　）

A. 空气焓不变

B. 系统热损失为零

C. 废气不带走热量

D. 不向干燥器补充热量

12. 一般来说，降低废气温度，则干燥器的热效率（   ）。

A. 不变

B. 降低

C. 升高

D. 无法确定

13. 设计干燥器时，废气出口温度不能选得过低，原因是（   ）。

A. 为了减小设备尺寸

B. 避免物料龟裂或翘起

C. 提高系统热效率

D. 温度过低会物料返潮

14. 下列哪一种干燥器可以由料液直接得到粉粒产品？（   ）

A. 气流干燥器

B. 流化床干燥器

C. 喷雾干燥器

D. 厢式干燥器

15. 下列哪一项不是冷冻干燥器的特点？（   ）

A. 干燥速度快

B. 适用于生物产品的干燥

C. 属于非对流干燥器

D. 操作费用低

计算题

1. 已知湿空气总压为 101.3kPa，温度为 50℃，相对湿度为 50%，试求：

（1）湿空气中水汽分压；

（2）湿度；

（3）湿空气的密度。

2. 将某湿空气（$t_0 = 20℃$，$H_0 = 0.0204$kg 水汽/kg 绝干空气），经预热后送入常压干燥器用于干燥某食品物料。试求：

（1）将该空气预热到 80℃时所需的热量，以 kJ/kg 绝干空气表示；

（2）将它预热到 90℃时相应的相对湿度值。

3. 在恒定干燥条件下进行干燥实验，湿物料的初始含水率为 0.6，开始阶段以恒定的速率 1.5kg/(m²·h) 进行干燥，当含水率降至 0.2 时干燥速率开始下降，其后干燥速率不断下降，当含水率达到 0.02 时，干燥速率为零。试画出物料干燥过程的干燥速率曲线，并确定物料的临界含水率和平衡含水率。以上含水率均为干基含水率，假设降速阶段干燥速率曲线近似为直线。

4. 在恒定干燥条件下，若已知湿物料含水率由36%降至8%需要5h，降速段干燥速率曲线可视为直线，试求恒速干燥和降速干燥阶段的干燥时间。已知临界含水率为14%，平衡含水率为2%，均为湿基。

5. 生药堂"双创团队"在精准扶贫地五峰苦竹坪村种植了大量大球盖菇，并开发了大球盖菇的干菇产品，采用鼓风式烘箱干燥，将含绝对大球盖菇为1kg的湿物料均匀平摊在干燥面积为$0.528m^2$的浅盘中，温度为70℃、湿球温度为40℃的空气以一定流速在物料表面掠过，大球盖菇的初始含湿量由0.1kg水/kg干物料，干燥速率为$0.01894kg$水/$(m^2 \cdot h)$。已知在此条件下大球盖菇的临界含水率为0.05kg水/kg干物料，平衡含水率约为0，并假定降速阶段的干燥速率与物料的自由含水率（干基）成线性关系，试求：（1）欲将大球盖菇的含水率降为0.04kg水/kg干物料，所需总干燥时间为多少？（2）若保持空气状态不变而将流速加倍，只需3.7h便可将大球盖菇含水率降至0.04kg水/kg干物料，问此时大球盖菇的临界含水率有何变化？

6. 在常压干燥器中，将某物料含水率从5%干燥到0.5%（均为湿基）。干燥器生产能力为1.5kg绝干料/s。热空气进入干燥器的温度为127℃，湿度为0.007kg水汽/kg绝干空气，出干燥器时温度为82℃。物料进、出干燥器时的温度分别为21℃和66℃。绝干料的比热容为1.8kJ/$(kg \cdot ℃)$。若干燥器的热损失可忽略不计，试求绝干空气消耗量及空气离开干燥器时的湿度。

7. 采用废气循环的干燥流程干燥某种湿物料。温度$t_0 = 20℃$、湿度H_0为0.012kg水汽/kg绝干空气的新鲜空气与从干燥器出来的温度t_2为50℃、湿度H_2为0.079kg水汽/kg绝干空气的部分废气混合后进入预热器，循环比（废气中绝干空气流量和混合气中绝干空气流量之比）为0.8。混合气升高温度后再进入并流操作的常压干燥器中，离开干燥器的废气除部分循环使用外，余下的放空。湿物料经干燥器后湿基含水率自47%降到5%，湿物料流量为$1.5 \times 10^3 kg/h$。假设预热器热损失可忽略，干燥操作为等焓操作过程。试求：（1）新鲜空气流量；（2）整个干燥系统所需的传热量。

8. 用回转干燥器干燥湿糖，进料湿糖湿基含水率为1.28%，温度为31℃。每小时生产湿基含水率为0.18%的产品4000kg，出料温度为36℃。所用空气的温度为20℃，湿球温度为17℃，经加热器加热至97℃后进入干燥室，排出干燥室的空气温度为40℃，湿球温度为33℃。已知产品的比热容为1.26kJ/$(kg \cdot ℃)$，试求：（1）水分蒸发量；（2）空气消耗量；（3）加热器的热负荷；（4）干燥器的散热损失；（5）干燥器的热效率。

参考文献

［1］ 陈敏恒，丛德滋，齐鸣斋，等．化工原理．5 版．北京：化学工业出版社，2020．

［2］ 夏清，姜峰．化工原理．北京：化学工业出版社，2021．

［3］ 钟秦，陈迁乔，王娟，等．化工原理．4 版．北京：国防工业出版社，2019．

［4］ 于景芝．酵母生产与应用手册．北京：中国轻工业出版社，2005．

［5］ 杨同舟，于殿宇．食品工程原理．2 版．北京：中国农业出版社，2011．

［6］ 王志祥，黄德春．制药化工原理．2 版．北京：化学工业出版社，2014．

［7］ 梁世中．生物工程设备．北京：中国轻工业出版社，2002．

［8］ 李永莲，林凯城．新型绿色萃取剂离子液体的应用［J］．北京工业职业技术学院学报，2015，14（2）：30-34．